Georg Küffner (Hg.)

Von Bewegung und Dynamik

Georg Küffner (Hg.)

Von Bewegung und Dynamik

Deutsche Verlags-Anstalt

Inhalt

Zur Einführung

Der Alltag des Menschen – seit der Urzeit ohne Antriebstechnik schlicht undenkbar

Mobilität, Transport und Logistik

Täglicher Transport von Menschen und Gütern – die Antriebstechnik als Rückgrat

Herausforderungen und Perspektiven

Was treibt den Menschen in Zukunft an? –
Die Antriebstechnik und ihre Umwelt

Die „hidden champions" der Technikgesellschaft

Vorwort des Herausgebers

Antreiben, Wandeln und Bewegen: So lautet der Dreiklang des technischen Fortschritts. Ob ein Gewicht gehoben, ein Fahrzeug beschleunigt oder ein Gas durch eine Rohrleitung gepumpt werden muss, die Apparaturen der modernen Hightechgesellschaft funktionieren nach immer denselben Wirkungsprinzipien. Antriebstechnik ist überall. Wo die manuelle Kraft des Menschen nicht mehr ausreicht oder die Faulheit über die Physis siegt, müssen die Maschinen ran.

In der breiten Öffentlichkeit rufen die immer ausgeklügelteren Errungenschaften der Maschinenbaukunst freilich nur noch selten Erstaunen und Bewunderung hervor. Die Faszination von der Dampfmaschine ist verpufft. Dass eine Gerätschaft im Alltag klag- und problemlos funktioniert, wird vom Gros der Bevölkerung als selbstverständlich hingenommen und kaum hinterfragt. Dabei ist der technische Fortschritt keinesfalls gottgegeben. Eine Heerschar von Technikern, Ingenieuren und Mechanikern arbeitet daran, immer raffiniertere Lösungen zu entwickeln, die kostengünstiger zu fertigen sind, bessere Wirkungsgrade ermöglichen und weniger Energie verbrauchen – nicht zuletzt, um dadurch die Umwelt zu entlasten.

Antriebstechnik ist bescheiden: Im Vergleich zur Elektronik oder der Fahrzeugtechnik führt sie ein selbst gewähltes Schattendasein. Während sich Fernsehapparate, Computer, Mobiltelefone oder chromblitzende Automobile publicitysüchtig in das Bewusstsein der Konsumenten drängeln, werkeln die für das Übertragen von Kräften, Drücken und Drehmomenten verantwortlichen Riemen, Kolben, Zahn- und Turbinenräder zumeist gut gekapselt im Verborgenen – sie sind die „hidden champions" der Motoren, Getriebe und Wandler. Nur in Ausnahmefällen lassen sie sich beim Arbeiten zusehen, so etwa bei mechanischen Uhren, denen man eigens zu diesem Zweck durchsichtige Glasböden spendiert hat. Oder zur pädagogisch motivierten Anschauung und Belehrung in Technikmuseen, die ihren Besuchern voller Stolz mechanisch, hydraulisch oder pneumatisch angetriebene Webstühle, Mühlen, Dampf- und Papiermaschinen präsentieren.

Antriebstechnik ist faszinierend: Über die Jahrhunderte hinweg hat sie Bastler, Tüftler und Erfinder immer wieder zu Innovationen animiert, die nicht nur die Technik, sondern auch die Gesellschaft revolutioniert haben. Allen voran die Dampfmaschine: Indem sie die arbeitsteilige Massenfertigung ermöglichte, läutete sie die Ära der Industrialisierung ein. In Webereien und Spinnereien entstanden Tausende neue Arbeitsplätze. Die Einkommen der Arbeiter und damit die Kaufkraft stiegen auf ein zuvor nicht gekanntes Niveau. Erst die Antriebstechnik mit ihrer Kombination aus Zylinder, Kolben, Schubstange und Kurbel machte die schon seit Langem bekannte „Kraft des Dampfes" nutzbar. James Watt sei Dank: Ihm gelang es, mithilfe eines Planetengetriebes das lineare Auf und Ab des Kolbens in eine gleichmäßige Drehbewegung zu transferieren.

Antriebstechnik ist allgegenwärtig: Ob Rasierapparat, Kaffeemaschine, PC-Drucker oder Hochgeschwindigkeitszug – ohne Zahnräder oder Transmissionsriemen würden sie nicht funktionieren. Antriebe, Getriebe und Kraftwandler begleiten den Menschen durch seinen Alltag, ohne dass ihm das bewusst wäre. Und auch die meisten Werkstoffe der Moderne wie Stahl, Glas und Aluminium ließen sich nicht ohne die Verfahren der Antriebstechnik produzieren.

Genau hier setzt das vorliegende Buch an. Es will die vielfältigen Lösungen und Konzepte der Antriebstechnik durchleuchten und für den interessierten Laien nachvollziehbar machen. Aber auch der vorgebildete „Mann vom Fach" soll hier eine fundierte Zusammenfassung seines Tuns finden. Mit tatkräftiger Unterstützung von Voith Turbo in Heidenheim wird die Genese dieser ingeniösen Königsdisziplin ebenso vorgestellt, wie ihre wichtigsten Schlüsseltechniken erklärt werden. Allgemein verständlich geschilderte Beispiele aus der Praxis zeigen, wie Antriebstechnik das Antreiben, Abbremsen und Steuern von Fahrzeugen, Schiffen, Pumpen und komplexen Be- und Verarbeitungsmaschinen möglich macht. Hintergrundgespräche mit Experten aus den verschiedensten Bereichen rund um Mobilität und Fertigungsverfahren verdeutlichen, mit welchem Engagement an der Weiterentwicklung der Technik gearbeitet wird. Im Fazit aller Beiträge wird damit klar: Ohne Antriebstechnik sähe die Welt, in der wir leben, anders aus.

Georg Küffner

„Ick bün all dor!"

Editorial von Sten Nadolny

Ick bün all dor!", ruft der Igel, „Swinegel" genannt, auf gut Plattdeutsch von der Ziellinie her dem Hasen entgegen, und dieser, der geglaubt hat, den kurzbeinigen Gesellen im Wettlauf leicht besiegen zu können, schäumt vor Zorn und verlangt einen weiteren Versuch. Er rennt noch einmal und noch einmal, hört aber immer wieder das Gleiche: „Ick bün all dor!", bis er vor Erschöpfung umsinkt und hasenmausetot ist.

Schon als Kind glaubte ich das Märchen von Hase und Igel nicht, obwohl ich sonst fast alles glaubte, Feen und Hexen eingeschlossen. Dieser Igel war mir suspekt. Er verdankt den Sieg einem Betrug, und auch der gelingt nur, weil er die richtige Frau gewählt hat: Sie tut und sagt genau das, was er ihr eingeschärft hat, und obendrein sieht sie ihm so ähnlich, dass der Hase auf der Ziellinie immer den Konkurrenten zu erkennen meint. Ich weiß heute, dass es Frauen gibt, die fast alles Wichtige genauso gut erledigen können wie ihr Mann. Aber etwas vom kindlichen Zweifel ist mir geblieben. Vom Hasen hatte ich stets eine hohe Meinung: Würde der sich so leicht täuschen lassen? Würde er nicht doch mit dem Igel diskutieren und dabei feststellen, dass er betrogen worden ist? Hasen sind alles andere als unüberlegt. Sie behalten sogar angesichts nahender Jagdhunde kaltes Blut und harren mit der Ruhe eines Pokerspielers bis zum letzten Moment im Versteck aus. Denn sie wissen, wie schnell sie vorankommen, das Hakenschlagen mit eingerechnet. Nein, ich wusste immer, der Wettlauf hat sich ganz anders zugetragen. Jeder lief ja in einer für ihn vorgesehenen Ackerfurche, der Hase konnte also nicht beobachten, wo der Igel gerade war und was er wirklich trieb – oder was ihn antrieb! Und noch eines war verdächtig: Der Igel hatte sich vor Beginn des Wettlaufs Zeit ausgebeten! Ich war fest überzeugt, der Swinegel (Schweinigel) hat nicht mit seiner Frau geredet, sondern ein Gerät gebastelt. Er nutzte externe Kräfte oder erfand ein System zur optimalen Nutzung der eigenen Kraft, und das machte ihn tatsächlich schneller als den Hasen. Ein Igelfahrrad speziell für Ackerfurchen, eine Igel-Rohrpost, ein Düsenantrieb – alles war glaubhafter als der durchsichtige Streich mit seiner Frau.

Der gesunde Mensch hat die Kraft, sich auf seinen Füßen fortzubewegen. Aber jeder, der morgens nur schwer den Weg ins Bad findet, weiß, dass es eine Frage der Motivation ist: Wir brauchen einen guten Grund, um aufzustehen und uns vom Fleck zu bewegen. Gerade der wahre Dynamiker braucht sinnvolle und konkrete Ziele, um aufzustehen und Bein vor Bein zu setzen. Ihn zeichnet aus, dass er lange genug nachdenkt, bis er das Ziel gefunden hat, und dann genug Kräfte sammelt, um es zu erreichen. Bis dahin bleibt er wohlweislich im Bett. Zu Unrecht wird er dafür von kopflosen Hyperaktiven als ein Oblomow und nutzloser Faulpelz betrachtet. Nutzlos? Von ihm stammen sämtliche Erfindungen und Geräte, die ihm und uns das Gehen ersparen. Dazu die jeden Morgen neu gestellte Frage, ob und warum sich der Mensch überhaupt bewegen muss, zweifellos eine Frage von anthropologischer Dimension und kreativem Potenzial.

Wie mobil müssen wir denn überhaupt sein? Auch in der Altsteinzeit dürfte sich ein müder Homo sapiens hin und wieder gefragt haben, ob er das Laufen nicht den Tieren überlassen könne. Vorerst war die Frage zu verneinen. Wenn er Wölfen und Bären in die Quere kam oder einem starken Rivalen mit älteren Rechten, musste er flüchten können. Auch um in einem ausreichend großen Revier Beute zu erjagen, hieß es laufen, laufen, laufen. Und dafür ist der Mensch begabt: Da er weniger Fell und mehr Schweißdrüsen hat als andere Säugetiere, ist sein Kühlungssystem unübertroffen. Er schwitzt zwar nicht gern, aber gut. Er ist auf seinen zwei kräftigen Beinen ein vorzüglicher Dauerläufer, noch dazu mit passablem Überblick aus über anderthalb Metern Höhe. Die frühen Jäger erliefen sich ihr Wild. Sie konnten zwar nicht schneller, aber länger laufen als das Beutetier – sie folgten ihm, kreisten es immer wieder ein, störten es auf, folgten ihm wieder, bis es vor Überhitzung zusammenbrach.

Entfernungen zügig zurücklegen zu können war auch beim Fischen oder beim Sammeln von Früchten geboten. Der Wunsch, sich das zu erleichtern, schärfte die Aufmerksamkeit bei der Naturbeobachtung. Eine der ersten Entdeckungen, die ihn mobiler machten, war die der Pferdestärke. Auf dem Rücken von einer PS saß es sich nicht gerade behaglich, aber man war nun so schnell wie der Gaul, musste ihn nur am Durchgehen hindern. Und als der Wildbeuter einem Hund beigebracht hatte, die vom Wurfholz getroffenen Vögel zu finden und zu apportieren, ohne sie aufzufressen, hatte er schon fast das Wohlleben entdeckt. Zumindest war er auf den Geschmack gekommen. Deshalb gab es während der nächsten 30 000 Jahre kein Halten mehr. Keine hundert Jahre vergingen, ohne dass er schon wieder eine neue Erfindung machte, die ihm das Leben erleichterte. Aus schierer Beobachtung der Naturvorgänge heraus geschah das: Man konnte etwas langsam gegen die Schwerkraft emporheben und dann mit Wucht fallen lassen. Diese Erkenntnis, zusammen mit der Unterscheidung von weichem und hartem Material sowie den Erfahrungen mit Schärfe und Spitzigkeit, ließ Werkzeuge entstehen. Zweige konnte man gemächlich biegen, um sie dann in einem frei gewählten Moment plötzlich zurückschnellen zu lassen. Mit einer Tiersehne wurde der abgeschlagene und geglättete Zweig zum Bogen. Oder der Fluss: Er nahm deutlich eine Richtung, Holz schwamm auf ihm, man konnte sich also bis zur Flussmündung tragen lassen. Reibung erzeugte Hitze, Feuerstein schlug Funken, die Entzündung von Flammen wurde kontrollierbar wie auch das Feuer selbst. Nun gab es Gekochtes und Gebratenes und eine warme Höhle, irgendwann geschmiedete Gefäße und Werkzeuge, der Segen fand kein Ende. Schmuck hingegen hatte es immer schon gegeben: Die Frauen lehnten es ab, sich bis zum Auftauchen des ersten Juweliers zu gedulden.

Wie wohl das Rad erfunden worden ist? Es steht fest, dass mit ihm die Mobilität in eine neue Dimension kam. Wüssten wir den Namen dessen, der als Erster auf die Idee kam, er hätte Denkmäler, ja Tempel auf der ganzen Erde. Ein Genie, denn in der Natur ist zwar alles Mögliche zu beobachten, auch viel Rundes, kreisförmige Blütenstände, eingerollte Igel, Pfauenräder, runde Pflanzenbüschel, die vom Wind über die Wüste gerollt werden, runde Augen. Aber das Rad? Kinder lieben es, ein Rad zu schlagen. Ob es je die Fantasie gegeben hat, der Mensch könne sich schneller fortbewegen, wenn er mehr Arme und Beine hätte, die als Speichen eines Rades dienten – eines Rades, das dann schneller vom Fleck käme als jedes Beutetier? Nein, der Einfall war wohl zunächst viel solider: Schwere Lasten wurden transportiert, indem man sie mit dem Kraftaufwand ganzer Menschenheere über den Boden fortschleifte. Auch wenn der Boden geglättet worden war, die Reibung blieb erheblich. Irgendjemand wird gemerkt haben, dass es mit untergelegten Baumstämmen besser voranging, weil die sich bei der Bewegung mitdrehten. Sie blieben dabei allerdings zurück, man musste sie nach vorne schleppen und von Neuem unterlegen. Aber das war nur eine Vorahnung vom Rad. Das Wichtigste – und erst diesem Fortschritt gehört wirklich ein Denkmal gesetzt! – war die Erfindung der Achse in der Mitte des Rundholzes, ferner die Schaffung einer sehr stabilen Verbindung dieser Achse, die dennoch in einem Lager drehbar blieb, an dem Lastenträger selbst. Das war nun ein Fahrzeug, das seine Rollen nicht dauernd hinter sich ließ, also schon fast ein Omnibus. Jetzt bedurfte es nur noch glatter Bahnen, auf denen Räder nahezu widerstandsfrei rollen konnten. Aber immer noch musste jemand schieben oder ziehen, Mensch, Pferd, Ochse. Und lange Zeit konnte und wollte man daran nichts ändern. Noch Kaiser Wilhelm II. sagte: „Ich glaube an das Pferd. Das Automobil ist eine vorübergehende Modeerscheinung.“

Wie man sich selbst oder eine Sache bewegt, antreibt, ins Ziel bringt – es ist schon eigenartig, dass jeder einzelne Mensch alle Errungenschaften der Anthropoiden aufs Neue erfinden muss, und er tut es mit wildem Eifer, bevor er das Wort „Mensch“ auch nur aussprechen kann. Schon bald nach der Entdeckung des aufrechten Gangs verfällt er in den Laufschritt, läuft immer hemmungsloser seinen Opfern nach, bis die Tauben auf dem Stadtplatz ermattet niedersinken. Ständig wirft er etwas zu Boden und prüft, ob und auf welche Weise es zu ihm zurückfindet – das ist die Wurfholz-Phase (vor der Erfindung von Pfeil und Bogen). Er entdeckt alles, wozu der Urmensch hundert Generationen gebraucht hat, in wenigen Jahren. Er schliddert über gefrorene Pfützen und erkennt, wie Reibung zu verringern ist. Und bald beginnt der große Eifer: Er dringt in die Geheimnisse der Technik ein, zunächst nur der bisher vorhandenen, die aber irgendwann durch seine eigene triumphale Ingenieurleistung überholt sein wird. Wie aus Wind- und Wasserströmung, Sonne und Feuer, aus Dampf und Spannung all die nützlichen Effekte zu beziehen sind: Materialveränderung durch Erhitzung, Druck, Schlag, Werkzeug, Drehung und Transport, diese Erkenntnisse gehören zur Erfolgsgeschichte der menschlichen Gattung und zugleich zum Heranwachsen jedes Individuums. Es ist das wichtigste Anschauungsmaterial und Bildungselement, und wer sich hingebungsvoll für Dynamik und Bewegung interessiert, lernt vieles andere vom Leben gleich mit. Die Entwicklung praktischer Vernunft kommt ohne physikalische Wissbegier nicht aus: Was lässt sich bewegen, was nicht? Was hält stand, was gibt nach, was bringt Nutzen? Und ein Schauer der Begeisterung erfasst insbesondere die Buben, wenn etwas „funktioniert", was sie selbst gebaut oder verbessert haben.

Wie dauerhaft das Interesse an den Fragen von Kraftentfaltung, Kraftübertragung, Kraftbeherrschung ist, erkennt man (wie bei jeder Leidenschaft und jedem Laster) an dem Markt, der davon lebt, es zu befriedigen. Die Liebe zur Technik ist mächtig seit alters, und der kontrollierten Dynamik, den Dampfmaschinen, dem Motor galt ein Hauptinteresse, seit es sie gab. Ich erinnere mich an den Lesestoff, der aus Großvaters Jugendzeit übrig geblieben ist und noch immer in meinen Regalen steht, weil auch ich ihn verschlungen habe und darum weiter um mich haben möchte. Zwischen allerlei Berichten über wackere Deutsche in den Kolonien, über Wald, Feld und Wild gab es im „Deutschen Knabenbuch" des ausgehenden neunzehnten Jahrhunderts immer mehr über technische Neuerungen zu lesen, über Dampfkraft in der Landwirtschaft („Lokomobile") und, was bei strotzendem Nationalstolz kaum wundernehmen konnte, jede Menge Waffentechnik: Kanonen, Lafetten, Zündnadelgewehr. In meinen eigenen Jungenbüchern der fünfziger Jahre – „Das neue Universum", „Der gute Kamerad" – hatte sich der militärische Komplex stark verringert, aber nicht der Anteil von Motoren, Trieb- und Kraftwerken, Verkehrstechnik jeder Art. Ich weiß noch heute, wie der Gyro-Antrieb funktioniert: mit einer waagrecht liegenden rotierenden Schwungscheibe zum „Aufbewahren" kinetischer Energie. Ich glaube, die Autoren dieser Berichte und Geschichten waren von Technik fast noch mehr begeistert als wir jugendlichen Leser. Sie waren die „echten Jungs" von dunnemals, die unermüdlichen Konstrukteure von Wasserrädern für Notstromaggregate, Modellbooten mit Elektromotor und in den Äther hinaus lauschenden Detektorempfängern. Sie waren genau die „reifere Jugend", für die sie zu schreiben vorgaben – aber wir ließen uns gern anstecken! In den fünfziger Jahren war die Begeisterung für Technik noch eine andere als heute – nicht stärker, aber anders. Man versuchte damals noch einzudringen in die Geheimnisse der wundersamen Geräte, wollte nicht nur wissen, was sie leisten sollten und ob sie es konnten, sondern wie sie funktionierten und woran es lag, wenn nicht. Der Zugang war noch tüftlerisch und bastlerisch wie einst beim jungen Edison. Das galt für Fahrräder, Autos, Radios und Mutters Nähmaschine. Erst als man von Triebwerken sprach statt von Motoren und als alles Elektrische mit „Elektronik“ angeredet werden wollte, blieben wir Hobby-Ingenieure etwas zurück und verlegten uns aufs Lesen von Katalogen und Prospekten. Ein Auto selbst reparieren? Den Fernseher verbessern? Heute? Aber Respekt und heiliger Schauer sind geblieben, wir umrunden auf Fachmessen, Auto- oder Bootsausstellungen die Exponate in der Gangart der Liebenden (zwei Schritte vorwärts, zwei zurück). Noch in den fünfziger Jahren wollten wir den Gyro-Antrieb am liebsten selber bauen. Und ich plante zusammen mit einem Freund (der dann auch kein Techniker wurde), ein morsches Segelboot mit einem Flettner-Rotor auszustatten, einer senkrecht stehenden, per Elektromotor drehbaren Walze, hoch wie ein Mast und dick fast wie ein Futtersilo, und hofften so durch listige Nutzung der Aerodynamik direkt gegen den Wind anfahren zu können. Wir endeten beschämend fern von der Serienreife, der Stolz wich auf die Möglichkeitsform aus: „Mit etwas mehr Glück (besserer Verankerung, stärkerem Motor, weniger morschem Boot) hätte es tadellos funktioniert.“ Den Ingenieurskonjunktiv beherrschten wir immerhin schon.

In den damaligen Jugendzeitschriften waren neben „harten Nüssen für unsere Denksportler“, „Kniffen und Pfiffen für den Photofreund“ oder „So pflegst du dein Rad richtig“ jede Menge rein handwerklicher Anleitungen zu finden. Ich erinnere mich an einen Artikel „Was der Bastler von seinem Antriebsriemen wissen muss“. Obwohl mir leider nie jemand eine Drehbank geschenkt hat, ist mir bis heute bewusst: Der Riemen aus Ochsenleder, und zwar geschnitten aus dem Mittelrücken, ist der beste. Er bleibt auch weiter gut, wenn man ihn dreimal jährlich mit lauwarmem Wasser und anschließend mit einer Mischung aus Talg und Tran einreibt. Und er darf nie mit Mineralöl in Berührung kommen. Es ist schon toll, was man alles weiß. Aber wohin damit? Schnellstens weitergeben an die, die es brauchen können! Hiermit geschehen.

Worum es bei der Ausnutzung und Übertragung einer Naturkraft geht, lernt der junge Mensch auch dort, wo kein Rad, keine Achse im Spiel sind: beim Segeln. Der Wind tut, was er will, aber die Fahrt muss berechenbar bleiben. Starker Wind soll die Fahrt beschleunigen, aber nicht zum Kentern führen. Ein guter Segler kann gewiss Böen und sogar Stürme für sich nutzen, aber es gibt für die Arbeit mit dem Wind eine ganz spezielle Grenze: Speichern lässt er sich nicht. Eine willkürlich zunehmende und abflauende Kraft zu einer gleichmäßig wirkenden zu machen, das bedeutet auch: Man muss versuchen, den Überschuss, den man im Moment nicht braucht, für Phasen des Mangels „aufzubewahren". Beim Wind ist das schwer möglich. Erfinderische Versuche hat es gegeben. Max Gehre hieß der Ingenieur, der im Jahre 1900 im nordfriesischen Büsum ein elektrisches Leuchtfeuer mit Windenergie betrieb. Er sorgte dafür, dass sich mit dem Windrad eine Walze mitdrehte, und diese wickelte Seile auf. So wurden Gewichte bis hoch unters Dach gehoben und wandelten die Windkraft in – abrufbare – Schwerkraft um. Der Generator arbeitete eine Weile weiter und lud die Batterie, das Signalfeuer leuchtete auch während nächtlicher Flauten, wenn, ja wenn diese nicht zu lang waren. Gut, irgendwann brummte auch in Büsum ein Dieselmotor.

Die große Wonne des Menschen, Naturkräfte zu entfesseln und sie technisch für seine Zwecke zu zähmen, spiegelt sich auch in der Literatur. Und das nicht einfach nur, weil Literatur das Leben spiegelt und dieses nun eben von Eisenbahnen und Motoren wimmelt. Nein, Ingenieurskunst fasziniert als solche, und sie wird es immer tun. Von Hans Christian Andersens Jubel über die Verlegung des ersten Transatlantikkabels, den technischen Utopien von Jules Verne und H. G. Wells, Kafkas Schwärmen für die Telegrafie bis zu Bernhard Kellermanns „Tunnel" und weiter bis in die linke Begeisterung für die Modernisierung und Elektrifizierung der Sowjetunion reicht die Kette. Die Technik schlug auch Autoren in den Bann, die eher Unheil in ihr sahen, nehmen wir Goethe und die brutalen Landgewinnungsarbeiten seines Faust, Theodor Fontanes „Brück' am Tay" und all die ehrfürchtigen und zugleich warnenden Betrachtungen zum Fließband und zur Reiz- und Symbolfigur Henry Ford. Ja es ist fast die Regel, dass in der Literatur das spektakuläre Scheitern von Technik mehr fasziniert als das Gelingen. Aber das hat seinen Grund nicht in Technikfeindlichkeit schlechthin, sondern darin, dass alles Scheitern nun einmal literarisch interessanter ist als Erfolg – im Scheitern wächst oder besteht der Mensch moralisch, ändert sich, spricht mit Gott oder lernt das Leben doppelt lieben. Sie erinnern sich an Nikos Kazantzakis' Roman „Alexis Sorbas" (1946) über einen sehr naturbelassenen Griechen, der die Idee hat, die Kohle aus einem Bergwerk am Drahtseil direkt zum Hafen hinunterschweben zu lassen. Das Gefälle ist aber viel zu stark, der Konstrukteur wird von der Wucht der Schwerkraft überrascht: Schon beim Test mit Baumstämmen lässt deren immer rasantere Talfahrt die gesamte Seilbahn einstürzen, alles flüchtet. „Ist sie nicht wunderschön zusammengekracht?", ruft Sorbas und bringt seinen

Freund, den zunächst eher säuerlich dreinblickenden Besitzer des Bergwerks (und der Bahn!), zum Schmausen, Trinken und Lachen, schließlich zum Tanzen. Mit der Verfilmung des Romans begann der Siegeszug des Sirtaki in der gesamten außergriechischen Welt. Wir haben immer wieder Anlass, ihn zu tanzen, diesen Desaster-Sirtaki. Denn es gibt wahrlich nicht nur die Lust am Gelingen, es gibt auch die an der Katastrophe. Ich glaube, dass deren Magnetismus auf die Köpfe von Ingenieuren und Unternehmern immer wieder mal einwirkt wie eine verborgene „Anleitung zum Unglückproduzieren“ – nichts erregt schließlich mehr Aufmerksamkeit, nichts bleibt länger in Erinnerung als ein bildschöner Totalschaden. Wir sollten uns aber zusammenreißen und der Verlockung widerstehen.

Das sicherlich immer noch schönste Symbol für den Aufstieg, den der Homo sapiens durch Nutzung und Beherrschung von Kräften genommen hat, ist das Fliegen: Hier hebt der Mensch ab und stößt durch die Wolken, über denen, so empfindet er es, grenzenlose Freiheit und eitel Sonnenschein herrschen. Ein Traum wird wahr, aber dazu braucht es eine kluge Aufteilung von Arbeit und Aufmerksamkeit. Seit den Anfängen der Fliegerei ergänzten sich in Flugzeugen die Aufgaben von Pilot und Beobachter. Der Pilot war mit den Mucken und Tücken der Maschine (und speziell des Motors) beschäftigt, er war für die Kraft zuständig, die das Gerät vom Boden brachte. Er entfesselte gewöhnlich erst mal alle Pferdestärken und gab damit der Maschine die allerletzte Gelegenheit, schon am Boden auseinanderzufliegen. Dann löste er die Bremse. Langsam begann der Vogel zu rollen, bis er sich schließlich etwas mühsam von der Startbahn emporschmuggelte. Holla, wir fliegen! Der Beobachter dagegen tat scheinbar gar nichts, verglich nur mit strengem Gesicht Landschaft und Karte, schaute auf den Kompass und auf die Uhr. Der Pilot sorgte für das Spektakuläre, für Abheben und Geschwindigkeit, und es hatte sich eingebürgert, jeden Piloten „Emil“ zu nennen. Mit Blick auf ein stehendes Flugzeug fragte man etwa: „Wo ist denn sein Emil?“ Auch der Beobachter hatte einen Namen, er hieß „Franz“, und was er tat, hieß „franzen“. Das Wort ist heute noch gegenwärtig in der Feststellung, man habe sich „verfranzt“, also verirrt. Für Flieger konnte das „Verfranzen“ peinliche Folgen haben: Irgendwann war der Tank leer und der Flugplatz weit, es winkten eine riskante Notlandung auf der Wiese und ein erboster Landökonom mit der Mistgabel.

In „Emil und Franz" (der Alleinflieger muss beide in sich vereinen) kehren die zwei Grundelemente jeder menschlichen Unternehmung wieder: Dynamik und Bewegung einerseits, Positionsbestimmung und Steuerung andererseits. Und natürlich braucht auch alle Technik im allgemeinsten Sinn kritische Beobachter, heute mehr denn je, damit wir keine Bruchlandung hinlegen. Der idealtypische Navigator des technischen Fortschritts – ich stelle ihn mir auch als technisch hochgebildeten Abgeordneten vor – hätte heute auf die Sekundärfolgen zu achten, Vibrationen, Abgase, Wärmeentwicklung und darauf, wo sich Störwirkungen in Nutzen verwandeln lassen. Wie steht es mit Natur, Arten, Meeresspiegel, mit der Gesundheit von Mensch, Tier und Pflanze? Wie geht es dem Planeten, woran krankt er, wie gut verträgt er das, was wir an Dynamik entfesseln? Franz, halt die Augen auf!

Und der Mensch, dieser ausdauernde Jäger mit den Geistesblitzen, wie lebt er in der Umgebung, in der riesigen Maschinerie, die er für seine Mobilität und zur Intensivierung und Beschleunigung seiner Arbeit geschaffen hat? Da sitzt er, der bewährte Indianer und Erfinder, und – klagt ohne Ende! Er wünscht sich ein langsameres Leben. Ihm fehlt genau das, was er mit all seinen genialen, die Jagd erleichternden Geräten zu gewinnen hoffte, nämlich Zeit. Zeit zum Leben, zur körperlichen und geistigen Erholung des Individuums, Muße zum Spielen, zur Liebe, zum Innewerden und Wiederfinden seiner Seele, zur Standortbestimmung – er hat das Gefühl, sich auf der Jagd verfranzt zu haben, ja überhaupt das Falsche gejagt zu haben, und nun braucht er Zeit, um seinen Weg wiederzufinden.

Begriffe wie „Entfremdung" kamen in der Zeit auf, als die Maschinen ihren Vormarsch begannen. Und Friedrich Nietzsche, Zeitgenosse von Krupp und Borsig, war sich sicher: „Die Maschine, selber ein Erzeugnis der höchsten Denkkräfte, setzt bei den Personen, die sie bedienen, fast nur die niederen, die gedankenlosen Kräfte in Bewegung." Es lag nahe, die Technik, insbesondere die zur Beschleunigung von Produktion und Transport, aber auch das Anwachsen der Mobilität überhaupt für den Kern des Unheils zu halten. Dieser Affekt, als „Maschinenstürmerei" einstmals sogar sehr handgreiflich, lebt bis heute fort: Mit diesem Schrott hat es angefangen, ruft der Verzweifelte, er allein stiehlt uns Arbeitsplätze, Zeit, Geld und Geist, weg damit also, zurück zu einem menschenwürdigen Leben! Solch ein Zornesausbruch kurz vor dem Durchdrehen ist auch heute nicht unverständlich: Wer hätte sich noch nie, etwa bei der Parkplatzsuche vor Arbeitsbeginn, ungefähr so hilflos und überfordert gefühlt wie Charlie Chaplin am Fließband? Die „Modern Times" sind noch nicht Vergangenheit.

Aber pauschale Technikfeindlichkeit ist denn doch offenkundiger Unfug. Die Maschinen sind es nicht! Sie sind nicht schuld daran, dass wir uns seit Jahrhunderten in einem Krieg gegen uns selbst befinden. Nicht die Motoren, Getriebe und Turbinen sorgen dafür, dass die Uhr gegen uns läuft statt für uns. Dafür sorgen wir selbst mit großem Eifer. Wir allein sind unser schlimmster Feind. Dass Technologien bis hin zu den Computern zunächst einmal nichts anderes sind als Entlastung und Zeitgewinn, wird niemand bestreiten. Nietzsche erklärte mit Bestimmtheit, wer nicht zwei Drittel seines Tages für sich selbst habe, sei ein Sklave (das konnte die Erfindung des Achtstundentags sein, wenn er die Nacht mit einrechnete). Wie auch immer: Unsere Erfindungen allein hätten es uns durchaus möglich gemacht, mehr vom Leben zu haben. Was also ist passiert? Wir müssen hier schon von Konkurrenzdruck sprechen, von der Ökonomisierung des gesamten Lebens und ganz besonders von Machtfragen und von Politik, um der Verwahrlosung der Verteilungsverhältnisse (Nahrung, Mittel, Zeit) wirklich auf den Grund zu gehen, auch wenn es uns dann doch nicht gelingen dürfte, „den Charakter der Menschheit zu ändern", wie Nietzsche sich das wünschte. Wir kommen dabei von seiner wortmächtigen Klage wohl etwas ab, hin zu einer nüchternen Analyse der Globalisierung, und wir lesen darüber gewiss ein wenig bei Karl Marx nach. Die Langsamkeit des richtigen Lebens? Wir müssen sie uns wieder erkämpfen, für sie Opfer bringen, ja sie stehlen. Dass nur Reiche oder sehr Arme einen Hauch von „Buddhismus" pflegen können, darüber kann man schmunzeln, aber nicht wirklich froh sein.

Zurück zum Wettlauf von Hase und Igel. Wenn ein Märchen uns etwas merkwürdig vorkommt, dann sollten wir überlegen, ob es nicht anders gelesen werden muss, um verstanden zu werden: Wer oder was ist da wirklich gemeint? Versuchen wir Hasen und Igel in der Menschenwelt zu erkennen, dann wäre der Hase der von der Natur großzügig ausgestattete Typus, der jederzeit glänzen kann, ohne sich von irgendwelchen Hilfsmitteln abhängig zu machen. Der Igel hat gegen ihn keine Chance, schon gar nicht bei der Fortbewegung, darum kann er sich bei Attacken nur einigeln. Weglaufen ist zwecklos, er ist die Langsamkeit in Person. Nur Schildkröte und Schnecke sind noch hoffnungsloser, daher ihre tragbaren Häuser. Aber die Letzten werden die Ersten sein! Der Langsame kommt am ehesten auf die Idee, dass er sich Wege ersparen muss, um zu bestehen. Die Igel, oder jedenfalls unter den Menschen die igeligsten, wissen seit Jahrhunderten, dass weder ihre Frauen noch ihre Stacheln sie krisenfest machen. Andere Ideen beginnen sich durchzusetzen, eine Antriebstechnik entsteht, und der Igel nennt sich „Ingenieur" (er mag die Bezeichnung, sie enthält das Wort „Genie") und igelt sich nur noch dann ein, wenn er an wieder einem neuen System tüftelt. Vom Hasen hört man nur noch ab und zu. Jedenfalls legt auch er heute größere Entfernungen gern mit Fahrzeugen zurück. Und jedes Mal, wenn er als Kunde in die Werkstatt kommt, ruft der Igel ihm zum Spaß entgegen: „Ick bün all dor!"

Antriebstechnik bewegt die Welt

Ein geografischer Überblick über die Beiträge dieses Buches

Seite 252
Aberdeen, Großbritannien / Nordsee
Den Wellen zum Trotz versorgt die „Edda Fram“ Ölplattformen in der Nordsee mit wichtigen Gütern.

Seite 362
Fort McMurray, Alberta, Kanada
Aus Sand wird Öl – willkommen in Alberta

Seite 96
London, Großbritannien
Der Untergrund wird zur Lebensader der Olympischen Spiele 2012.

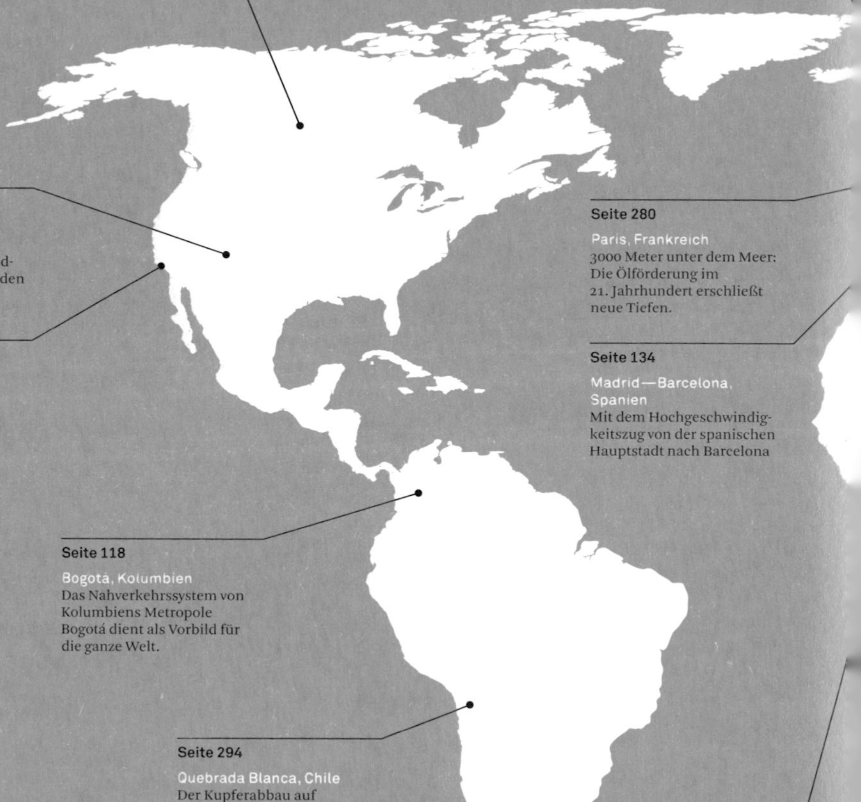

Seite 316
Farmington, New Mexico, USA
Kohlegewinnung statt Goldsuche – unter Tage im Wilden Westen

Seite 280
Paris, Frankreich
3000 Meter unter dem Meer: Die Ölförderung im 21. Jahrhundert erschließt neue Tiefen.

Seite 236
Los Angeles, Kalifornien, USA
Die Hafenfeuerwehr von Los Angeles ist bestens gerüstet für den Tag X.

Seite 134
Madrid — Barcelona, Spanien
Mit dem Hochgeschwindigkeitszug von der spanischen Hauptstadt nach Barcelona

Seite 118
Bogotá, Kolumbien
Das Nahverkehrssystem von Kolumbiens Metropole Bogotá dient als Vorbild für die ganze Welt.

Seite 294
Quebrada Blanca, Chile
Der Kupferabbau auf 4500 Meter über dem Meer stellt höchste Anforderungen an Mensch und Maschine.

Seite 434
Freiburg i. Br., Baden-Württemberg
Das Werben um mehr Umweltverträglichkeit ist immer öfter von Erfolg gekrönt.

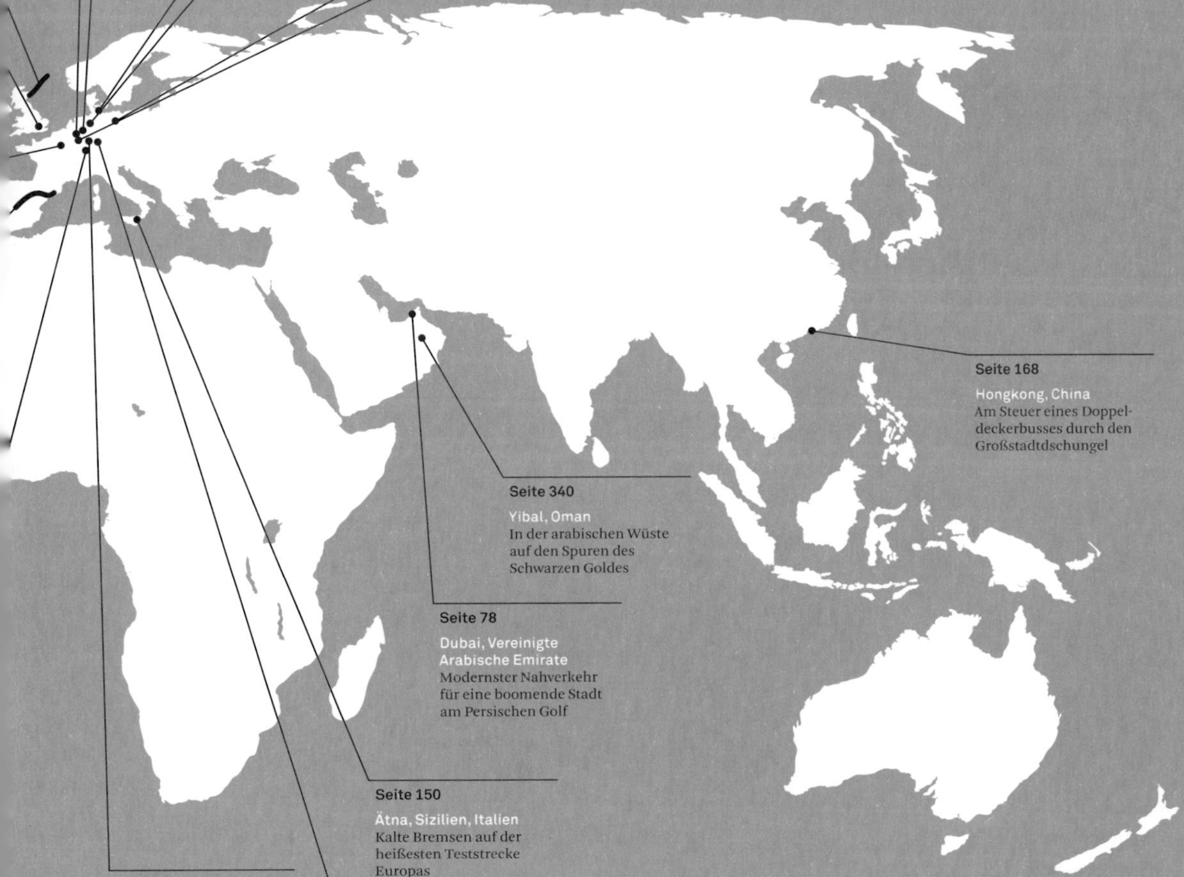
Seite 446
Aachen, Nordrhein-Westfalen
Kluge Köpfe forschen heute schon an der Antriebstechnik von morgen.
Seite 198
Kiel, Schleswig-Holstein
Heimathafen einer der modernsten Lokomotiven der Welt
Seite 416
Duisburg, Nordrhein-Westfalen
Vom Hochofen zum hauchdünnen Blech ist es ein weiter Weg.
Seite 184
Bruchhausen-Vilsen, Niedersachsen
Privatbahn: mit einem Krokodil auf Erfolgskurs
Seite 222
Berlin
Immer mehr Güter in immer weniger Zeit sind der Alltag für weltweite Logistiker.
Seite 404
Völklingen, Saarland
Heißes Eisen zu einem präzisen Bauteil zu schmieden ist harte Arbeit.
Seite 168
Hongkong, China
Am Steuer eines Doppeldeckerbusses durch den Großstadtdschungel
Seite 340
Yibal, Oman
In der arabischen Wüste auf den Spuren des Schwarzen Goldes
Seite 78
Dubai, Vereinigte Arabische Emirate
Modernster Nahverkehr für eine boomende Stadt am Persischen Golf
Seite 150
Ätna, Sizilien, Italien
Kalte Bremsen auf der heißesten Teststrecke Europas
Seite 460
Darmstadt, Hessen
Innovative Ideen bringen Bewegung in den bevorstehenden Verkehrskollaps.
Seite 380
Crailsheim, Baden-Württemberg
Neue Technologien sorgen für frischen Wind bei regenerativen Energien.

Zur Einführung

Der Alltag des Menschen – seit der Urzeit ohne Antriebstechnik schlicht undenkbar

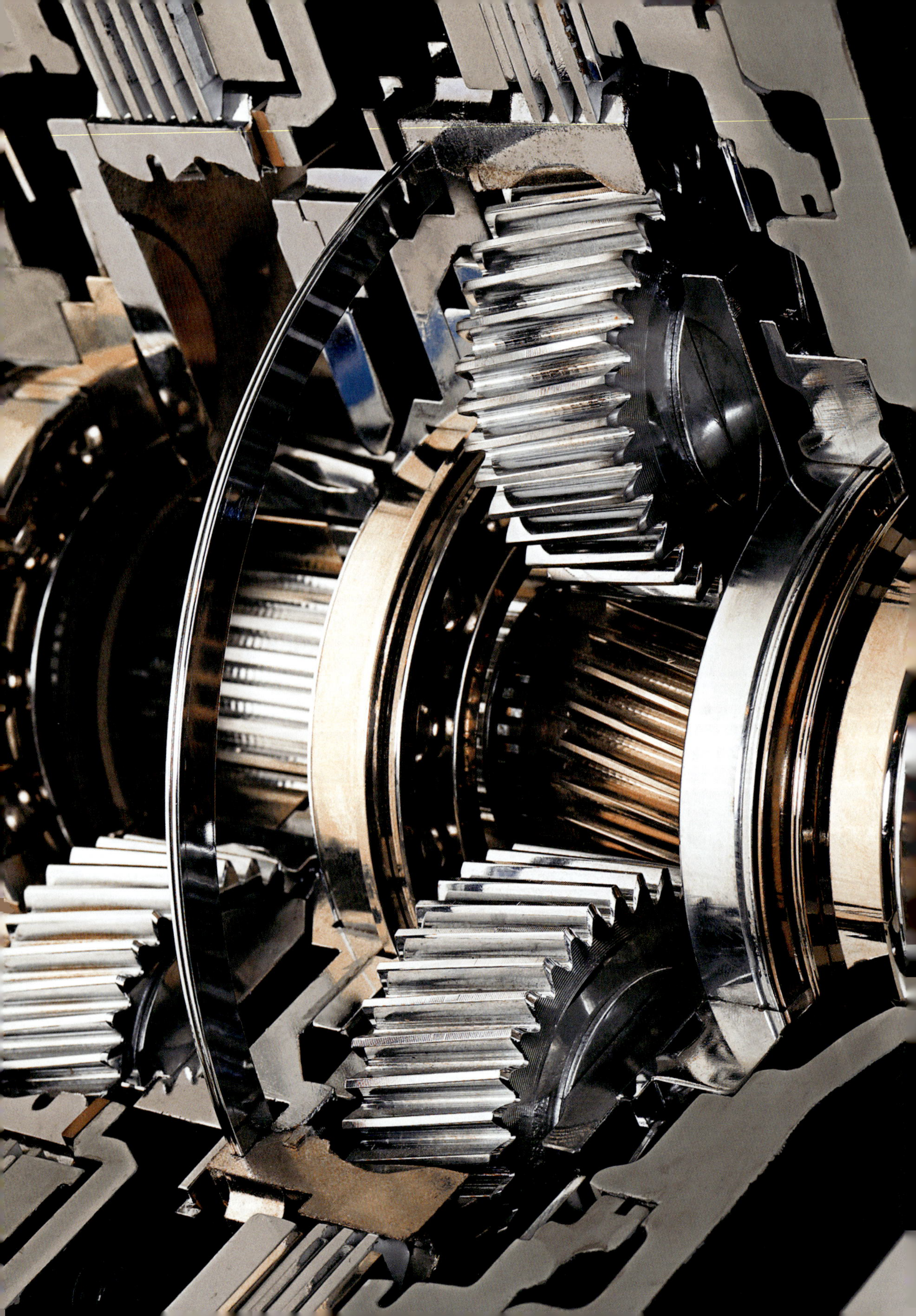

Bewegte Historie

Die Geschichte der Antriebstechnik

Schneller, höher, weiter: Über Jahrhunderte war die Muskelkraft die wichtigste Energiequelle, wobei nicht der Mangel an geniösen Einfällen den Weg hin zur Entwicklung „Kraft spendender" Maschinen verzögerte. Verantwortlich waren alleine Kostenbetrachtungen. Lange war die menschliche Arbeitskraft die deutlich billigste Energiequelle. Erst im Zuge der Industrialisierung wurden mit der Dampfmaschine und später den Verbrennungsmotoren effektive Antriebe entwickelt. Parallel dazu hat man die bis dahin bekannten Prinzipien der Kraftübertragung weiter entwickelt – und es kamen völlig neue hinzu.

Die Antriebstechnik ist so alt wie die Menschheit. Wie ein roter Faden ziehen sich die Ideen des Menschen, „etwas zu bewegen“, durch die Jahrtausende. Dabei konzentrierte er sich zunächst auf unterschiedlichste Objekte in seinem Lebensumfeld. Später kam der Drang zur Mobilität dazu. Um Bewegung zu erzeugen, sind Kräfte und Werkzeuge erforderlich. Neben seiner Muskelkraft verstand es der Mensch im Laufe der Zeit, dafür auch andere Kraftquellen zu nutzen. Als Werkzeuge und Hilfsmittel dienten ihm dabei eine erstaunlich kleine Anzahl leicht verständlicher Urelemente wie Hebel, Achsen und auch das Rad, die dazu da waren, physikalische Größen wie Kräfte, Momente und Geschwindigkeiten zu leiten und zu wandeln. Deren Kombination in Wechselwirkung mit immer besseren Werkstoffen, immer leistungsfähigeren Energiequellen (und in der Neuzeit mit elektronischer Steuerung) führte zunächst zu den einfachen antriebstechnischen Geräten der Vergangenheit. Doch auch in den komplexen Aggregaten der Gegenwart tauchen sie immer wieder auf. Man muss nur genau hinsehen, dann kann man diese Urelemente in vielen Aggregaten leicht erkennen. Eigentlich ist die Geschichte der Antriebstechnik die Geschichte der Kraftquellen und der Kraftübertragung. Da sie in ihrer Entwicklung voneinander abhängig waren, sind diese Geschichten untrennbar verwoben.

AM ANFANG WAR DER HEBEL

„Gebt mir einen Punkt, an dem ich stehen kann, und ich will die Erde aus den Angeln heben.“ Aufmerksame Schüler erinnern sich an diesen Satz des Archimedes aus Syrakus, mit dem ihre Physiklehrer gerne auf die Anfänge der Hebelgesetze hinwiesen. Wer zu Urzeiten einen dicken Ast an einem Stein abstützte, um so einen Baumstamm aus dem Weg zu räumen, nutzte dieses Prinzip, den Hebel. Er ist Wirkprinzip vieler uralter Werkzeuge. Zangen, Scheren und Brecheisen verdanken ihre Funktion dem Hebel.

Kaufleute bauten aus dem Hebel sogenannte Balkenwaagen und konnten damit bestimmen, welcher Obolus für eine bestimmte Menge einer Ware zu zahlen war. Und auch bei komplexen Aufgaben jener Zeit half der Hebel weiter. So war

← Das Hebelgesetz: Je länger der Hebelarm, desto geringer sind die für das Anheben eines Steines benötigten Kräfte.

↑ Ein wirkungsvolles Gerät: Mit dem *Schaduf* lässt sich Wasser vergleichsweise einfach auf ein höheres Niveau „hebeln".

die intensive Landwirtschaft altorientalischer Hochkulturen ohne eine leistungsfähige Bewässerung nicht denkbar. Am Nil und im Zweistromland zwischen Euphrat und Tigris wurden unterschiedlichste Techniken zum Wasserschöpfen entwickelt. Am bekanntesten ist der auch heute noch in jenen Ländern anzutreffende *Schaduf*, mit dem Wasser auf ein höheres Niveau „gehebelt" werden kann. Auch die Großbauten des Altertums, wie der Turm zu Babel und die Pyramiden Ägyptens, wären ohne den Hebeleinsatz nicht möglich gewesen. Zum Teil kann man allerdings nur mutmaßen, wie die benutzten Gerätschaften genau aussahen und wie sie eingesetzt wurden.

DAS RAD BRINGT DIE TECHNIK INS ROLLEN

Das Symbol der Technik schlechthin ist das Rad. Es liegt allerdings völlig im Dunkeln, wer die Vorteile der rollenden Fortbewegung entdeckte und wann dies geschah. Man kann aber davon ausgehen, dass es sich hier nicht um eine singuläre Entwicklung handelt. Vielmehr wird der Mensch vielerorts für den Transport schwerer Lasten gegenüber dem Rutschschlitten (dem ersten Gleitlager) die Vorteile durch das Unterlegen von Baumstämmen erkannt haben. Je glatter der Baumstamm war und je mehr er der Form eines Kreises entsprach, desto größer war die Kraftersparnis beim Ziehen oder Stoßen der Last: Die Transportwalze war erfunden.

Mühsam war deren Benutzung. Nach einer kurzen Wegstrecke mussten die Walzen aufgenommen und vor dem „Fahrzeug" wieder abgelegt werden. Erst als man es schaffte, die Walzen durch Pflöcke unterhalb der Last zu fixieren, fiel diese Erschwernis weg. Es entstanden die ersten Karren und Wagen, die jedoch unter hohen Reibungsverlusten litten. Ein wichtiger Schritt nach vorne gelang, als man die Walzen in Kreisscheiben „zerlegte" und sie auf eine durchlaufende Achse steckte. Denn jetzt konnten die Achsen von Lederschlaufen gehalten und so die Reibungskräfte reduziert werden. Im dritten Jahrhundert v. Chr. fuhren derartige Wagen bei den Sumerern – bereits mit vier Rädern. Ägypten erreichten sie erst im zweiten Jahrhundert v. Chr.

Im Laufe der Zeit wurde das Rad weiter perfektioniert. Erst baute man die Radscheibe aus mehreren Segmenten zusammen und stabilisierte sie mit Querhölzern. Derartige Räder waren bereits mit einer Art Schmierung versehen. Dann folgten Speichenräder, deren Herstellung hochwertigere Werkstoffe und Werkzeuge erforderten. Berühmt wurden die leichten zweirädrigen Streitwagen der Römer,

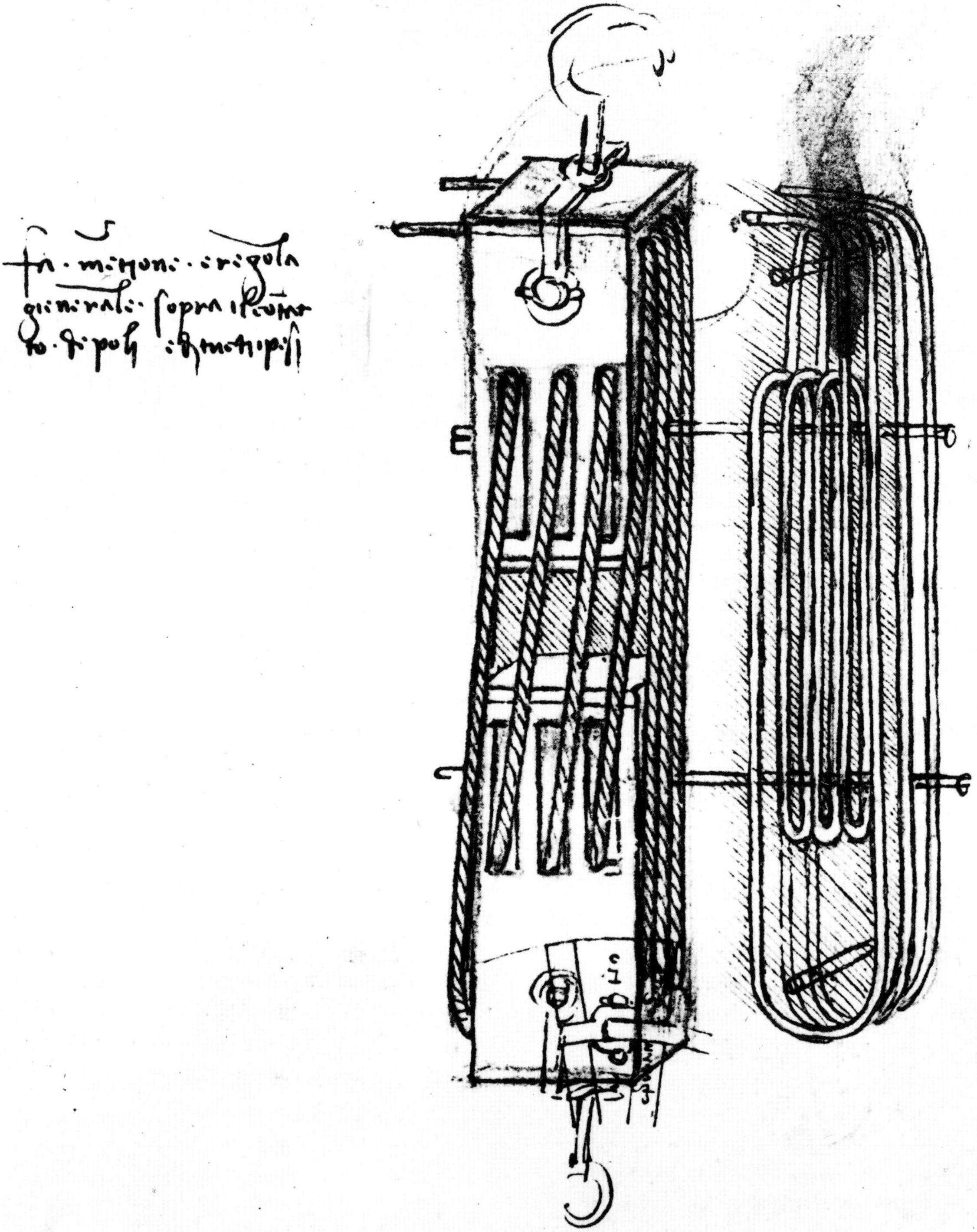

die über Speichen aus Bronze verfügten. Um die Räder widerstandsfähiger zu machen, umspannte man sie mit Lederbändern. Eiserne Radreifen bekamen sie erst, als dies die Schmiedetechnik möglich machte.

Ohne das Rad wäre die Erfindung des Flaschenzugs nicht denkbar gewesen. Doch bis es so weit war, musste sich erst die einfache, „feste" Rolle bewähren. Hierbei handelt es sich um eine auf eine Achse aufgesteckte Rolle mit einer Seilrinne, die es ermöglicht, die Zugrichtung zu ändern. Die feste Rolle erleichtert auch heute noch das Wasserschöpfen aus Brunnen. Nur Kraft sparen kann sie nicht. Das schaffte erst die „lose" (ortsveränderliche) Rolle, mit der sich die beim Heben einer Last aufzubringende Kraft halbieren lässt – mit dem Nachteil, dass sich die Zugstrecke verdoppelt.

Bereits Aristoteles hat das Prinzip des Flaschenzugs beschrieben, der seinen Vorzug aus dem Zusammenspiel einer festen und einer losen Rolle zieht. Bis zum Vier- und Fünfrollenzug war es dann nicht mehr weit. Die theoretische Begründung der Wirkweise des Flaschenzugs lieferte Archimedes, der sich einen Spaß daraus machte, spektakuläre Anwendungen zu demonstrieren. So zog er mit nur einer Hand ein Schiff von der Helling ins Wasser.

MUSKELKRAFT ALS ANTRIEB

Doch der Antrieb blieb der Mensch. Über Jahrhunderte war die Muskelkraft wichtigste und nahezu einzige Energiequelle. Die Ursache dafür ist leicht nachzuvollziehen: Sklaven und Zugtiere wurden als „belebtes Werkzeug" benutzt. Es bestand kein Anreiz, Maschinen zur Nutzung der Wasser- und Windenergie zu konstruieren, obwohl man schon frühzeitig entdeckt hatte, dass durch die Umlenkung von Strömungen in Wasser oder Wind Kräfte entstehen, die Muskelkraft bei Weitem übertreffen können. Doch solche alternative Kraftquellen hätten zwei klare Nachteile gehabt. Sie wären teurer als Sklaven gewesen und man hätte sie nur (ortsgebunden) an einem Platz einsetzen können.

Das war der Grund, warum der technische Fortschritt lange stagnierte. Wie stark der Mensch noch im 16. Jahrhundert auf die Muskelkraft angewiesen war,

← Flaschenzug Leonardo da Vincis mit sechs festen und sieben losen Rollen. Die zum Heben einer Last benötigte Kraft reduziert sich deutlich.

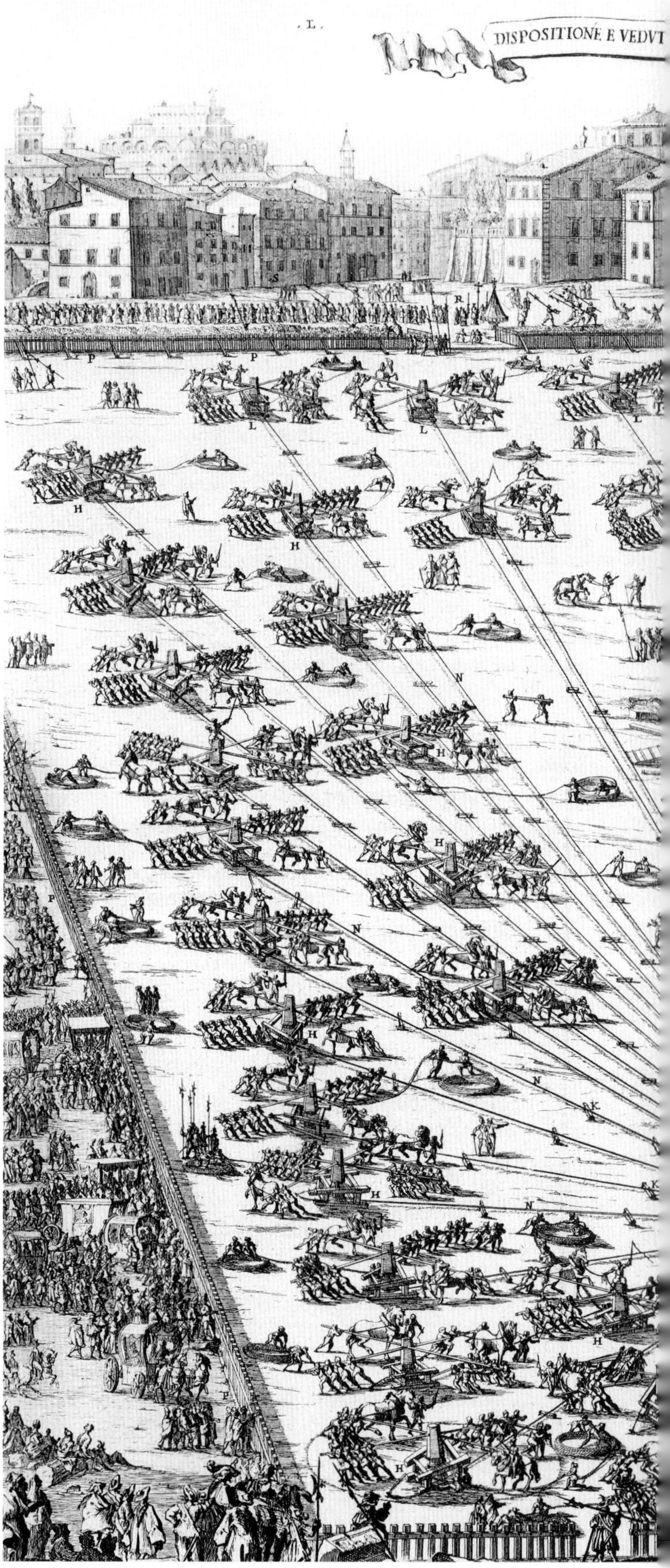

→ Aufrichtung des Vatikanischen Obelisken auf dem Petersplatz im Jahre 1596: Der Überlieferung nach soll es dabei zu einem bemerkenswerten Zwischenfall gekommen sein. So hatte der Papst absolutes Stillschweigen angeordnet. Alles ging gut. Doch als der Obelisk schon fast aufgerichtet war, gaben die Seile nach. Ein Matrose rief unter Missachtung des Verbots: „Wasser auf die Seile!“ Man folgte seinem Rat, die Seile strafften sich und der Obelisk war gerettet.

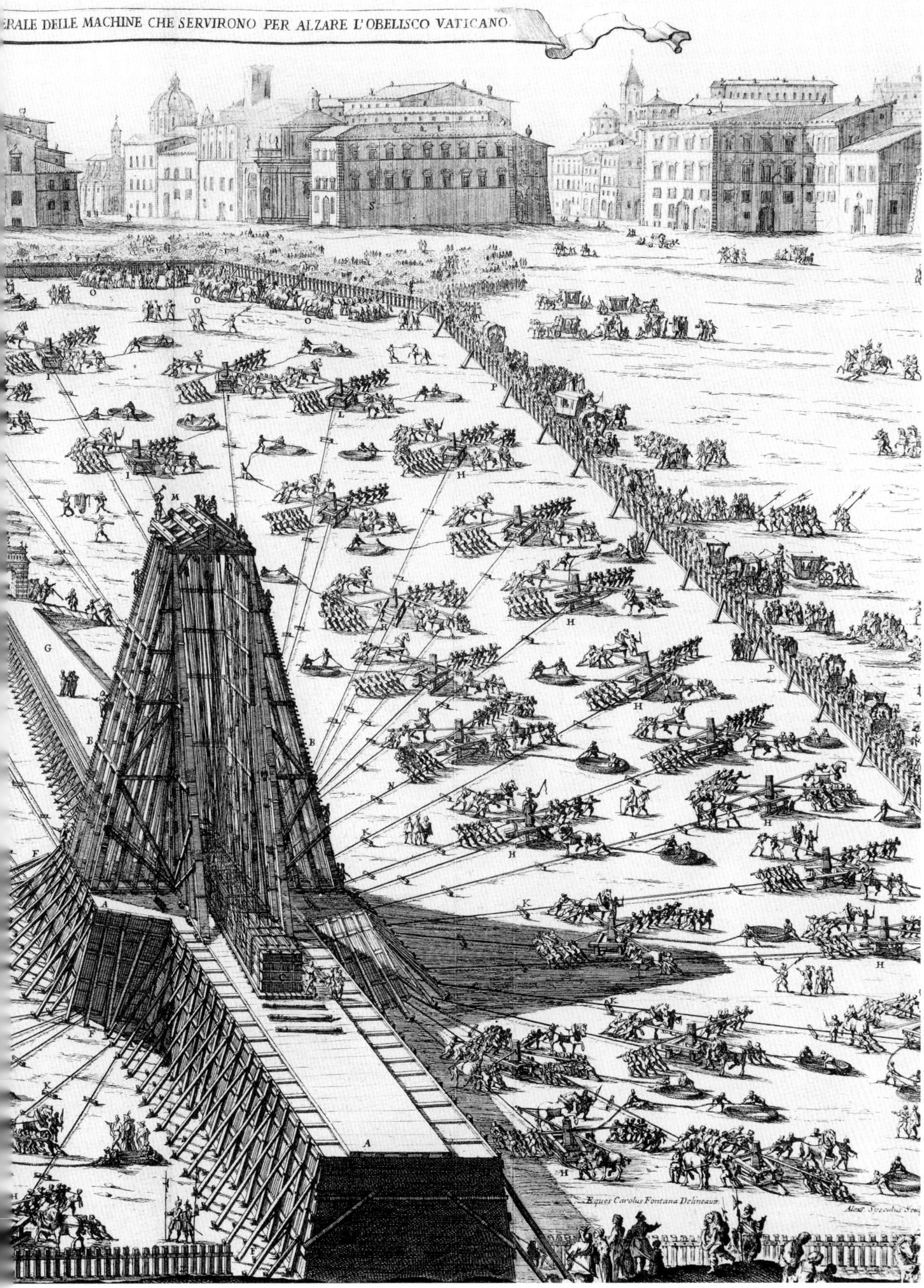
ERALE DELLE MACHINE CHE SERVIRONO PER ALZARE L'OBELISCO VATICANO.
Eques Carolus Fontana Delineavit
Alex.r Speculus Sculp

macht die im Jahre 1596 erfolgte Verschiebung eines 23 Meter hohen Obelisken in Rom zur Zeit Papst Sixtus V. deutlich. Um den aus einem Stück bestehenden, 327 Tonnen schweren Stein nur 200 Meter zu verrücken, mussten über 900 Menschen und 75 Pferde ihre Kräfte einsetzen. Ein gewaltiger Aufwand. Die Aktion – vom Niederlegen bis zum erneuten Aufrichten – dauerte ein halbes Jahr. Eingesetzt wurde dabei Uralttechnik: Die Prinzipien der benutzten Flaschenzüge, Hebel und Winden waren über 2000 Jahre zuvor entwickelt worden.

Die Kraft der Muskeln war auch noch zu Beginn der Neuzeit die wesentliche Energiequelle. Erst als dem zunehmend intensiver betriebenen Bergbau das Wasser quasi bis zum Halse stand – in manchen Gebieten waren von 1000 Bergleuten bis zu 700 ausschließlich mit Wasserschöpfen beschäftigt –, versuchte man, Pumpmaschinen zu bauen, die besser als die bis dahin bekannten Schöpfeinrichtungen arbeiteten.

Für ihren Antrieb nutzte man Wasser- und Windmühlen, mit denen man die Mahlsteine von Kornmühlen in Rotation versetzte, Schmiedehämmer hob und lange Zeit die Entwässerung weiter Gebiete der Niederlande und der norddeutschen Tiefebene sicherstellte. Ihre Wirkprinzipien wurden im Laufe der Jahre perfektioniert. So hat man den Wirkungsgrad der Wasserräder mit der Erfindung des oberschlächtigen Rades deutlich verbessert. Bei ihm wird das Wasser von oben gegen die Schaufeln geleitet und neben der Strömungsenergie auch das Gewicht des Wassers genutzt. Das war beim auch heute noch vielfach genutzten Vorläufermodell anders: Beim sogenannten unterschlächtigen Wasserrad kann nur rund ein Drittel der Wasserenergie auf das Wasserrad übertragen werden, da ein Teil des Wassers neben den in den Mühlbach eintauchenden Schaufelflächen des Rades vorbeifließt.

Die Technik der Windmühlen verharrte dagegen bis zu ihrem Aussterben Anfang des 20. Jahrhunderts auf einem recht bescheidenen Niveau. Während bei der Bockwindmühle das gesamte Mühlengebäude drehbar auf einem Bock gelagert war, verfügten Holländermühlen nur über ein drehbares Dach, um das Flügelkreuz in den Wind drehen zu können. Bei starken Winden mussten die Flügel ge-

← Die Kraft des Wassers: Ein unterschlächtiges Wasserrad treibt eine Kornmühle an. Die Kraftübertragung und Wandlung der Geschwindigkeit übernimmt ein Kammrad, ein Zahnrad aus Holz, dessen Zähne einzeln eingesetzt sind.

schützt werden. Dazu wurden die Segel oder Spließtüten, die die Flügel bedeckten, eingerollt bzw. herausgenommen, sodass der Wind durch die leeren Flügelgerüste hindurchwehen konnte, ohne Schaden anzurichten. Blies der Wind wieder schwächer, bedeckte man die Flügel wieder.

SCHLÜSSELELEMENT ZAHNRAD

Die Herzstücke der Wind- und Mühlenräder sind die Zahnräder. Ohne sie wäre ihr Betrieb nicht denkbar. Doch wo und wann man auf die Idee gekommen ist, das Rad mit gleichmäßig geformten Vorsprüngen, mit Zähnen, zu versehen und damit zu ermöglichen, dass ein Rad durch ein anderes angetrieben wird, ist genauso unklar wie die Erfindung des Rades selbst. Festzustehen scheint jedoch, dass Zahnräder nicht aus den Erkenntnissen theoretisch vor sich hin arbeitender Gelehrter hervorgegangen sind. Vielmehr, so wird vermutet, waren zu lösende Alltagsaufgaben die zuständigen Lehrmeister. Ein Beispiel dafür ist die Arbeitsweise einer der ersten Maschinen überhaupt: der *Sakie*.

Dieser in den ältesten Kulturreichen an Nil, Euphrat und Tigris seit Jahrhunderten eingesetzte Wasserschöpfapparat funktioniert nicht ohne Zahnräder. Ochsen oder Kamele drehen bei diesen auch heute noch verwendeten Maschinen ein waagerecht liegendes (um eine vertikale Achse sich drehendes) Zahnrad, dessen Zähne in die eines senkrecht stehenden zweiten Zahnrades mit horizontaler Achse greifen. Die für den Wassertransport zuständigen Behälter (Krüge oder Eimer) sind an dem zweiten Zahnrad befestigt. Müssen größere Hubhöhen überwunden werden, können auch Paternosterketten über das senkrecht stehende Zahnrad angetrieben werden, an denen dann die Schöpfgefäße befestigt sind.

Bereits in den Abhandlungen des griechischen Gelehrten Aristoteles über „Mechanische Probleme" finden wir neben Keil, Kurbel, Walze, Rad, Rolle und Flaschenzug auch Drehräder – und zwar nicht nur aus Holz, sondern auch solche aus Metall. Dabei wird es sich mit großer Sicherheit um Zahnräder gehandelt haben, wie sie wenig später auch der Ingenieur, Erfinder und Gelehrte Archimedes einsetzte. Dieser soll bereits Schnecke und Schneckenrad gekannt und mit ihrer Hilfe zuvor nur schwer zu lösende Aufgaben umgesetzt haben. So wird von dem Stapellauf eines 4200 Tonnen schweren Kriegsschiffes berichtet, der erst mithilfe einer Zahnradwinde erfolgreich verlief. Die zuvor eingesetzten Methoden, die sich vor allem des Hebels bedienten, waren fehlgeschlagen.

↑ Zahnspiel: Um Wasser auf ein höheres Niveau zu heben, erdachte man vor Jahrhunderten den Sakie. Ein vertikales Schöpfrad wird dabei von einem horizontal liegenden Rad angetrieben.

↘ Im „Codex Atlanticus" (um 1500) ist diese Skizze des Universalgenies Leonardo da Vinci zu finden. Zu sehen ist ein Getriebe zum Umwandeln einer hin- und hergehenden in eine Drehbewegung.

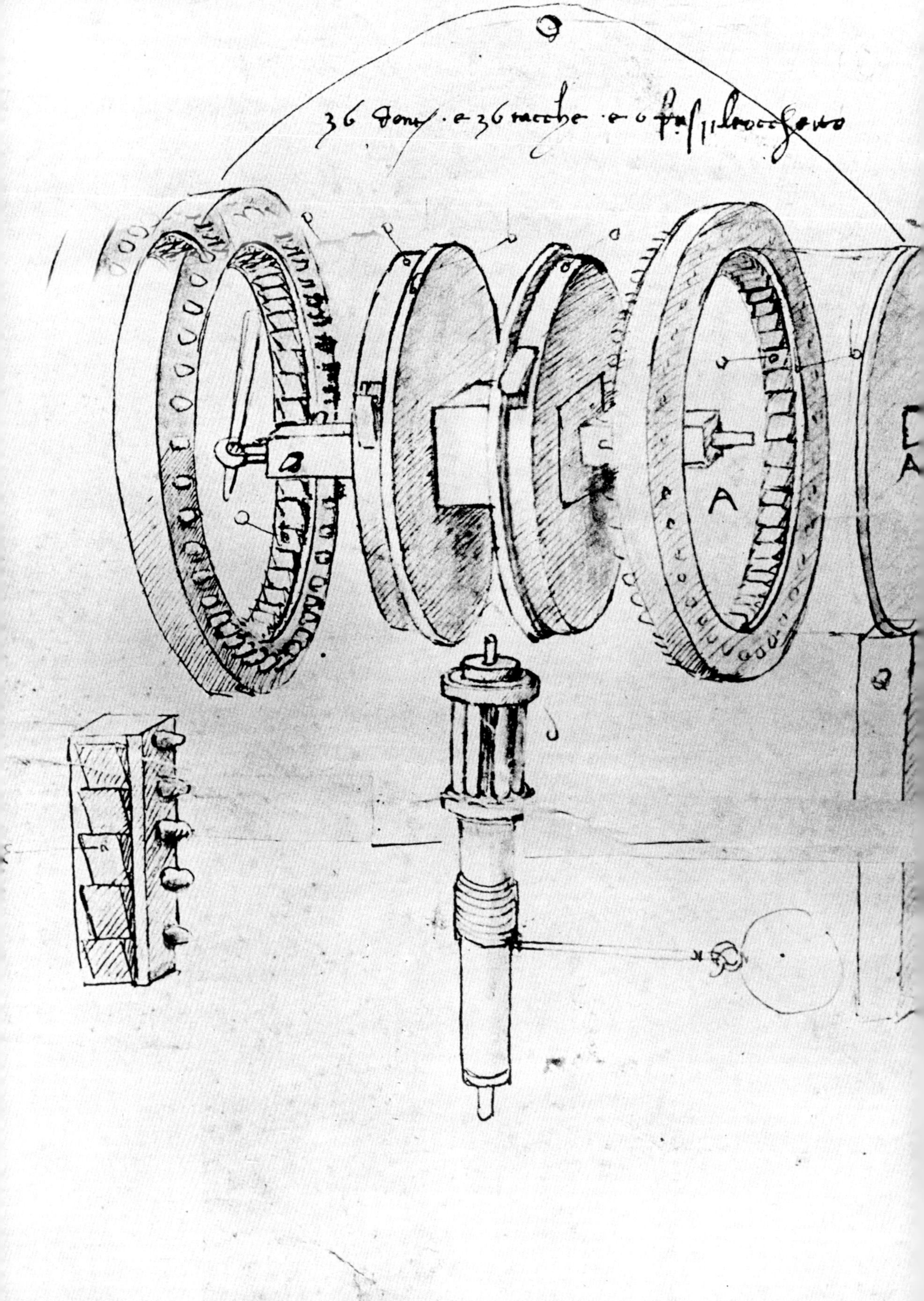
A
A

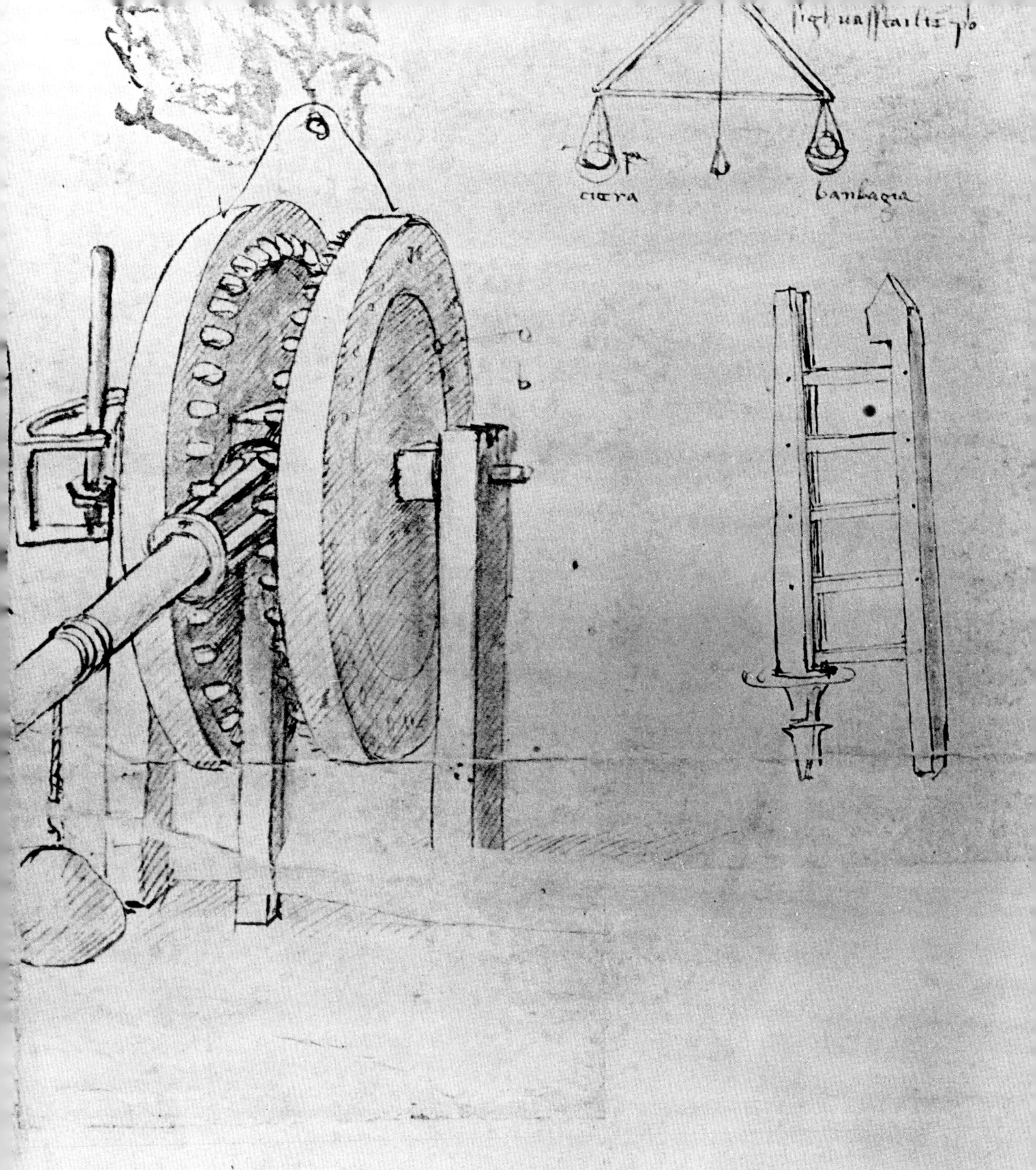
cietra
banbagia

In den folgenden Jahrhunderten wurde das Räderspiel der Zahnräder immer weiter perfektioniert. Erste Räderuhren ermöglichten gegen Ende des 13. Jahrhunderts erstmals einen regelmäßigen Gang und eine gleichmäßige Zeiteinteilung, nachdem man in der „Waage" (Tempus), einen um eine senkrechte Achse hin- und herschwingenden Balken, einen Gangregler gefunden hatte. Deutlich rauer ging es in der Welt der Mühlenbauer zu, die ihre Zahnräder lange komplett aus Holz fertigten. Sie wählten diesen Werkstoff auch dann noch für die Zähne, als das Schmieden und Gießen der Räder längst möglich war. Denn Holzzähne hatten einen klaren Vorteil. Sie waren die schwächsten Teile des Räderwerks und nur sie brachen, wenn zu große Kräfte auftraten, ohne die gesamte Maschine zu zerstören.

Wie variantenreich das Zusammenspiel von Zahnrädern untereinander und die Kraftübertragung auf Wellen und Achsen ausfallen können, hat kein anderer so anschaulich dokumentiert wie Leonardo da Vinci (1452 bis 1519). Da Vinci, der nie vorgab, all die von ihm dokumentierten Gerätschaften erfunden zu haben, leistete vor allem Basisarbeit, indem er alle zu seiner Zeit verfügbaren Prinzipien zusammentrug: Seine Skizzen zeigen die meisten der auch heute noch gebräuchlichen mechanischen Getriebeprinzipien. Selbst komplizierte Abläufe ließ er nicht aus. So erläutert eine seiner Zeichnungen detailreich und damit überaus anschaulich, wie man mit Winkelrädern und Sperrrädern eine hin- und hergehende Bewegung in eine fortlaufend drehende Bewegung umwandeln kann.

DAMPF: DIE NEUE ENERGIEQUELLE

Im 18. Jahrhundert wurden die Grundlagen der neuzeitlichen Technik gelegt. Vor allem die neu erschlossene „Energiequelle Dampfmaschine" brachte den Eintritt in eine neue Ära. Durch die Nutzung des Dampfdrucks mithilfe der Kombination von Zylinder, Kolben, Schubstange und Kurbel entwickelte sich in Wirtschaft und Gesellschaft eine zuvor nicht gekannte Dynamik: In Webereien und Spinnereien entstanden immer mehr Arbeitsplätze, die Kaufkraft nahm zu und die Produktivität begann zu steigen. Kaum eine Erfindung hatte ähnlich große Auswirkungen auf die Industrie und das Transport- und Verkehrswesen wie die Dampfmaschine.

Zugleich ist sie aber auch ein Beleg dafür, wie rasch mitunter eine Erfindung dem technischen Fortschritt weichen muss. Keine 200 Jahre nach dem ersten Einsatz einer größeren Maschine im Jahre 1776 war die Dampfmaschine als Kraftquelle wieder nahezu in die Bedeutungslosigkeit abgerutscht. Zuvor waren, nach ei-

↑ Atmosphärische Dampfmaschine: 1722 baute der in Österreich tätige englische Ingenieur und Techniker Isaac Potter in Königsberg bei Schemnitz die erste „Feuermaschine“ auf dem europäischen Kontinent. Sie wurde im Bergbau eingesetzt, um Grubenwasser zu fördern.

nem bis zu diesem Zeitpunkt einmaligen Technikboom, im Jahre 1890 weltweit über zwei Millionen Dampfmaschinen mit einer Leistung von 4400 Megawatt (das entspricht der Leistung von vier modernen Kernkraftwerken) in Betrieb und beherrschten den Markt der Kraftmaschinen.

Dass Dampf sehr große Kraftwirkungen auslösen kann, war schon früh bekannt. Die ältesten Überlieferungen zu diesem Thema stammen aus dem ersten Jahrhundert n. Chr. vom griechischen Naturwissenschaftler Heron von Alexandria, der in einer seiner Schriften von einer Art Dampfspringbrunnen schreibt. Er erhitzte Wasser in einem Kessel und leitete den entstehenden Dampf über eine Röhre in eine Halbkugel. „Werfen wir nun einen leichten Ball in die Halbkugel, so ist die Folge, dass der aus dem Kessel durch die Röhre aufsteigende Dampf den Ball in die Luft hebt, sodass er schwebt und zu springen scheint."

Zahnräder und Zahnstangen waren erforderlich, um mit der Kraft des Dampfes eine erste Kolbenmaschine zum Laufen zu bringen. Der Erste, dem dies gelang, war Denis Papin, der 1690 am Hof des Landgrafen Karl von Hessen in Kassel eine für heutige Verhältnisse abenteuerliche Konstruktion baute. Bei seinem mit Kolben und Zylinder ausgestatteten Apparat wurde durch das Kondensieren von Wasserdampf ein Unterdruck erzeugt, sodass der äußere Luftdruck die Antriebskraft lieferte. Das Prinzip der atmosphärischen Dampfmaschine war gefunden. Lediglich die Umsetzung scheiterte, denn die Übertragung der Kolbenbewegung auf eine Welle überstieg die damals vorhandenen fertigungstechnischen Möglichkeiten. Papins Plan war es, die Kolbenstange als Zahnstange auszubilden, die in ein auf der Welle sitzendes Zahnrad eingreifen sollte. Diese Aufgabe konnte nicht gelöst werden. Die Papin'sche Maschine lief nie zufriedenstellend.

Die erste tatsächlich funktionierende Dampfpumpe, von ihm selbst als „Bergmanns Freund" angekündigt, ließ sich Thomas Savery 1698 patentieren. Sie war, statt mit Kolben und Zylinder, im Wesentlichen mit zwei Druckbehältern ausgestattet, fand aber keine große Verbreitung, da ihr Brennstoffbedarf gewaltig war. Wesentlich effizienter war da schon die von Thomas Newcomen entwickelte Dampfpumpe. Mit ihr konnte der Kohleverbrauch auf ein Drittel gesenkt werden.

← Der Fliehkraftregler wurde 1788 von James Watt eingesetzt, um die Drehzahl der von ihm (weiter)entwickelten Dampfmaschine konstant zu halten. Seine Dimensionierung war die Geburtsstunde der modernen mathematischen Regelungstechnik.

Dass auch diese Maschine noch nicht perfekt war, stellte der englische Instrumentenbauer James Watt fest, als man ihn mit der Reparatur eines dieser Apparate beauftragte. Er erkannte schnell deren wesentlichen Mangel und ging einen entscheidenden Schritt weiter als seine Vorgänger: Papin wollte die Prozessstufen Dampferzeugung, Arbeitsleistung und Kondensation nur in einem einzigen Zylinder ablaufen lassen. Newcomen dagegen trennte Dampferzeugung und Arbeitsleistung. Watt schließlich vollzog auch die Kondensation gesondert. 1769 erhielt er für diesen von ihm erdachten „Dreiklang“ ein Patent und bereits ab 1775 demonstrierten die ersten aufgestellten „Wattmaschinen“ ihre Vorzüge.

Watt perfektionierte auch die Technik der Kraftübertragung. Während für den Pumpenbetrieb eine hin- und hergehende Kolbenbewegung genügt, benötigt der Antrieb von Mahlwerken, Werkzeug- und Textilmaschinen eine gleichmäßige Drehbewegung. Watt konnte wegen eines Patentschutzes die Lösung über Pleuelstange und Kurbel für seine Maschinen nicht nutzen. Er fand einen Ausweg im Planetengetriebe, das auch heute noch als Maschinenelement Verwendung findet. Um den Gleichlauf der Maschinen zu garantieren, führte Watt ein massives Schwungrad ein, zum Steuern der Dampfzufuhr den Zentrifugalregler.

Der Siegeszug der Dampfmaschine wäre dynamischer verlaufen, wenn der benötigte Brennstoff billiger gewesen wäre. Vor allem die hohen Transportkosten verteuerten die Kohle. Oft waren sie höher als der Preis der Kohle selbst. Dieses Missverhältnis musste sich ändern. Einen wesentlichen Beitrag dazu lieferten fahrbare Dampfmaschinen.

LOKOMOTIVE UND SCHIENE GEHÖREN ZUSAMMEN

Die Geburtsstunde der Eisenbahn – die einen Material- und Rohstoffaustausch in neuen Dimensionen ermöglichte – ist mit der Entwicklung der Lokomotive und der Schiene untrennbar verbunden. Doch nur die Lokomotive musste neu erfunden werden, Schienenwege existierten bereits. Englische Grubenbesitzer hatten schon 1630 Holzbohlen auf Querhölzer genagelt und abgenutzte Stellen mit Eisenbändern beschlagen. Die Vorzüge der befestigten Wege überzeugten: In den Industrierevieren entstanden Schienennetze, die um 1800 schon eine Gesamtlänge von 400 Kilometern erreichten.

Zunächst zogen Pferde die „schienengeführten“ Wagen, oder Kumpel schoben sie. Wenig später kamen ihnen dann die ersten Schienenlokomotiven zu Hilfe.

↑ „The Rocket" der Gebrüder George und Robert Stephenson: Sie besaß neben einem um die Feuerbüchse herumgebauten Stehkessel einen Flammenrohrkessel mit einem Blasrohr, alles Konstruktionsmerkmale, die sich bis zum Ende der Dampflok-Ära hielten.

So baute der Pionier der Hochdruckdampfmaschine, der Engländer Richard Trevithick, 1803 im Auftrag eines Eisenhüttenbesitzers eine erste Lokomotive. Diese schleppte 70 Passagiere und fünf Waggons mit einer Last von zehn Tonnen über eine 18 Kilometer lange Strecke in zwei Stunden mühsam an ihr Ziel.

Das „richtige" Eisenbahnzeitalter begann schließlich mit der Eröffnung der Strecke Liverpool—Manchester am 15. September 1830, denn auf allen zuvor gebauten Bahnen herrschte noch Mischbetrieb. Größere Steigungen konnten nur mit stationären Dampfmaschinen per Seilzug überwunden werden. Personenwagen wurden aus Sicherheitsgründen von Pferden gezogen. Die ersten Lokomotiven verfügten außerdem noch über kein eigenes Bremssystem. Es bedurfte eines artistischen Aktes des Lokführers, um sie durch die Umkehrung der Drehrichtung der Räder zum Stehen zu bringen.

Auf der Suche nach der besten Lokomotivkonstruktion wurde daher ein Wettbewerb ausgeschrieben, der auf einem Teilstück der Strecke zwischen Liverpool und Manchester in der Nähe des Ortes Rainhill stattfand. Dabei fuhr die von George und Robert Stephenson gebaute „Rocket" der Konkurrenz uneinholbar davon und übertraf alle Erwartungen der anwesenden Fachleute. Scheinbar endlose Dispute über das Für und Wider der Dampflok waren mit dem Rennen von Rainhill innerhalb weniger Tage gegenstandslos geworden.

Die Dampflok wurde als Traktionsmittel nicht nur für die „Liverpool and Manchester Railway" akzeptiert. Das Unternehmen Robert Stephenson & Co. erhielt nach dem Rennen den Auftrag zum Bau von weiteren acht Lokomotiven ähnlicher Konstruktion wie die „Rocket". Der Röhrenkessel dieser Lok wurde dadurch als Standard für den grundlegenden Aufbau von Dampflokomotiven festgelegt.

Während Dampfmaschinen mit dem statischen Dampfdruck als Kraftquelle noch vergleichsweise träge Maschinen waren, konnten schnell laufende Dampfturbinen, in denen Dampfdruck in Geschwindigkeit einer Strömung umgewandelt wird, erst gebaut werden, als hochbeanspruchbare Werkstoffe und präzise arbeitende Fertigungsmaschinen verfügbar waren. Den Anfang machte 1883 der schwedische Techniker Carl Gustav de Laval, der einen Antrieb für eine Milchzentrifuge suchte. Das von ihm erdachte Gerät bestand im Wesentlichen aus einem Laufrad, welches mit Schaufeln bestückt war, auf die der aus mehreren Düsen austretende Dampf strömte. Durch die mit 30 000 Umdrehungen in der Minute sehr hohe Geschwindigkeit konnte das Gerät jedoch nur Pumpen antreiben. Ein weiterer Nachteil lag darin, dass bei hohen Drücken das Leistungsvermögen des Dampfes bei nur einem

↑ Am 25. August 1891 wurde mit der „Kraftübertragung Lauffen—Frankfurt“ erstmals hochgespannter Drehstrom mithilfe einer Freileitung über eine längere Distanz transportiert. In Frankfurt a.M. wurden damit ein Elektromotor und mit ihm eine Pumpe eines künstlichen Wasserfalls angetrieben.

Laufrad nicht völlig ausgenutzt wurde. Daher setzte man mehrere Laufräder auf die Turbinenwelle und trennte sie durch feststehende Leiträder voneinander ab.

Entscheidend für den Siegeszug der Dampfturbine war ihre klare Überlegenheit gegenüber der Dampfmaschine. Bereits die frühesten Modelle erreichten deutlich höhere Wirkungsgrade als die besten Dampfmaschinen. Noch vor dem Ersten Weltkrieg benötigten Dampfturbinen für die von ihnen geleistete Arbeit nur rund ein Drittel der Dampfmenge ihrer stampfenden und zischenden Vorgänger.

LANGE WEGE DANK DYNAMOMASCHINE

Auch perfekt funktionierende Dampfmaschinen wiesen einen eklatanten Nachteil auf: Ihre Kraftleistung konnte mit Transmissionsscheiben und -riemen nur über kurze Entfernungen transportiert werden. Erst die Einführung der Dynamomaschine ermöglichte es, „Rohenergie“ wie etwa Wasserkraft und Kohle in Form elektrischer Energie dezentral nutzbar zu machen. Die war anfangs vergleichsweise teuer, und fehlende Übertragungsmöglichkeiten über größere Entfernungen verhinderten einen raschen Durchbruch der neuen „sauberen Energie". Belebt wurde das Stromgeschäft erst, als Marcel Deprèz und Oskar von Miller anlässlich der Internationalen Elektrizitätsausstellung 1882 die Vorteile zeigen konnten. Sie leiteten in Miesbach von einer Dampfmaschine erzeugten Gleichstrom über zwei gewöhnliche Telegrafenleitungen 57 Kilometer nach München, wo eine Pumpe einen zwei Meter hohen Wasserfall sprudeln ließ.

Doch nicht der Gleichstrom, sondern der dreiphasige Wechselstrom, der „Drehstrom", eroberte die Kraftübertragung. Wieder anlässlich einer Elektrizitätsausstellung wurde die technische Neuheit demonstriert: In Lauffen am Neckar erzeugte ein 300-PS-Drehstromgenerator den Strom, der über Transformatoren auf rund 20000 Volt umgespannt und über eine Strecke von 175 Kilometern nach Frankfurt am Main geleitet wurde. Der Wirkungsgrad lag bei 75 Prozent, deutlich über der Gleichstromübertragung, die lediglich einen Wirkungsgrad von 22 Prozent erreicht hatte.

Die Energieübertragung von Lauffen nach Frankfurt war nicht nur der Startpunkt für das Zeitalter der Strom-Fernübertragung. Damit wurde es auch möglich, den elektrischen Strom dort zu erzeugen, wo Kohle gefördert wird oder Wasserkraft zur Verfügung steht, um ihn anschließend zum Verbraucher zu leiten und ihn dort in die gewünschte Gebrauchsenergie – Licht, Kraft oder Wärme – umzuwandeln.

MOBILITÄT: DAS GRUNDBEDÜRFNIS DES MENSCHEN

Elektromotoren konnten anfangs nur stationär betrieben werden. Die Eisenbahn ist in ihrer Beweglichkeit auf das Schienennetz begrenzt. Beide Systeme taugten daher nicht für die „grenzenlose" Freiheit, zu jeder Zeit jeden beliebigen Ort anfahren zu können, sodass die Entwicklung des Automobils nur folgerichtig war. Der Weg dahin war verschlungen.

Mit den unterschiedlichsten Brennstoffen wurde experimentiert. So versuchten gleich mehrere Tüftler, einen Schießpulvermotor zum Laufen zu bringen. Doch alle diese Versuche scheiterten. Erst 1877 gelang es Nikolaus August Otto, einen kontinuierlich arbeitenden Motor zu entwickeln, der ein Verbrennungsgemisch aus Leuchtgas und Luft komprimierte und damit die dem Brennstoff innewohnende Kraft multiplizierte. Zusammen mit einer Zündung von außen war das zukunftsweisende Prinzip gefunden. Das Ziel der Mobilität war jedoch immer

↑ Einzylinder-Viertakt-Gasmotor der Gasmotorenfabrik Deutz AG. Bereits 1862 begann der Erfinder des Viertakt-Prinzips, Nikolaus August Otto, mit ersten Experimenten. Doch erst 15 Jahre später waren alle Probleme gelöst – und der Motor lief rund.

noch nicht erreicht, da Ottos Maschinen riesige Ungetüme waren, die nach dem gleichen Prinzip wie die Dampfmaschine arbeiteten (Gasdruck, Zylinder, Kolben, Schubstange/Pleuel, Kurbel) und als Stationärmotoren dieser Konkurrenz machten. Ein früher Ottomotor mit einer Leistung von 10 PS war vier Meter lang und wog 4,6 Tonnen. Mehrere Personen mussten bereitstehen, um geordnete Zündungen zu gewährleisten. In der Zwischenzeit träufelten sie beständig Öl auf drehende Teile und Gleitbahnen.

Der nächste große Schritt war daher nur folgerichtig. Anstelle von Gas wurde Benzin als Brennstoff verwendet, was den Bau mobiler Motoren ermöglichte. Gottlieb Daimler gelang es 1885, den Benzinmotor auf ein transportables Maß zu verkleinern und dessen Leistung zu steigern. Das geschah über eine Drehzahlerhöhung, deren Voraussetzung eine bessere Zündung war. Die hatte sich Wilhelm Maybach ausgedacht, der später noch weitere bedeutende Erfindungen machte, beispiels-

↑ Daimler-Maybach-Motorrad von 1885: Es war das erste von einem Benzinmotor angetriebene Zweirad. Der Motor befindet sich zwischen den Rädern unter dem Sitz, dort, wo er bei Motorrädern auch heute noch eingebaut wird.

weise den Bienenwabenkühler, damit der Verbrennungsmotor sich nicht überhitzte, und das Schieberad-Schaltgetriebe. Darüber hinaus entwickelte er die Konuskupplung, den Spritzdüsenvergaser, den Niederrahmen, das Lenkgetriebe und zahlreiche andere Verbesserungen.

Daimler baute den Motor im gleichen Jahr in ein Zweirad ein, wobei die Kraft noch durch Riemen auf eine Zwischenwelle übertragen und von hier dann mit Ritzel und Zahnkranz das Hinterrad angetrieben wurde. Dieses erste Motorrad der Welt war der rollende Beweis, dass der Mensch mithilfe eines Verbrennungsmotors längere Strecken zurücklegen kann.

Unabhängig von Daimler und Maybach entwickelte Karl Benz ebenfalls einen schnell laufenden Motor, den er 1886 in ein Dreirad einbaute – das erste Automobil. Der Einzylindermotor lag waagerecht über der Hinterachse, die Kurbelwelle stand senkrecht und übertrug die Drehbewegung über einen Kegelradsatz auf eine Riemenscheibe, von der aus eine weitere über einen Flachriemen eine Ritzelwelle zum Kettenantrieb der Räder drehte.

↑ Benz-Motorwagen 1885/86: Bei dem an eine Kutsche erinnernden Gefährt ist der Einzylindermotor waagerecht über der Hinterachse eingebaut.

„Gekuppelt" wurde durch Verschieben des Flachriemens von der Trieb- auf eine Losscheibe, wie das bei Werkzeugmaschinen üblich war. Bei Motorrädern hielt sich bis nach der Jahrhundertwende die „Kupplung" in Form einer Spannrolle: Der bei Entspannung schleifende Riemen unterbrach den Vortrieb. Auch beim zweiten Daimlerwagen erfolgte die Kraftübertragung über Riemen. Der dritte Daimlerwagen, der Stahlradwagen, verfügte jedoch bereits über ein Zahnradwechselgetriebe mit vier (!) Vorwärtsgängen und eine Konuskupplung, die sich für die nächsten Jahrzehnte zur Standardlösung entwickelte. Die Kraft wurde auf die Hinterräder durch eine Kette übertragen. Konstrukteur: Wilhelm Maybach.

Neben dem Ottomotor ist der Dieselmotor der zweite Grundtyp des Verbrennungsmotors. Er unterscheidet sich von anderen Kolbenmaschinen nicht nur in seinem Wirkprinzip. Rudolf Diesel, in Paris als Sohn deutscher Emigranten geboren, entwickelte sein Konzept nicht durch Versuch und Erfahrung. Der Konstruktion des Dieselmotors gingen erstmals umfangreiche wissenschaftliche

Überlegungen voraus. Wesentliche Grundlage waren die Arbeiten des Franzosen Nicolas Léonard Sadi Carnot über die Zusammenhänge in „Feuermaschinen". Der sogenannte Carnot-Kreisprozess ermöglichte Aussagen über die von Wärmekraftmaschinen maximal zu erreichenden Wirkungsgrade – und lieferte den Stoff für Diesels grundlegende Schrift, die den neuen Motor genau beschrieb: Angeregt durch ein primitives Kompressionsfeuerzeug, nutzt sein Motor ein Zündprinzip, bei dem sich der Kraftstoff selbstständig durch die Hitze der vom Kolben verdichteten Luft im Zylinder entzündet. Das Prinzip überzeugt bis heute mit seinem hohen Wirkungsgrad und damit guter Energieausbeute. Welche Schwierigkeiten bis zum ersten, „richtigen" Dieselmotor von 1897, der bei der heutigen MAN in Augsburg gebaut wurde, überwunden werden mussten, hat man vielfach dokumentiert.

Seitdem wurde der Verbrennungsmotor stetig verbessert. Unzählige Varianten begleiteten seine Geschichte: Zweitakt und Viertakt, innere und äußere Gemischbildung, Sauger- und Ladermotor, wasser-, luft- oder ölgekühlt, Anzahl und Anordnung der Zylinder oder ein gänzlich anderer Aufbau der Verbrennungskammern (wie beim Wankelmotor) sowie der Kraftübertragung. Alle wollen sie den Menschen vom Fleck bringen, nicht nur auf Straßen, sondern auch durch die Lüfte und über Ozeane. Noch immer dominiert der Kolbenmotor für den Antrieb von Landfahrzeugen, Schiffen und unzähligen Arbeitsmaschinen, vom Rasenmäher bis zum hausgroßen Schiffsdiesel. Heute schicken sich Otto- und Dieselmotor an, gemeinsam eine neue Motorengattung mit den Vorzügen beider Prinzipien zu bilden.

DIE MECHANISCHE KRAFTÜBERTRAGUNG

Muskelkraft wurde einst durch den Hebel ergänzt, der eine Übersetzung der Kraft erlaubte. Als das Pferd gezähmt war, kam das Riemenzeug als Bindeglied hinzu. Die Deichsel zur Lenkung erster Gefährte musste die Kraft auf die Achse übertragen. Hebel dienten dazu, Wasserhebewerke zu bedienen und Lasten zu heben wie zu tragen. Hebel sorgten aber auch in frühen Kriegsmaschinen dazu, Steine gegen das Mauerwerk belagerter Bauwerke zu werfen. Solange menschliche und tierische Muskelkraft den Antrieb bildete, war der Hebel wichtigstes Hilfswerkzeug. Erste, primitive Zahnradgetriebe erforderten die frühen Uhrwerke, die dafür sorgten, dass die Genauigkeit bei der Herstellung von Zahnrädern, Wellen und Lagern einen Sprung vorwärts tat.

Auch als die Dampfmaschine erfunden war, blieb der Hebel das wichtigste Element der Kraftübertragung. Dampflokomotiven legen ein Zeugnis dafür ab, wie die Hin- und Herbewegung des Kolbens in Drehbewegung umgesetzt werden kann. Aber auch der Verbrennungsmotor nutzt den Hebel – das Pleuel – zum gleichen Zweck. Zur Übertragung der oszillierenden Bewegung in eine Drehbewegung ist der Hebel unersetzlich.

Zur Übertragung reiner Drehbewegungen bot sich schon frühzeitig der lederne Flachriemen an, der bis weit ins Automobilzeitalter hinein wichtigstes Antriebselement war. Er verband die Dampfmaschine mit Arbeitsmaschinen aller Art. Später übernahm der Elektromotor die Arbeit der Dampfmaschine, aber der Riemen wird auch heute noch als Keil- oder Längsrippenriemen im Automobilbau und für zahllose andere Anwendungen, von der Büromaschine bis zum Elektro-Handhobel, eingesetzt. Daraus entwickelte sich der Zahnriemen zur kraftschlüssigen Übertragung der Drehbewegung anstelle von und im Wettbewerb mit Antriebsketten. Die Antriebsketten haben sich aber auch am Fahrrad erhalten. Versuche, sie hier durch Kardanwellen oder Zahnriemen zu ersetzen, blieben Einzelfälle.

Die Idee des Zahnradsatzes zur mechanischen Kraftübertragung ist ebenfalls uralt. Sie nahm jedoch erst Fahrt auf, als es mit immer besseren Werkzeugmaschinen gelang, die vorbestimmten Zahnformen mit steigender Genauigkeit zu fertigen. Auch die Werkstoffe und die Oberflächenbehandlung erhielten für die Dauerhaltbarkeit immer größere Bedeutung, ebenso die Schmierung von Zahn und Lager. Heute gelingt es, praktisch spielfreie Zahnradsätze herzustellen, die nahezu endlos selbst unter wechselnder Last laufen. Die moderne Antriebstechnik wäre ohne das Zahnrad nicht möglich. Schaltbare Getriebe gehören zu den wichtigsten Elementen des Maschinen- wie des Kraftfahrzeugbaues. Hier hat sich bei den Fahrzeugen seit Maybachs Schieberadgetrieben enorm viel getan.

Vor allem die Synchronisation, die Drehzahlangleichung der zu schaltenden Gangstufen, ließ das handgeschaltete Getriebe bis heute überleben. Zwar setzten sich von den USA ausgehend Automatikgetriebe durch, die aus Planetensätzen mit Lamellenkupplung bestehen und zum Anfahren – sowie teilweise während des Schaltvorgangs – mit dem weiterentwickelten Föttinger-Wandler arbeiten. In Europa stießen diese Automaten jedoch auf wenig Gegenliebe. Denn gegenüber der bekannten Scheibenkupplung und der synchronisierten Handschaltung sind diese Lösungen noch immer mit einem deutlich höheren Kraftstoffverbrauch verbunden. Dieses Hemmnis konnte in jüngster Zeit das 1939 von Adolphe Kegresse in Frankreich und 1940 von Rudolf Franke in Deutschland erfundene Doppelkupplungsgetriebe überwinden, dessen Großserientauglichkeit aber erst ab 2003 von

Vom gleitenden zum rollenden Lager

Hohe Gleitreibung

Schwere Lasten wurden anfangs über den Boden gezogen. Dabei musste mit hohem Kraftaufwand der Widerstand zwischen dem rauen Untergrund und der (undefinierten) Unterseite des Stein- oder Holzblocks überwunden werden.

Reduzierte Gleitreibung

Ein kleiner Fortschritt ist gelungen. Man legt die zu transportierende Last auf einen Schlitten, dessen Unterseite so geglättet ist, dass die Reibung zwischen dem rauen Untergrund und der Unterseite des Schlittens möglichst klein ist.

Rollreibung

Durch das Unterlegen von Walzen konnte die nur schwer zu überwindende Gleitreibung vollständig eliminiert werden. Rollreibung ist der Widerstand, der beim Rollen einer Walze über einen Untergrund überwunden werden muss. Da die Walzen jedoch nicht fest mit der Unterlage verbunden sind, müssen sie ständig umgesetzt werden: eine mühsame Prozedur.

Rollreibung kombiniert mit Gleitreibung

Um die Handhabung eines Rollschlittens zu verbessern, halten Stege links und rechts der Walzen diese an der Unterseite der Transportunterlage an Ort und Stelle. Der ganze Prozess wird einfacher, ist aber mit dem Nachteil erkauft, dass nun zusätzlich zur Rollreibung wieder Gleitreibung zwischen Stegen und Walze herrscht.

Reduzierte Rollreibung und Gleitreibung

Es läuft rund. Die Walze wurde durch ein Rad mit größerem Durchmesser und dadurch wesentlich kleinerem Rollwiderstand ersetzt, die Gleitreibung auf zwei kleine, sehr glatte Flächen zwischen Achse und Nabe begrenzt, was den für den Vortrieb benötigten Kraftaufwand weiter reduziert.

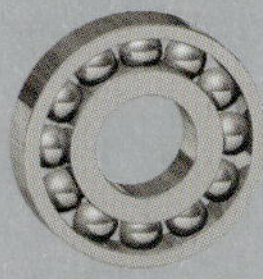

Gleitreibung ersetzt durch niedrigste Rollreibung

Mit der Erfindung des Kugellagers (Wälzlagers) hat man geschafft, den Rest der Gleitreibung zwischen Achse und Nabe durch weit niedrigere Rollreibung zu ersetzen. Mit dem Kugellager werden die beiden zueinander beweglichen Komponenten, der sogenannte Innenring sowie der Außenring durch rollende Körper getrennt. Und da die Wälzkörper im Innen- und Außenring auf gehärteten Stahlflächen abrollen, ist diese Rollreibung äußerst gering.

Volkswagen nachgewiesen wurde. Alle Anzeichen deuten darauf hin, dass damit die automatische Schaltung auch bei Klein- und Kleinstwagen Eingang findet, während der Anteil hydraulischer Wandler selbst in den USA stetig zurückgehen wird.

DIE GLEITENDE LAGERUNG

Zur kraftschlüssigen Übertragung von Drehbewegungen wird aber auch die Welle genutzt, deren Enden über vielfältige Kupplungen oder Gelenke mit Antrieb und Abtrieb verbunden werden. Kupplungen dienen dem Ausgleich von Fluchtungsfehlern, Gelenke erlauben Bewegungsfreiheit für den angetriebenen Teil. Im Automobilbau nahm man dazu zunächst Kreuzgelenke oder gewebeverstärkte Gummischeiben, bis sich allmählich homokinetische Gelenke durchsetzten. Sie übertragen die Drehbewegung ruckfrei selbst bei großen Knickwinkeln und sind für Radantriebe beim Auto unersetzlich. Spezialschmierstoffe und hermetische Abdichtung gegen das Eindringen von Luft, Wasser und Schmutz schützen sie ein Autoleben lang.

Eines der wichtigsten Maschinenelemente für jegliche Art von Bewegung und mechanischer Kraftübertragung sind die Lager. Die Lagerung der Wagenachse unter dem Fahrzeug oder die Lagerung der Räder auf der festen Achse haben eine endlos lange Geschichte, die eng mit der Schmierung und der Präzision der Fertigung verknüpft ist. Es begann mit dem Rutschschlitten, mit dem schwere Steine gehoben und gezogen werden konnten. Im Vergleich zur Bewegung der rauen Steinauflagefläche auf unebenem Untergrund reduzierte sich der Reibungswiderstand erheblich. Nur folgerichtig war die Weiterentwicklung über die Transportwalze zum Rad, bei dem sich die Gleitfläche zwischen Achse und Nabe befindet. Achsen- und Nabenoberfläche waren leicht zu bearbeiten und damit bezüglich des Reibungswiderstandes eine erhebliche Verbesserung.

Hier handelte es sich um Gleitlager, die über Jahrhunderte stetig verbessert wurden und heute längst noch nicht überlebt sind. Trotz vielfältiger Versuche, sie durch Kugellager zu ersetzen, finden sie sich noch immer zur Lagerung von Kurbelwellen und Pleueln in Verbrennungsmotoren, Turbinen und Arbeitsmaschinen aller Art. Sie eignen sich selbst für Drehzahlen von 250 000 Umdrehungen pro Minute in modernen Abgasturboladern und für enorme Tragfähigkeiten in Großgetrieben oder in Turbinen. Gleichermaßen lassen sie sich in Wasserkraftwerken und Strahltriebwerken von Flugzeugen einsetzen. Moderne Werkstoffpaarungen und spezielle Schmiermittel führen zu extrem hohen Laufleistungen.

KUGELN ROLLEN LEICHTER

Erste Ansätze, gleitende durch rollende Lager zu ersetzen, sollen rund 3000 Jahre alt sein. Streitwagen der Kelten sollen über auf Zylinderrollen aus Buchenholz gelagerte Räder verfügt haben. Aber auch im Römischen Reich waren Rollenlager in Hebezeugen bekannt. Als Wälzlager dienten bereits beim Bau der ägyptischen Pyramiden Baumstämme – die Liste ließe sich beliebig fortsetzen. Mit dem Beginn einer Kaltzeit um 300 n. Chr., die den Niedergang des Römischen Reiches beschleunigte, beginnt eine technologische Lücke, in der zahlreiche Erfindungen verloren gingen. Erst 1794 meldete Philip Vaughan ein Patent auf ein Rillenkugellager an, 1869 folgte das Kugellager für Fahrräder. Die Neuzeit des Wälzlagers beginnt jedoch erst, als Friedrich Fischer in Schweinfurt ab 1883 Kugelschleifmaschinen entwickelte, mit denen sich Kugeln identischer Durchmesser herstellen ließen. 1898 steuerte Henry Timken in den USA das Kegelrollenlager bei, 1934 Erich Franke das Nadellager.

Werkstoff- und Schmierstoffentwicklung waren entscheidende Faktoren für zunehmende Lebensdauer. Zum typischen Kugellagerstahl 100 CR6 kam in jüngerer Zeit die Keramik hinzu, aus der Kleinstlager etwa für Zahnarztbohrer entwickelt wurden, die über 250 000 Umdrehungen je Minute zulassen. Oder für die Brennstoffpumpen eines Space Shuttles, die auch niedrigste Temperaturen ertragen. Heute werden erste Überlegungen angestellt, auch die Gleitlager in Verbrennungsmotoren durch Wälzlager zu ersetzen, um die Reibungsverluste zu reduzieren. Nadellager sind seit einigen Jahrzehnten üblich, um das Pleuel von Zweitaktmotoren auf dem Kolbenbolzen zu lagern. Für Kurbelwellenlagerungen und Pleuellager auf der Kurbelwelle von Klein- und Motorradmotoren gibt es ohnehin nur Wälzlager, ebenso für Drehkränze von Großmaschinen, Linearführungen in Werkzeugmaschinen und zahllose andere Anwendungen.

HYDRODYNAMISCHE KRAFTÜBERTRAGUNG

Der Anstoß für diese völlig neue Art der Kraftübertragung ging von der 1883 von Carl Gustav de Laval entwickelten Dampfturbine aus. Sie war der Kolben-Dampfmaschine sowohl beim Wirkungsgrad als auch bei der Baugröße (bezogen auf die Leistung) deutlich überlegen, sodass sie sich rasch für unterschiedlichste Anwendungen durchsetzte. So startete etwa bereits 1896 Charles Parsons erste Versuche,

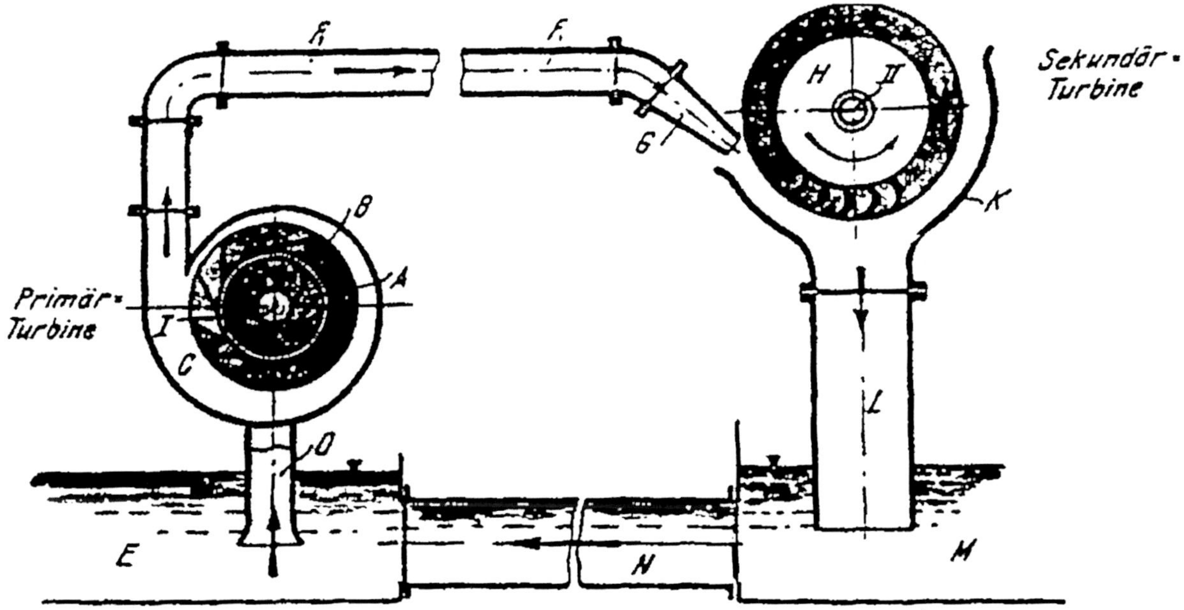

↑ Das Föttinger-Prinzip: Kopplung einer Pumpe (Primärturbine) und einer Turbine (Sekundärturbine) über eine externe Leitung.

die Dampfturbine als Schiffsantrieb einzusetzen. Dabei zeigten sich schnell zwei Nachteile beim Zusammenspiel von Dampfturbine und Schiffspropeller. Zum einen war bedingt durch die Krümmung der Turbinenschaufeln – im Gegensatz zu der einfach umschaltbaren Dampfmaschine – nur eine Drehrichtung des Propellers möglich. Zum anderen drehte die Dampfturbine für einen Schiffsantrieb um den Faktor 5 bis 15 zu schnell. Kavitation und damit Schäden an der Schiffsschraube waren die Folge.

Man musste sich also eine gänzlich neue Lösung einfallen lassen: Als 1902 Hermann Föttinger die Aufgabe bekam, die Dampfturbine im deutschen Schiffbau einzuführen, lag die Leistungsfähigkeit der zur direkten Koppelung benötigten Zahnradgetriebe bei rund 400 PS. Das war deutlich zu wenig, sollten doch Leistungen von bis zu 20000 PS übertragen werden. Der Elektroingenieur Föttinger kam auf die Idee, die Kraftübertragung indirekt mittels eines Generators und eines Elektromotors zu lösen. Er fasste die beiden Elektromaschinen zu einem Differenzialtransformator zusammen – eine Lösung, die aber nur auf dem Papier existierte. Gebaut wurde ein solcher Differenzialtransformator nie. Er wäre viel zu schwer und auch zu groß ausgefallen. Zudem fürchtete man, es mit Hochspannungstechnik zu tun zu bekommen. Die wäre notwendig geworden, um nicht noch größer bauen zu müssen.

Doch der grundsätzliche Weg war damit aufgezeigt. Der Gedanke zu einer hydrodynamischen Lösung analog zum elektrischen Konzept (über den „gescheiterten“ Differenzialtransformator) kam Föttinger beim Betrachten einer auf dem

Werksgelände seines damaligen Arbeitgebers, der Stettiner Vulcan-Werft, aufgestellten Kreiselpumpe, die mit einem Elektromotor verbunden war. Föttinger fand das völlig neuartige Prinzip der hydrodynamischen Leistungsübertragung durch Wandlung einer mechanischen Leistung mithilfe einer Kreiselpumpe in eine Impulsströmung. Diese wird nach kürzester Übertragungsstrecke in einer Turbine in mechanische Leistung zurückgewandelt. 1905 wurde das Konzept zum Patent angemeldet. Zahlreiche Versuche bewiesen viele hervorragende Eigenschaften dieser Lösung: verschleißfreie Regelbarkeit, hohe Schaltarbeit und gute Dämpfungseigenschaften von Schwingungen im Antriebsstrang. In den folgenden Jahrzehnten haben sich die Föttinger-Aggregate durchgesetzt. Als Drehmomentwandler, Turbokupplungen und mit dem Retarder haben sie weit über den Schiffbau hinaus sowohl in der stationären als auch in der Fahrzeug-Antriebstechnik ein breites Anwendungsfeld gefunden.

AUSBLICK: WAS KANN DIE ANTRIEBSTECHNIK LEISTEN?

Die Geschichte der Antriebstechnik fasziniert durch den Einfallsreichtum des Menschen, sich zur Erfüllung seiner Bedürfnisse immer leistungsfähigere Kraftquellen, Materialien und Bearbeitungsverfahren einfallen zu lassen. Doch verglichen mit der Dynamik der letzten 250 Jahre sind wirklich neue antriebstechnische Anwendungen derzeit seltener geworden. Die dynamischen Technologiebereiche sind heute die Informations-, Bio- und Nanotechnologie – aber das könnte sich durch das Aufkommen neuer Kraftquellen wieder ändern. Stets hat es der Mensch geschafft, mit den Herausforderungen seiner Zeit fertig zu werden. Das zeigen die Entwicklungen vom Rutschschlitten zur Magnetschwebebahn, vom Floß zum Containerschiff und vom Segelflugzeug zum Raumtransporter. Es sind keine Anzeichen zu erkennen, warum weitere Fortschritte nicht möglich sein sollten.

Georg Küffner

Die Prinzipien der Leistungsübertragung in der Antriebstechnik

Kräfte und Bewegungen leiten und wandeln

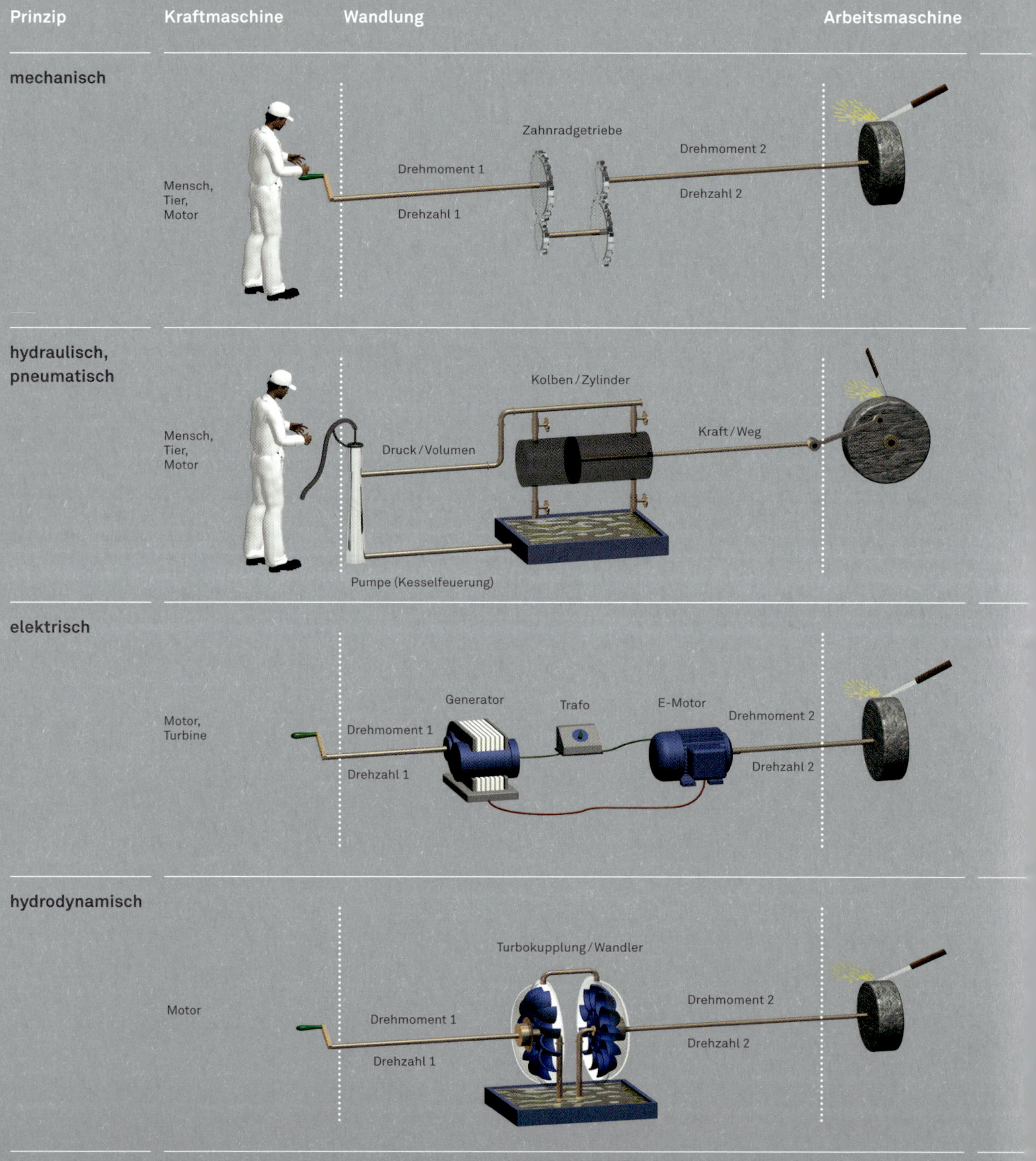

Beginn der Anwendung	Leistungsübertragung	Erläuterung
Urzeit	direkt	Beim mechanischen Übertragungsprinzip wird das von einem Motor oder durch Muskelkraft erzeugte Drehmoment über ein Zahnradgetriebe im Verhältnis der Drehzahlen gewandelt und weitergeleitet. Es herrscht eine feste Kupplung zwischen Erzeuger und Verbraucher. Der Wirkungsgrad dieser Verbindung ist vergleichsweise groß; die mögliche Übertragungsstrecke jedoch begrenzt.
v. Chr.	indirekt	Die mechanische Antriebsleistung wird von Pumpen in einen unter Druck stehenden Volumenstrom gewandelt. Am Verbrauchsort (Arbeitsmaschine) wird daraus erneut mechanische Leistung. Es wird eine Entkopplung zwischen Erzeuger und Verbraucher möglich. Die Kraftübertragung kann stufenlos geregelt werden, bei langen und flexiblen Übertragungsstrecken. Die zweifache Wandlung der Energieform reduziert den Wirkungsgrad.
1885	indirekt	Generatoren wandeln mechanische Antriebsleistung in elektrischen Strom, mit dem am Verbrauchsort mithilfe eines Elektromotors erneut mechanische Leistung erzeugt werden kann. Transformatoren übernehmen die Leistungsregelung. Die Übertragungsstrecken sind nahezu unbegrenzt; ein Erzeuger kann mehrere Verbraucher bedienen. Auch hier reduziert zweifache Wandlung den Gesamtwirkungsgrad.
1905	indirekt	Hydrodynamische Drehmomentwandler erzeugen mittels einer Kreiselpumpe aus einer mechanischen Antriebsleistung einen Impulsstrom, der unmittelbar darauf von einer Turbine in mechanische Leistung zurückgeführt wird. Erzeuger und Verbraucher können so (mechanisch) entkoppelt werden. Schwingungen und Leistungsstöße können egalisiert werden. Zweifache Wandlung reduziert den Gesamtwirkungsgrad. Da der hydrodynamische Wandler die Chance bietet, den negativen Einfluss der zweifachen Wandlung zu minimieren, ist die Auswirkung auf den Gesamtwirkungsgrad geringer.

techno

Dampfmaschine, Drahtesel & Co.

Gar nicht banal: Ob unterwegs oder zu Hause – der Mensch ist niemals ohne Antrieb

Hamster haben's gut. Antriebslosigkeit ist den possierlichen Nagern ein Fremdwort. Voller Energie hetzen sie nächtens durchs Laufrad und setzen in der endlosen Sprossenwand ihre Lebenslust in Rotation um. Wie anders der Mensch: Zusehends raubt ihm der Moloch der Moderne die Motivation. Mühsam nur bringt er morgens um kurz vor halb sieben den Wecker zum Schweigen und sich in die Senkrechte. Immer öfter treibt ihn allein der technische Fortschritt an und voran. Womit wir beim Thema wären.

Äußerst günstig bei Kopfschmerzen.
Neuralgin
CAROLINE WIRD 50
DAUM 1. Promi-Leser-Reporter

Antriebstechnik ist alltäglich geworden. Ob in den eigenen vier Wänden, auf dem Weg zur Arbeit oder im Büro – jederzeit und allerorten treibt irgendetwas irgendetwas anderes an. Von der Wiege bis zur Bahre ist das Werden, Leben und Sterben des Homo sapiens von Antrieben begleitet und bisweilen sogar bestimmt. Doch Obacht! Die Gralshüter der reinen Ingenieurslehre schlafen nicht und fordern die folgende Feststellung: Nicht alles, was der Volksmund als Antrieb bezeichnet, ist auch tatsächlich einer. Ein Blick ins Lexikon schafft Klarheit. Danach sind Antriebe keine simplen Motoren, sondern komplexe technische Systeme zur Erzeugung von Bewegung mittels Kraftübertragung. Im Einzelnen heißt das: Ein Antrieb besteht zunächst aus einer Kraftmaschine (zum Beispiel einem Motor), die Energie (zum Beispiel Strom oder Benzin) in Kraft und Bewegung verwandelt. Ein sogenannter Antriebsstrang überträgt dieses Drehmoment über Komponenten wie Kupplung, Getriebe, Gelenkwellen und Treibriemen auf die „Arbeitsmaschine". Sie ist die eigentliche Leistungserbringerin und tut die Arbeit, die getan werden muss. So weit Methode und Theorie, die bekanntlich grau sind. Werfen wir jetzt einen Blick auf die knallbunte Praxis.

Wer frühmorgens noch schlaftrunken zum Briefkasten wankt, um sich die Zeitung zu holen, profitiert als einer der Ersten von den Errungenschaften der Antriebstechnik: Denn die Druckmaschinen, die während der Nacht das Neueste vom Vortag aufs Papier gebracht haben, sind wahre Meisterwerke dieses ingeniösen Metiers. Mehrfamilienhausgroß, stecken diese donnernden Ungetüme voller ausgefeilter Antriebstechnik. Das fängt mit der Papierzufuhr an. Mannshohe und tonnenschwere Papierrollen mit Bahnlängen von mehreren Kilometern werden von drehmomentstarken und präzis ansteuerbaren Elektromotoren millimetergenau an der Druckmaschine positioniert und bei voller Produktionsgeschwindigkeit im fliegenden Wechsel eingefädelt. Rast dann das Papier mit 50 Stundenkilometern und mehr durch die Maschine, sorgen dank Computertechnik penibel aufeinander abgestimmte Antriebe und Getriebe dafür, dass die Zeitungsbahn stets unter Zugspannung gehalten wird, die einzelnen Farbwerke immer mit der richtigen Menge an Prozessfarbe (Cyan, Magenta, Yellow, Schwarz) versorgt sind und die Druckzylinder mit den Klischeeplatten die Texte und Bilder mit exakt dem

← Gutenbergs Erben: Bei modernen Zeitungsrotationsmaschinen landet die Druckerschwärze trotz Highspeed ohne Papierstau im Blatt – Antriebssynchronisation macht's möglich.

nötigen Anpressdruck aufs Papier bannen. Die sich anschließende Trocknungsstation führt nahtlos über in die Falt-, Falz- und Schneideabteilung, in der die Zeitungsbahn ihre formatübliche Fasson erhält. Absolute Synchronität über den gesamten Produktionsablauf hinweg ist beim Rotationsdruck das A und O. Kleinste Varianzen in der Antriebstechnik haben größte Auswirkungen auf die Produktqualität: Denn sind bei den Fotos etwa die Pixel verrückt oder springen die Buchstaben, dann flimmert es dem Leser unausweichlich vor den Augen, und der Griff zum Telefonhörer zur Abo-Stornierung ist nicht mehr fern.

Nach der Lektüre ist vor der Hygiene. Auch die Körperwäsche ist heutzutage ohne Antriebstechnik quasi undenkbar. Konstant warmes und kaltes Wasser fließt nicht von alleine aus dem Hahn. Vielmehr verdankt es sich einem ausgeklügelten System von Rohrleitungen, Zwischenspeichern und Druckventilen. Sorgten zu Omas Zeiten der Wasserturm als das höchste Bauwerk der Stadt und das Prinzip der kommunizierenden Röhren dafür, dass das wertvolle Nass auch bis in die obersten Stockwerke der Mietskasernen gelangte, so übernehmen heute bedarfsgesteuerte, adaptive Pumpen und Relaisstationen diese Aufgabe. Von großen Elektromotoren angetrieben, wuchten sie das Wasser tagtäglich tonnenweise durch die kommunalen Leitungen bis in jedes Haus, jede Küche, jedes Bad.

Auch im Kleinen findet sich Antriebstechnik gleich dutzendfach: Der elektrisch betätigte Rollladen, den wie durch Zauberhand ein im Verborgenen agierender Gurtantrieb nach oben zieht, die elektrische Zahnbürste mit ihrem dank exzentrischer Aufhängung oszillierenden Bürstkopf, der durch sein Dauerrauschen enervierende Lüfter am PC mit seinem lediglich münzgroßen Schrittmotor oder auch der servomotorisierte DVD-Spieler (vom guten, alten riemengetriebenen Plattenteller für Vinyl-LP ganz zu schweigen) – sie alle verdanken ihre Funktionstüchtigkeit dem Wirkungsprinzip klassischer Antriebstechnik, wonach aus Energie Kraft gewonnen und in Bewegung umgesetzt wird. Wer in die Küche schaut, wird ebenfalls fündig – und begibt sich, wenn er zum manuell betriebenen Handrührgerät greift, sogar auf eine Zeitreise in längst vergangene Technikepochen, in denen es beim Antrieb von Werkzeugen noch auf Muskelkraft ankam und nicht auf Maschinenpower.

→ Wasser marsch!
Wo Pumpen flüss'ges Nass verwalten, sind Schmutz und Schweiß nicht lang zu halten. /
Es schäumt und braust ganz wundersam, beim Gaspreis wird dem Hausherrn bang.

Regelrechte Relikte aus der „Uhrzeit" der Antriebstechnik sind mechanische Chronometer. Vor allem die am Handgelenk getragenen Exemplare dieser Technikminiaturen sind – eigentlich – ein Mode gewordener Anachronismus. Wo Handheld-Organizer, BlackBerry und Outlook unsere Aktivitäten von morgens bis abends minutiös durchtakten, erscheinen Gang-Toleranzen von bis zu 15 Sekunden am Tag als, objektiv betrachtet, inakzeptabel. Und doch sind nicht wenige Gutbetuchte gewillt, den Gegenwert eines Kleinwagens für so viel Ungenauigkeit auf den Tisch zu blättern. Der Grund für derlei Unvernunft: Die filigrane Antriebstechnik einer mechanischen Uhr hat auch in Zeiten von Bits und Bytes nichts von ihrer Faszination verloren. Wer sich das taktvoll pulsierende Uhrwerk mit seinem mehrlagigen Gewirr von Zahnrädern, Wippen, Haken und Spindeln anschaut, bekommt eine ungleich plastischere Vorstellung vom Lauf der Zeit als beim Blick auf die entseelte Digitalanzeige eines Flüssigkristalls. Die treibende Kraft hinter jedem mechanischen Uhrwerk ist die stählerne Zugfeder. Dank einer wärmebehandelten Speziallegierung besonders bruchfest, hält sie mit ihrer (Vor)Spannung die komplizierte Mechanik am Laufen. Aufgezogen wird die Feder entweder elektrisch (durch die piezoelektrischen Stromimpulse eines Quarzkristalls oder durch einen batteriegespeisten Elektromotor im Mikrowattbereich) oder manuell. Die Krone des Uhrmacherhandwerks ist der Chronometer mit Selbstaufzug. Er gewinnt seine Energie aus den Arm- und Handgelenksbewegungen seines menschlichen Trägers. Eine kleine Schwungmasse, die exzentrisch auf einer Achse gelagert ist, versucht ständig, der Schwerkraft folgend, nach unten zu hängen. Jede Armbewegung bringt dieses Minigewicht aus dem Lot, und jedes Mal zerrt es die Gravitation wieder in die Senkrechte zurück. Diese ständige Bewegung zieht über ein Getriebe die Zugfeder auf.

Wenn wir schon bei Fragen der Beweglichkeit sind: Antriebstechnik ermöglicht Mobilität. Ob Auto, Flugzeug, Bus oder Bahn – alle modernen Transportmittel sind vollgestopft mit Antriebstechnik unterschiedlichster Art. Megawattstarke Elektromotoren beschleunigen die ICE-Züge bis in Temporegionen jenseits von 300 Stundenkilometern. Muss der Schienenkoloss bremsen, gewinnen intelligente Regelungssysteme die kinetische Energie zurück und wandeln sie wieder in Strom um. Beim Automobil wiederum sorgen ein Verbrennungsmotor, Getriebe und vier

← Haltepunkt Fernbahnhof: Hochgeschwindigkeitszüge ermöglichen den Passagieren einen raschen Wechsel zwischen den Metropolen.

Räder für Vortrieb. Die Primärenergie für den Betrieb dieses Antriebsstrangs liefert Benzin oder Diesel (oder neuerdings die Mischform Hybrid). Die mechanische *Conditio sine qua* non der automobilen Antriebstechnik ist die Pleuelstange (etymologisch von „Bleuel" = hölzerner Schlägel, „verbläuen"): Sie verbindet, an ihren beiden Enden gelenkig gelagert, den Kolben mit der Kurbelwelle und hilft so dabei, die lineare Auf- und Abbewegung des Kolbens in die kreisförmig rotierende Bewegung der Kurbelwelle umzusetzen. Jede Menge Antriebstechnik dient in Autos und Zügen auch dem Wohl und Komfort der Passagiere. Ein luftdruckbasierter Sicherheitsantrieb öffnet und schließt die Türen der ICE-Waggons mit jenem charakteristischen Pneumo-Zischen, das wir sonst nur von katarrhgeplagten Olympioniken kennen. Servomotoren und Riemengetriebe ersetzen im Auto die nostalgische Handkurbel unserer Kindertage und lassen die Fensterscheiben automatisch nach unten oder nach oben surren – inklusive eines elektronisch abregelnden Einklemmschutzes, der die Mechanik stoppt, bevor lange Finger oder neugierige Nasen final in die Dichtgummis der Fensterrahmen gedrückt werden können.

Apropos hoch und runter: Ein ständiges Auf und Ab durchlebt in seiner alltäglichen Arbeit auch der Aufzug. Zeit seines Lebens folgt bei ihm auf jedes Hoch ein umgehendes Tief. So viel Unstetigkeit erfordert ebenso simple wie solide Antriebe. Spätestens seitdem der Urvater des modernen Aufzugbaus, der geniale Elisha Otis, im Jahre 1854 in New York seine Absturzsicherung demonstrierte, begann der Triumphzug dieser Transportvehikel der Vertikalen. Die frühen Lifte des 19. Jahrhunderts hatten noch von der Erfindung der Dampfmaschine profitiert: Mit heißer Luft angetriebene Kolben hievten die Transportplattform auf einer teleskopartigen Schubstange empor. Andere Konstruktionen wiederum nutzten für ihren Antrieb die hydraulische Kraft des Wassers. Die so erreichbaren Höhen erwiesen sich freilich schon bald als zu niedrig. Immer kühner wuchsen in den Boomstädten Amerikas die Wolkenkratzer mit 20 Stockwerken und mehr in den Himmel. Diese Distanzen ließen sich nur mit Seilzugtechnik bewältigen. Also begann man die Aufzugskabinen an Stahlseilen aufzuhängen und am höchsten Punkt des Aufzugsschachtes über eine Umlenkrolle laufen zu lassen, die zugleich

→ Absacker und Emporkömmling: Ein Aufzug ist auch ohne Schacht nicht ohne Antrieb (hier die futuristischen Aufzugskapseln des britischen Stararchitekten Nicholas Grimshaw im Foyer des Ludwig-Erhard-Hauses in Berlin).

als Antriebsrad fungierte. Am anderen Ende des Seils wurden schwere Gegengewichte befestigt, die dem Eigengewicht der Kabine plus der Hälfte der Nutzlast entsprachen. Dank der ausbalancierten Massen an beiden Enden des Seiles genügte die sehr geringe Antriebskraft eines klein dimensionierten Motors, um das Aufzugskonstrukt in Bewegung zu setzen. Dieses Antriebsprinzip bewährt sich in der Lifttechnik bis heute. Und nach wie vor wachen Fliehkraftregler über die Geschwindigkeit des Aufzugs: Bewegt sich die Kabine schneller als normal nach unten, löst der Zentrifugalkontrolleur die Fallbremse aus, die sich in den Führungsschienen des Lifts festkeilt und die Kabine samt Passagieren mit brachialer Konsequenz stoppt. Das Ganze funktioniert rein mechanisch und also auch dann, wenn die übrigen, elektrischen Hightech-Sicherheitssysteme wegen Stromausfalls ihre Arbeit eingestellt haben. Ansonsten hat natürlich auch im Liftbau längst computergesteuerte Antriebs- und Regeltechnik Einzug gehalten. In modernen Hochhäusern koordinieren intelligente Zentralsysteme das bis zu 60 Stundenkilometer schnelle Auf und Nieder in den Schächten und helfen dabei, einen Kompromiss zwischen energieintensiven Leerfahrten und langen Wartezeiten zu finden. Ausgeklügelte Zielwahlsteuerungen und optimierte Schließgeschwindigkeiten der Lifttüren gehören mittlerweile ebenso zum Standard wie Doppelstockaufzüge für eine höhere Förderleistung.

Antriebstechnik zum Betrachten, Begreifen und Beschrauben bietet – im elektronikarmen Lowtech-Segment – das gute, alte Fahrrad. Anders als sein bisweilen störrischer Bruder aus Fleisch und Blut steht der Esel aus Draht für Antrieb auf Abruf. Seine Technik ist denkbar simpel und umfasst nur wenige Komponenten: Pedale, Zahnräder, Ketten, Ritzel und Räder. Bei guter Schmierung und mithin wenig Reibungsverlust, setzt das Velo die Muskelkraft seines Piloten sehr unmittelbar und effizient in den Antrieb des Hinterrads und damit in Vorwärtsbewegung um. Als Parasit der Antriebstechnik am Fahrrad outet sich der Dynamo. Klein und unscheinbar klammert sich die Lichtmaschine an die Vorderradgabel. Wenn es dunkel wird, drückt sie ihren Gummikopf an den Reifen und denkt: Sollen doch die anderen sich abstrampeln – bei mir fließt Strom, es werde Licht!

Antriebstechnik leistet jedoch mehr, als „nur" das Wasser fließen, die Uhr ticken und das Auto fahren zu lassen. Selbst wenn der Mensch all dem entsagt und sich als Sofakartoffel auf der Couch niederlässt, gilt: Der Antriebstechnik kann er nicht entkommen. Denn es gibt, tief in ihm drinnen, mysteriöse Zwitterwesen aus Biologie und Mechanik: die sogenannten „molecular motors".

Als Molekularmotoren bezeichnet die Wissenschaft jene winzig kleinen Proteine, die dafür sorgen, dass der menschliche Zellstoffwechsel in Gang kommt und bleibt. Gäbe es diese mobilen Eiweißmoleküle nicht, könnten weder Nährstoffe in die Körperzellen hinein- noch Abfallprodukte heraustransportiert werden. Ohne das Motorprotein Myosin etwa wäre der Mensch gar zur Bewegungsunfähigkeit verdammt: Denn erst dessen glückliche Verkettung von Aminosäuren wandelt Energie in Kraft und Bewegung um. Die Energie für seine Aktivitäten bezieht das Myosin vom Adenosintriphosphat (ATP), jenem legendären Stoff aus dem Biologieunterricht, der für fast alle physiologischen Prozesse im menschlichen Körper die Energie bereitstellt. Der Rest ist – wenn auch in elektronenmikroskopisch kleinem Maßstab – ein Wunderwerk der Bio-Mechanik: Je nachdem, wie viel ATP ihm zur Verfügung steht, schwingt das Myosin innerhalb der Muskelfasern hin und her und sorgt durch diese Pendelbewegung für die Kontraktion des Muskels.

Was bleibt im Fazit und als Erkenntnis? Vor allem Tröstliches. Unsere kleine Exkursion in die Antriebstechnik des Alltags hat gezeigt, dass Mensch und Technik sich gegenseitig bedingen. Antriebstechnik ist nicht alles, aber ohne Antriebstechnik ist (fast) alles nichts. Viele zivilisatorische Errungenschaften verdanken sich der Technik und ihren Antrieben. Freilich gilt auch hier: Nach Sinnhaftig- oder Zweckmäßigkeit mancher sogenannter Innovation darf man besser nicht fragen. Schließlich verdankt auch der Mensch selbst seine Existenz jenem kunstvoll ausbalancierten Nullsummenspiel aus Kraftgewinn durch Energieeinsatz – und keiner fragt hier: *Cui bono?*

Christian Preiser

Mobilität, Transport und Logistik

Täglicher Transport von Menschen und Gütern – die Antriebstechnik als Rückgrat

Von Himmelsnadeln und rollenden Kühlschränken

Im Gespräch mit Essa Abdul Rahman Al Dosari, Chef des Bereiches Personennahverkehr von Dubais Verkehrsbehörde RTA

Nahverkehrssysteme sind lebende Organismen. Wie Bäume werden sie im Laufe der Jahre immer größer, komplexer und dichter. U- und S-Bahnnetze bilden das Wurzelfundament und den Stamm. Sie verleihen der gesamten Struktur ihre Stabilität. Straßenbahnen und Busse repräsentieren das weit verzweigte Astwerk. Das flirrende Blätterwerk im Baum urbaner Infrastruktur bildet der Individualverkehr mit seinen unzähligen Autos, Taxen, Motorrad- und Fahrradfahrern. Dass derart gewachsene Strukturen im Alltagsbetrieb mal besser, mal schlechter funktionieren, lässt sich in zahlreichen Großstädten rund um den Globus beobachten. Doch eine gezielte und effiziente Anpassung dieser organisch expandierten Systeme an das immer weiter steigende Verkehrsaufkommen ist nicht einfach und bereitet so manchen Verkehrsplanern schlaflose Nächte.

Leichter haben es da Kommunen, die ihre öffentliche Verkehrsinfrastruktur am grünen Tisch völlig neu planen können. Beispiel: Dubai, die boomende Wüstenmetropole am Golf. Jedes Jahr wächst das dortige Verkehrsaufkommen um 17 Prozent – das ist Weltrekord und stellt sogar die in dieser Hinsicht „berüchtigten" Megacitys wie Rio de Janeiro, Mumbai oder Schanghai in den Schatten. Das Besondere an Dubai liegt in der Rasanz seiner urbanen Entwicklung. Bis zu ihrer Unabhängigkeit von Großbritannien im Jahre 1971 war die Stadt am Persischen Golf ein steiniger Wüstenfleck mit einigen Lehmhütten. Mittlerweile explodiert die Stadt förmlich. Prunkvolle Hotelpaläste, glitzernde Shopping-Malls, visionäre Architektur und in immer größerer Anzahl einfliegende Touristen prägen ihr Erscheinungsbild. Ein Drittel aller Baukräne der Welt dreht sich momentan am Golf. Immer neue futuristische Projekte werden von der Herrscherfamilie um Seine Majestät, Scheich Muhammad bin Raschid Al Maktoum, Herrscher von Dubai und Premierminister der Vereinigten Arabischen Emirate, gemeinsam mit nationalen und internationalen Investoren in den Wüstensand gesetzt. Der Boom setzt auch die Stadtplaner unter Zugzwang, wie Essa Abdul Rahman Al Dosari, der Chef des Bereiches Personennahverkehrt von Dubais

Bank of Baroda
HSBC

„Schon aus Zeitgründen können wir bei den Planungen unserer Infrastrukturprojekte nicht auf langsam wachsende Lösungen setzen. Vielmehr müssen wir quasi bei null anfangen und gleich Vollgas geben."

Essa Abdul Rahman Al Dosari

Verkehrsbehörde RTA (Roads & Transport Authority), berichtet: „Schon aus Zeitgründen können wir bei den Planungen unserer Infrastrukturprojekte nicht auf langsam wachsende Lösungen setzen. Vielmehr müssen wir quasi bei null anfangen und gleich Vollgas geben. Deswegen versuchen wir ein Komplettsystem aufzubauen, das den modernsten und höchsten technischen Standard nutzt, der heute weltweit zur Verfügung steht."

Derzeit prominentestes und buchstäblich überragendes Symbol für die Stadtentwicklung Dubais und die damit verbundenen Herausforderungen an die Infrastruktur ist der Burj Dubai – das höchste Bauwerk der Welt. Mit seiner silbern glänzenden Aluminium-Glas-Vorhangfassade sticht der mehr als 800 Meter hohe Superturm schon von Weitem sichtbar in den Himmel über der 1,4-Millionen-Einwohner-Metropole am Golf. Der Burj Dubai ist allein wegen seiner Höhe ein auffälliger Solitär. Doch er ist nur Teil einer gewaltigen Baustelle, auf der zurzeit bis zu 20 000 Arbeiter einen neuen Stadtteil errichten, der künftig zu den prestigeträchtigsten der Welt zählen wird. Dazu gehört die Dubai Mall, das größte Shoppingcenter der Welt, sowie einige exklusive Appartement-Komplexe. In diesem Umfeld entsteht auch „Old Town", ein Wohngebiet im traditionell-arabischen Stil. Künstlich angelegte Seen, Parks und ein 3,5 Kilometer langer Boulevard gehören ebenfalls dazu.

Doch seinen nächsten Superlativ hat Dubai schon in der Planung. Unter der Regie von Dubais größtem Immobilienkonzern Nakheel hat man mittlerweile mit dem Bau eines noch höheren Turms begonnen. Mit gigantischen Vorhaben hat Nakheel bereits Erfahrung: Das Unternehmen hatte die Oberaufsicht über das Aufschütten dreier palmenförmiger Insellandschaften („Palms") vor der Küste Dubais. Eine vierte („The World"), zusammengesetzt aus 300 künstlichen Inseln, bildet wie ein überdimensionaler Globus die Silhouette aller fünf Kontinente ab. Und mit „Nakheel Tower" ist der Name des künftigen Rekordhalters schon gefunden. Der neue Rekord-Wolkenkratzer soll sich aus vier einzelnen, an mehreren Stellen miteinander verbundenen Türmen zusammensetzen. Nach seiner Fertigstellung in etwa zehn Jahren wird er das Zentrum eines neuen,

---

↖↖ *Abras* auf dem Creek, einige der letzten Überbleibsel des traditionellen Dubai.

↖ Dubai greift nach den Sternen: Der Burj Dubai ist der wohl eindrucksvollste Superlativ in der boomenden Wüstenmetropole.

mehrere Milliarden Dollar teuren Hafendistrikts namens „Nakheel Harbour & Tower" werden. Seine genaue Höhe ist Gegenstand heftiger Spekulationen. Waren zunächst unglaubliche 1500 Meter kolportiert worden, peilt Nakheel nach eigenen Angaben nunmehr eine Höhe von „lediglich" rund einem Kilometer an (wovon 200 Meter auf die Antenne entfallen dürften).

Trotz des rasanten Wachstums der Stadt hat Dubai einiges aus seiner idyllischen Vergangenheit bewahren können. Entlang dem Creek, jenem Meeresarm also, der sich elf Kilometer weit in das wüstenreiche Festland schlängelt, werden auch heute noch archaisch anmutende Holzschiffe, sogenannte *Dhows*, mit Waren für Iran oder Basra beladen. Dazwischen tuckern flache Wassertaxis *(Abras)*, die jeweils 20 Personen die Überfahrt ermöglichen. Kanister mit Chemikalien, Reifen, Kisten und in Kartons verpackte Kühlschränke stapeln sich neben Jutesäcken am Ufer und warten darauf, von Lastwagen ins Landesinnere transportiert zu werden.

Auch rund um den Creek stehen dicht gedrängt kühne Bauten aus Stahl und Glas. Für sie ist es durch das rasche Wachstum viel zu eng geworden, genau wie für die sich auf dem Creek tummelnden Lastkähne. Längst ankern die großen, hochseetauglichen Containerschiffe neben riesigen Frachtern in den modernen Häfen draußen an der Küste. Doch nicht nur auf dem Seeweg ist Dubai der „Hub" der Zukunft. Auch der Flughafen boomt. In den vergangenen Jahren ist das „Drehkreuz der Emirate" alljährlich um durchschnittlich 15 Prozent gewachsen. Tendenz: weiter steigend. Bis zum Jahr 2010 wird das jährliche Passagieraufkommen, so jedenfalls prognostizieren es die Planer, von derzeit 40 Millionen auf 60 Millionen steigen. Um seiner wachsenden Popularität als Wirtschaftszentrum und Tourismusattraktion Rechnung zu tragen, baut Dubai jedoch nicht nur seinen Stadtflughafen weiter aus. Nahe der Freihandelszone Jebel Ali hat man bereits mit dem Bau eines zweiten, riesigen Airports begonnen. Nach seiner endgültigen Fertigstellung im Jahre 2030 soll der 33 Milliarden Dollar teure „Dubai World Central" mit seinen sechs Start- und Landebahnen 120 Millionen Passagiere im Jahr aufnehmen können.

→ Neue Metro-Linien, ob unterirdisch oder wie hier parallel zur Sheikh Zayed Road aufgeständert gebaut, bilden das Rückgrat eines vernetzten Verkehrssystems und sollen helfen, den Verkehrskollaps zu verhindern.

46

RTA

Ein Bauboom, wie Dubai ihn derzeit erlebt, lässt nicht nur Tausende Quadratmeter neue Wohn- und Büroflächen entstehen, sondern stellt enorme Anforderungen an die Infrastruktur. Benötigt wird vor allem ein gut funktionierendes Nahverkehrssystem, das den Verkehrskollaps auf den Straßen verhindert. „An einem solchen Konzept arbeiten wir mit Nachdruck", sagt Al Dosari. Heute dominiere zwar noch der Individualverkehr und führe vor allem während der Rushhours zu verstopften Straßen und langen Staus. Lediglich sieben Prozent aller Fahrten in Dubai entfallen momentan auf Busse, Taxen und *Abras*. „Das werden wir aber grundsätzlich ändern", gibt sich Al Dosari kämpferisch und verspricht: „Bis zum Jahr 2022 werden wir den Anteil öffentlicher Verkehrsmittel auf 30 Prozent anheben."

Um dieses ambitionierte Ziel zu erreichen, unternimmt die Stadtverwaltung gewaltige Anstrengungen. Als Rückgrat eines vernetzten Verkehrssystems werden mehrere Metro-Linien in den Wüstenboden gegraben beziehungsweise – wie in Chicago oder Hamburg – aufgeständert. Zwei Strecken sind bereits im Bau: Die 52,1 Kilometer lange „Rote Linie" verläuft zwischen dem Hafen Jebel Ali und Rashidya an Dubais wichtigster Achse, der Sheikh Zayed Road. 47 Haltestellen sind entlang dieser Strecke vorgesehen und sollen den Fahrgästen die Möglichkeit bieten, auf das ebenfalls im Entstehen begriffene Bussystem zu wechseln. Binnen fünf Jahren sollen fünfmal so viele Busse auf Dubais Straßen unterwegs sein wie derzeit. Allein im Jahre 2007 hat die Dubaier Verkehrsbehörde 626 Busse bestellt: 225 beim polnischen Hersteller Solaris, weitere 401 bei der deutschen MAN-Busbau-Tochter Neoplan. Darunter befinden sich 170 Hightech-Doppeldecker, die mit 4,58 Meter Gesamthöhe zu den höchsten der Welt gehören und es auch Erwachsenen ermöglichen, im Obergeschoss aufrecht zu gehen. Weitere Schmankerl: Eine besonders leistungsfähige, tropentaugliche Klimaanlage mit Zusatzkühlern macht den Bus zum rollenden Kühlschrank. Luftvorhänge vor den Türen sperren die Hitze aus. Die Haltestellen werden mit LED-Technik angezeigt, und WLAN-Zugänge ermöglichen drahtloses Internetsurfen während der Fahrt. Als kulturell bedingter Sonderwunsch werden die ersten drei Reihen mit intransparenten Glaswänden vom Rest des Busses abgeteilt und sind für Frauen und Kinder reserviert. 2008 bestellte Dubai weitere 1616 Fahrzeuge, die größte Bestellung von Bussen weltweit.

← Noch warten sie auf ihren Einsatz: die modernsten Metrozüge der Welt, fahrerlos, 110 Stundenkilometer schnell – noch ein Superlativ.

„Wir sind in der Lage, an den Metrostationen jeweils genau die Anzahl an Bussen und Taxen bereitzustellen, die für den reibungslosen Weitertransport der Reisenden benötigt werden."

Essa Abdul Rahman Al Dosari

„Unser Anspruch ist hoch", sagt Al Dosari. „Wir wollen die Metro mit den diversen Buslinien so eng vernetzen, dass ein komfortables und zuverlässig funktionierendes und nahtlos ineinandergreifendes Transportangebot entsteht. Wartezeiten beim Wechseln von einem System auf das andere wollen wir minimieren. Den Nutzern unseres Nahverkehrsangebots soll es leichtfallen, vom Auto auf Metro, Busse, Taxen und Wassertaxis umzusteigen."

Unterstützt und ermöglicht werden die Infrastrukturmaßnahmen von massenhaft eingesetzter Informationstechnologie und Hochleistungscomputern. So wird ein elektronisches Ticketsystem installiert, das jederzeit über die Anzahl der Passagiere in den Metrozügen und den Bussen informiert. „Damit sind wir in der Lage, an den Metrostationen jeweils genau die Anzahl an Bussen und Taxen bereitzustellen, die für den reibungslosen Weitertransport der Reisenden benötigt werden", berichtet Al Dosari voller Stolz und verspricht: „Kein Fahrgast wird in Dubai City mehr als zehn Minuten auf seine Metro oder seinen Bus warten müssen."

→ Nagelneue Busse, abgestellt auf dem Werkhof der Roads & Transport Authority. Unter ihnen Doppeldecker-Busse mit der Weltrekordhöhe von 4,58 Meter.

MARINA

↑ Emirates Express: das Markenzeichen für ein intelligentes Verkehrssystem.

↖ Abbild einer modernen Infrastruktur: Durch ein nahtloses Ineinandergreifen von Metrozügen, Bussen, Wassertaxis und Taxis werden Anreize für das Nutzen öffentlicher Verkehrsmittel geschaffen.

Die Metrozüge gehören zu den modernsten der Welt: Fahrerlos werden die aus fünf Wagen bestehenden 75 Meter langen Züge mit Geschwindigkeiten von bis zu 110 Stundenkilometern über die Strecke flitzen. 600 Fahrgäste können gleichzeitig transportiert werden, wobei die Züge über eine 1. Klasse, eine 2. Klasse und zudem über einen Bereich verfügen, der nur von Frauen und Kindern benutzt werden darf. Plasmadisplays informieren über den Streckenverlauf und liefern Informationen über aktuelle Themen – so etwa auch über das Wetter. Meteorologische Angaben sind überaus wichtig, zumal bei den in Dubai im Sommer herrschenden Temperaturen von mitunter 50 Grad Celsius. Auch die Züge der Metrolinien werden komfortabel klimatisiert sein. Leistungsfähige Airco-Systeme sollen die Temperatur im Innern der Züge bei kommoden

↑ Bei Außentemperaturen von im Sommer nahe 50 Grad Celsius sind klimatisierte Wartehäuschen nicht nur Luxus.

23 Grad Celsius halten. Und auch alle Metrostationen und die zu den Umsteigezonen führenden Übergänge sind von der Außenwelt abgekapselt und klimatisiert. Weltweit einzigartig: Ein Großteil der Bushaltestellen wird mit klimatisierten Wartekabinen ausgestattet. „Das ist ein Komfortstandard, den sonst keine Großstadt bietet", schwärmt Al Dosari von den schönen, neuen Zeiten, in die Dubai mit seinem Nahverkehrssystem aufbrechen will.

Aufgezeichnet von Georg Küffner

UNDERGROUND
City of Westminster
Westminster Station
Toilets
Public Subway

Fit für Olympia – mit dem richtigen Dreh

London rüstet sich für den Besucheransturm

In den frühen Jahren der Eisenbahn war das Zusammenkuppeln der Waggons eine gefährliche Arbeit. Während die Wagen gegeneinanderdonnerten, mussten unerschrockene Männer zwischen den Puffern herumklettern und schwere Haken von Hand herumwuchten. Der amerikanische Präsident Grover Cleveland empörte sich 1889, dass der Beruf des Wagenkupplers eine ebenso große Gefahr für Leib und Leben darstelle wie der des Soldaten. Auch der Verein Deutscher Eisenbahnverwaltungen suchte deshalb händeringend nach einer automatischen Kupplung und schrieb 1873 einen hochdotierten Preis aus – vergeblich.

DLR
25
Less carbon
Serco and London are committed to sustainability
DLR operated by
serco

Erst Jahrzehnte später konnten Techniker die Bedingungen der Bahn erfüllen. Zu den Pionieren gehörte der deutsche Ingenieur Karl Scharfenberg, der 1903 eine ungewöhnliche Kupplung patentieren ließ. Der Clou: Mit einer Drehung, die kaum Kraft erforderte, ließen sich die Wagen verbinden oder trennen. Selbst wenn der Zug am Hang stand, sodass die angehängten Wagen kräftig an der Kupplung zogen, funktionierte der Mechanismus mühelos.

Was viele Experten zunächst nicht für möglich gehalten hatten, entwickelte sich zum Verkaufsschlager. Heute sind weltweit rund 300 000 Scharfenbergkupplungen im Einsatz, in Hochgeschwindigkeitszügen wie dem deutschen ICE, dem spanischen AVE oder dem französischen TGV genauso wie in Straßenbahnen, S-Bahnen, Reisezügen und Schmalspurbahnen. Kaum eine Staatsbahn, die sie nicht in ihrem Repertoire hat. Die Schaku, wie sie in Fachkreisen heißt, wurde im Laufe der Jahrzehnte ständig verbessert und ist inzwischen so etwas wie der Mercedes unter den Kupplungen. Jetzt soll sie helfen, London für die Olympischen Spiele 2012 fit zu machen. Im Depot der Docklands Light Railway (DLR), die im Osten der Metropole verkehrt, stehen bereits einige brandneue Wagen mit dem Hightech-Zubehör. Sie sind die Vorhut für eine ganze Flotte weiterer Fahrzeuge – Verstärkung für den erwarteten Ansturm von Olympia-Besuchern.

Die DLR, die erst 1987 ihren Betrieb aufgenommen hat und zum Londoner Verkehrsverbund gehört, fährt oberirdisch und ist mit der deutschen S-Bahn vergleichbar. Sie entwickelte sich ebenso rasant wie die Ortsteile, die sie erschließt. Die „Docklands" – das war zwischen den Weltkriegen der weltweit größte Hafen, der mitsamt seinem Speckgürtel mehr als 100 000 Menschen beschäftigte. Hier schlug das wirtschaftliche Herz Großbritanniens. Doch als in den sechziger und siebziger Jahren die Container ihren Siegeszug antraten und die Schiffe immer größer wurden, verlor der Hafen an Bedeutung und wurde schließlich stillgelegt. Ein sozialer Exitus folgte, und die Docklands verkamen zum größten Sanierungsgebiet Londons. Die Stadt ließ es sich seitdem viele Milliarden kosten, um auf dem verwaisten Gelände Büros, Geschäfte, attraktive Wohnungen und sogar einen Flughafen anzusiedeln.

← Die Wagen der Docklands Light Railway (DLR) fahren oberirdisch. Sie erschließen das weitläufige Gebiet des einstigen Londoner Hafens.

5B
01
3A

4B
www.dlr.co.uk
Danger
Live wires overhead

Die DLR half dabei. Ihre Bahnhöfe wurden zu Keimzellen des neuen Themse-Viertels. Im ersten Jahr ihres Betriebs, 1987, verkehrten auf 13 Kilometer Strecke bereits sechs Millionen Passagiere. Inzwischen ist das Streckennetz auf 40 Kilometer angewachsen, und die Zahl der Fahrgäste schwoll auf fast 70 Millionen pro Jahr an. Canary Wharf, wo früher Arbeiter Bananen von den Kanarischen Inseln löschten, gilt als Visitenkarte der neuen Zeit. Es ist heute ein Bankenviertel mit rund 80 000 Beschäftigten und dem höchsten Gebäude Englands, dem 244 Meter hohen Cesar-Pelli-Tower. Der schmucke DLR-Bahnhof ist das Tor zur hektischen Welt der Banker. Und die Docklands sollen weiter expandieren. Allein während der Olympischen Spiele rechnet die DLR mit einer Verdoppelung der Passagierzahlen auf rund eine halbe Million pro Tag. Denn der größte Teil des Sport-Events wird sich im Sanierungsgebiet abspielen: Hier entsteht nicht nur das Olympische Dorf, sondern auch das Olympiastadion und das Journalistenzentrum. Die Schieß- und die Reitwettbewerbe werden ebenfalls hier stattfinden.

Um den erwarteten Ansturm zu bewältigen, will die DLR rund eine Milliarde Pfund (1,25 Milliarden Euro) investieren. Normalerweise beträgt die Taktzeit zwischen dreieinhalb und zehn Minuten. Statt zwei Wagen, wie bisher, werden dann jeweils drei Wagen zu einem Zug zusammengekuppelt. Die Taktzeit wird auf zwei Minuten verkürzt, der Fuhrpark um 55 Wagen vergrößert und zwei neue Strecken werden gebaut. Zusätzliche Fahrer sind nicht nötig, denn die DLR-Züge fahren von Beginn an computergesteuert – ohne Fahrer. Die neuen Wagen, von denen einige bereits zum Tauglichkeitstest im Depot stehen, unterscheiden sich äußerlich kaum von ihren Vorgängern. Kein Wunder, schließlich müssen sie kompatibel sein. Auch die Kupplungen sind, wie bisher, vom Typ Scharfenberg. Die Unterschiede stecken im Detail. Etwa in der elektrischen Verbindung.

Eine Kupplung muss die Wagen nicht nur mechanisch verbinden, sondern auch elektrisch und pneumatisch, damit sich alle Türen öffnen, die Durchsagen überall zu hören sind, die Bilder der Überwachungskameras ihr Ziel finden und vieles mehr. Bisher verfügen die DLR-Wagen über eine feststehende Elektrokupplung, eine Art großen Stecker mit zahlreichen Kontakten. Er rastet gleichzeitig mit der

---

↖ Im DLR-Depot wird nicht nur gewartet und repariert – auch neue Wagen absolvieren hier ihren Testlauf.

→ Fest verbunden: Die Scharfenbergkupplung sorgt für eine mechanische, elektrische und pneumatische Verbindung – vollautomatisch.

SCHAKU

mechanischen Kupplung in die gegenüberliegende „Steckdose“ ein. Doch das ist nicht mehr Stand der Technik. Denn dabei besteht die Gefahr, dass die Stiftkontakte nicht genau die Buchsen finden, sodass sie beschädigt werden können. Erst wenn die mechanische Kupplung die Wagen nahezu spielfrei miteinander verbunden hat, ist die Passgenauigkeit gewährleistet und die Elektrokupplungen können risikolos vorfahren. „Das System ist für 20 Kupplungsvorgänge pro Jahr ausgelegt“, sagt DLR-Logistik-Manager Elliot Vaughan und deutet auf ein herkömmliches Fahrzeug, das in der weiten Halle steht. „Doch es hat sich herausgestellt, dass wir 200 Mal im Jahr kuppeln müssen.“ Nämlich immer dann, wenn ein Zug wegen Wartungs- oder Reparaturarbeiten neu zusammengestellt wird. Bei der neuen Schaku ist die E-Kupplung beweglich. In Wartestellung sitzt sie ein Stück nach hinten versetzt und fährt erst vor, wenn die Wagen bereits mechanisch zusammenhängen. So bleiben alle Kontakte heil. Nachteil: Die neue E-Kupplung passt nicht zur alten. Deshalb mustert ein Sensor vor der Wagen-Hochzeit zunächst sein Gegenüber – Experten sprechen von Freund-Feind-Erkennung. Identifiziert das elektronische Auge einen „Feind“, fährt die E-Kupplung erst gar nicht vor.

Das Prinzip der Schaku ist freilich geblieben. Von dem komplexen Mechanismus ist nur wenig zu sehen, denn er steckt im Inneren des zentnerschweren Bauteils. Was auffällt, ist ein gekrümmter Stahlfinger von der Länge einer Banane, der weit vorsteht. Er dient als Führung, damit die Kupplungen immer sicher ineinander finden – auch in Kurven oder auf Kuppen, wenn sie im Winkel zueinander stehen. Der Stahlfinger, auch Greifer genannt, richtet sie grob zueinander aus. Für exakte Passgenauigkeit sorgt ein Kegel, der genau in den Trichter seines Gegenübers passt. So entsteht eine starre, zug- und druckfeste Verbindung – als wären die Kupplungsköpfe miteinander verschweißt. Das geringe Spiel von nur 0,3 bis 0,5 Millimetern gewährleistet, dass die Teile während der Fahrt nicht gegeneinander reiben und sie somit kaum verschleißen. Eine Schaku hält mindestens 30 Jahre lang – das tun andere Systeme zwar auch, allerdings kann das Spiel zwischen den Kupplungen hier bis zu vier Zentimetern betragen. Dieses große Spiel verursacht einen hohen Materialverschleiß, was durch mehr Material kompensiert wird und dadurch ein wesentlich höheres Gewicht verursacht. Zudem ist eine gute Signalübertragung bei großem Kupplungsspiel sehr schwierig umzusetzen.

← Der Lagerblock, der die Kupplung mit dem Wagen verbindet, bleibt den Passagieren verborgen. Zu sehen ist er nur von unten.

Eine Kupplung ist nicht nur dazu da, zwei Wagen miteinander zu verbinden, sie entscheidet auch mit über die Sicherheit der Passagiere. Denn bei einem Unfall trifft der Stoß immer zuerst die Kupplung, Kupplungen verzehren im Ernstfall Energie. Ingenieure von Voith Turbo Scharfenberg in Salzgitter haben die Unfallszenarien der neuen DLR-Züge nach den Vorgaben und Normen und den Anforderungen des Kunden am Computer durchgespielt, egal ob ein Wagen gegen zwei Wagen donnert oder drei gegen drei. Um zu verstehen, was dabei passiert, muss man wissen, dass eine Kupplung nicht nur aus der eigentlichen Kupplungsvorrichtung besteht, dem Kupplungskopf, sondern auch aus einem Lagerblock, der die Kupplung mit dem Wagen verbindet, und einer Kupplungsstange dazwischen. Energieverzehrelemente können im Lagerblock und in der Kupplungsstange angeordnet sein oder sogar hinter der Anschraubebene im Wagenkasten.

Sanfte Stöße bis zu fünf Stundenkilometer nehmen zwei Elastomer-Elemente auf, die im Lagerblock stecken. Sie lassen sich bis zu fünf Zentimeter zusammendrücken, ohne kaputtzugehen. Bei heftigeren Rempeleien kommt die Kupplungsstange zum Zug. Sie ist ähnlich wie eine Luftpumpe aufgebaut, nur dass der Kolben einen größeren Umfang hat als das Hüllrohr. Bei hohen Kräften weitet der Kolben das Rohr auf und kann dadurch entsprechend viel Energie aufnehmen. Bei einem Zusammenstoß mit einer Geschwindigkeit von acht Stundenkilometern schiebt sich das Rohr zusammen. „So ein Tempo klingt zwar nicht spektakulär, doch dabei kracht es schon fürchterlich", so die Ingenieure. Das passiert ein paar Mal im Jahr, sei es weil die Wagen beim Kuppeln zu schnell fahren oder der Zug gegen ein Hindernis prallt. Die ausgebeulte Kupplungsstange muss danach zwar ausgetauscht werden, doch alle anderen Teile bleiben unversehrt. Erst bei einer Geschwindigkeit weit jenseits des Joggerniveaus wird die Fahrzeugreparatur richtig teuer, da der Wagenkasten ebenfalls repariert werden muss.

Trotz ihrer Vorteile lässt sich eine Scharfenbergkupplung nicht überall einsetzen. Wo bereits ein anderes System installiert ist, hat sie kaum eine Chance. Denn die neuen Wagen müssen zu den alten passen. Nichts ist so konservativ wie Kupplungen. Ingenieure können zwar technische Details verbessern, nicht aber das System wechseln. Das lässt sich in London besonders eindrucksvoll studie-

→ Knautschzone: Die lange Stange zwischen Kupplungskopf und Lagerblock kann sich zusammenschieben, um Stöße abzupuffern.

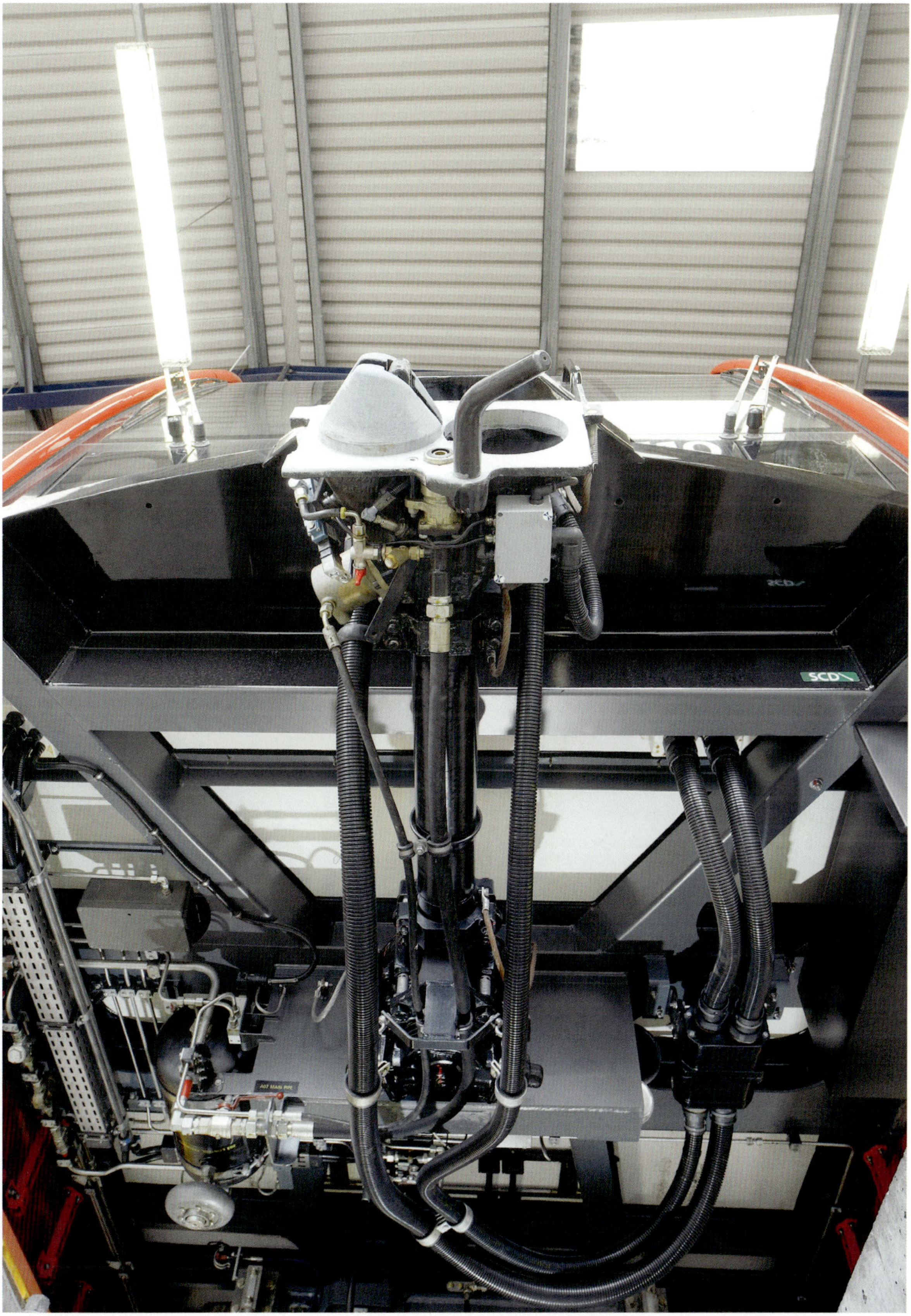

RBS
thames clipper
RBS

londoneye.com
London Eye River Cruise
40 minute sightseeing cruise with commentary
Book online or at our ticket office

Piccadilly line
Danger
High voltage
Passengers must not pass this point
Offenders will be prosecuted
Staff working on the track must comply with safety instructions

ren. Die 7-Millionen-Metropole besitzt die älteste U-Bahn der Welt. Schon 1863 ging die erste Linie, die Metropolitan Line, in Betrieb. Bald folgten weitere Linien, und schon vor einem Jahrhundert existierte der größte Teil des heutigen Netzes. Die Londoner, ohnehin traditionsbewusst, sind stolz auf ihre ehrwürdige „Tube". Die Durchsage „Mind the gap" – diese ständig zu hörende Warnung vor dem Spalt zwischen Zug und Bahnsteig – wurde zum geflügelten Wort. Sogar eine Theatergruppe aus Bradford und ein Song der deutschen Techno-Band Scooter tragen diesen Titel. Und das U-Bahn-Symbol, roter Kreis mit blauem Querstrich, avancierte zum Markenzeichen Londons, ähnlich dem knuffigen Taxi. Den Städtebauern machte die Tradition allerdings zu schaffen.

Zumindest die schlimmsten Bausünden sind inzwischen ausgemerzt. Als im 19. Jahrhundert verschiedene Betreiber die einzelnen Linien bauten, fehlte ein übergreifendes Konzept. Manche Bahnhöfe lagen keinen Steinwurf voneinander entfernt, waren aber nicht miteinander verbunden. Umsteigen geriet da zum schweißtreibenden Geländelauf, zumal die Tunnelröhren bis zu 50 Meter tief im Untergrund stecken. Inzwischen sind die Flicken zu einem echten Netz zusammengewachsen, nur ein paar Geisterbahnhöfe erinnern noch an die Anfangszeiten mit ihren qualmenden Dampfloks. Geblieben sind die engen Tunnel, die *Tubes*, in denen die Bahn kaum Platz hat. Nur eine Handbreit vor den Fenstern rast der Fels vorüber. Auch in der Höhe fehlt der Spielraum, was die Wagen zu niedriger Bauweise zwingt. Die Passagiere in viktorianischer Zeit hatten damit möglicherweise keine Probleme, aber ein Basketballer von heute muss seinen Kopf gehörig einziehen, wenn er keinen Sitzplatz findet.

Auch die Kupplung gehört zu den „oldfashioned" Hinterlassenschaften. Ihr Prinzip ist einfach: Ein Haken wird nach dem Einrasten mit einem Keil verklemmt – eine sogenannte Wedgelock-Kupplung. Sie ist flach wie eine Flunder, damit sie den ohnehin knapp bemessenen Wagenquerschnitt nicht noch weiter beschneidet. Außer in London tut sie nur noch in Glasgow Dienst. Allerdings muss sie nur äußerst selten zeigen, was sie kann. Denn sie dient als Notkupplung lediglich dazu, einen liegen gebliebenen Zug rasch aus dem Verkehr zu ziehen. Ohnehin besitzt

---

↖ Das Riesenrad „London Eye" ist für Touristen genauso attraktiv wie Big Ben oder die U-Bahn, die „Tube".

← Knapp bemessen: Die alten Röhren der U-Bahn sind so eng, dass gerade ein Zug hindurchpasst.

NO SMOKING
232/1887
648/2486
232/2114

jeder Zug nur zwei automatische Kupplungen, eine vorne, eine hinten. Die einzelnen Wagen sind fest miteinander verbunden, weil die Züge immer als Einheit zusammenbleiben.

Das Unternehmen Voith Turbo Scharfenberg beliefert die Londoner U-Bahn seit 1967 exklusiv, insgesamt gingen schon mehr als 5000 Wedgelock-Kupplungen an die Themse. Die Experten aus Salzgitter haben nun für die neuen Wagen der Victoria Line, die in Nord-Süd-Richtung verkehrt, die Kupplung modernisiert. Sie haben einen Gummipuffer eingebaut, um den Fahrkomfort zu verbessern, und einen Greifer angebracht, damit die Wagen auch in Kurven zusammengekuppelt werden können – was bisher nicht möglich war. Vor allem ist die neue Kupplung nicht mehr unter dem Wagen angeschraubt, sondern verläuft auf Höhe des Wagenbodens. So kann sie rund 20 Mal so viel Energie aufnehmen wie ihr Vorgänger – ein großer Vorteil bei einem Unfall.

Auch wenn die Kupplung nur ein relativ bescheidenes Bauteil ist, trägt sie doch dazu bei, dass die U-Bahn weiterhin sicher durch den Londoner Untergrund rollt. Eine wichtige Aufgabe, denn kaum eine Stadt ist so sehr auf ihre „Underground" angewiesen wie London, diese Metropole, die auf keinen Stadtplan passt. Das Auto zählt kaum als Alternative, denn die Straßen sind chronisch verstopft, Parkplätze rar, und jede Autofahrt in die City kostet eine Maut. Auf den langen Sitzreihen der *Tube* sitzen sich deshalb Jahr für Jahr rund eine Milliarde Fahrgäste gegenüber – mehr als 2,5 Millionen pro Tag. Während der Olympischen Spiele, da sind sich die Planer sicher, wird diese Zahl noch einmal kräftig in die Höhe schnellen. Die vielen ausländischen Gäste werden sicher Verständnis dafür haben, dass so mancher Zug, der nicht mit den Gummipuffern ausgestattet ist, weiterhin heftig rattert, schaukelt und quietscht. Denn das gehört nach wie vor zu London wie der Falkner, den man mit Glück auf dem Gelände der U-Bahn beobachten kann. Er hält mit seinem Raubvogel Tauben, Ratten und Kaninchen kurz – mit britischem Sportsgeist.

Klaus Jacob

↖ Flach wie eine Flunder sind die Wedgelockkupplungen der *Tube*. Die engen Tunnelröhren lassen nur niedrige U-Bahn-Wagen zu.

← Typisch britisch: Ein zahmer Falke hält Tauben, Ratten und Kaninchen auf dem Gelände der U-Bahn kurz.

Scharfenberg

Die Automatikkupplung

Eisenbahner sprechen kurz von der Schaku, wenn sie die Scharfenbergkupplung meinen. Es handelt sich dabei um eine Automatikkupplung, die ein schnelles, gefahrloses Kuppeln und das Aneinanderrangieren der Wagen, selbst in Kurven oder bei unterschiedlichen Höhen, ermöglicht. Die Schaku gewährleistet eine feste, spielfreie Verbindung bei geringem Verschleiß, sie ermöglicht eine kardanische Bewegung der Fahrzeuge.

Die Scharfenbergkupplung ist ein komplexes System, das beim Kuppeln über die mechanische Verbindung hinaus automatisch auch elektrische und pneumatische Verbindungen herstellt. Das heißt, alle Nervenstränge eines Zuges – Bremsleitungen, Luftzufuhr, Steuersignale – laufen durch die Kupplung. Die Schaku ist beheizbar, um auch bei Schnee und Eis voll funktionsfähig zu sein; sie verfügt über Komponenten zur Stoßdämpfung und kann mit ihrem „Energieverzehrsystem" bei Unfällen die Wucht eines Aufpralls mindern.

Und so funktioniert die Schaku: Dank des ganz speziellen Profils der Kupplungsköpfe mit Kegel und Trichter wird ein großer Greifbereich garantiert. Kopfprofil und Verschluss bilden eine starre Verbindung der Längs- und Querrichtung. Die Parallelogrammanordnung der Kupplungsverschlüsse verteilt die Zugkraft gleichmäßig.

Im kuppelbereiten Zustand befinden sich die Kuppelösen der Verschlüsse vorn an den Kegeln. Die Herzstücke, an denen sie beweglich befestigt sind, werden durch Zugfedern gegen den Anschlag in ihrem Gehäuse gedrückt. Wenn sich die Stirnflächen der beiden Kupplungsköpfe annähern, tauchen die Ösen in die Trichter der anderen Seite, drücken gegen die Herzstücke, die sich gegen die Kraft der Federn so weit drehen, bis die Ösen in die Hakenmäuler einrasten können.

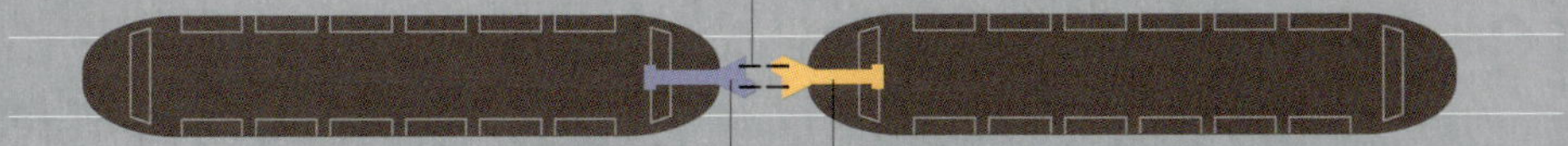

gekuppelt

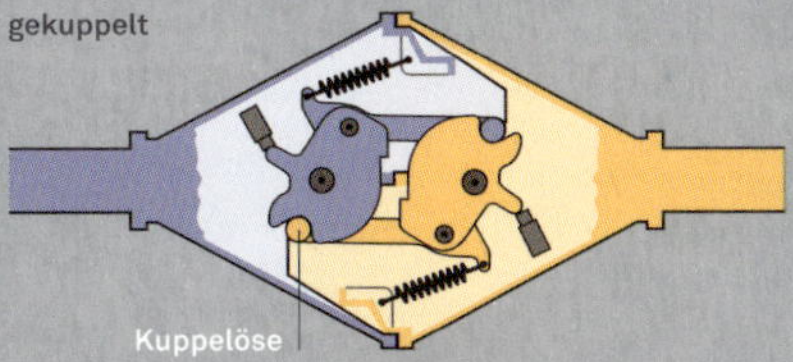

entkuppelt

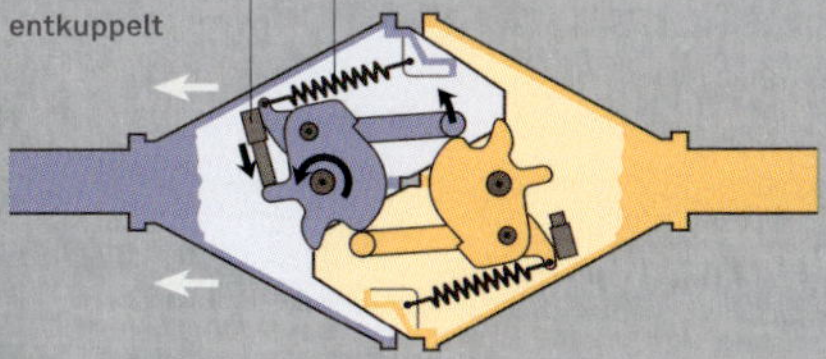

entkuppelt und kuppelbereit

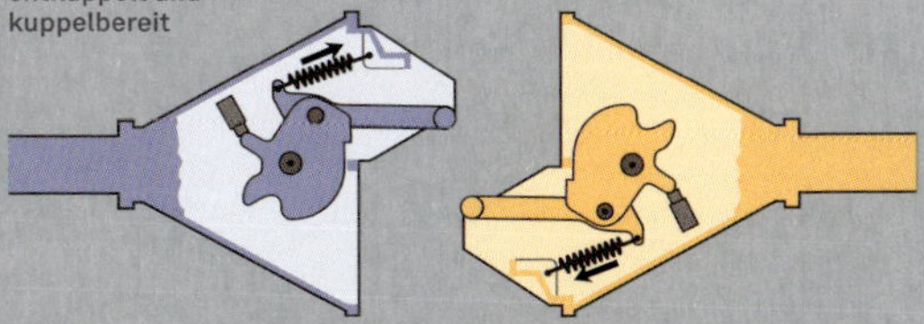

SII·680

Die rote Flotte

Im Gespräch mit Edgar Enrique Sandoval, Gründungsgeschäftsführer TransMilenio Bogotá

Wer hätte sich nicht schon einmal kräftig darüber geärgert: Da ist man nun der Umwelt zuliebe im Berufsverkehr auf Bus oder Straßenbahn umgestiegen, hat an der Haltestelle im vollen Wagen gerade noch eben einen Stehplatz ergattert – und nun steckt das Massenverkehrsmittel ebenso wie die vielen Privatwagen im Stau. Wenn das demnächst wieder einmal einem Pendler in einer mitteleuropäischen Großstadt widerfahren sollte, dann möge er sich bitte in Gedanken in die kolumbianische Hauptstadt Bogotá versetzen. Zur morgendlichen Hauptverkehrszeit befördert dort ein chaotisches Gewimmel von etwa 25 000 Bussen knapp 5,5 Millionen Menschen von den Vororten in die Geschäfte, Büros und Kontors des ausgedehnten Stadtzentrums. Abends geht es auf gleiche Weise wieder zurück: Ohne feste Haltestellen, ohne Fahrplan, ohne Hinweisschilder. Die Rede ist nicht von gepflegten, technisch einwandfreien Stadtbussen, nein, Bogotás öffentlicher Personennahverkehr ist ein Gewusel aus in bunten Farben lackierten Transportmitteln – von umgebauten Kombiwagen für zehn Passagiere über Kleinbusse, in die sich 25 Personen drängen, bis zu mittelgroßen Bussen, in denen doppelt so viele Fahrgäste eingezwängt sind.

Gefahren werden diese Busse nicht nach Plan oder nach einem geordneten Schema. Vielmehr folgt jeder Fahrer, der gleichzeitig sein eigener Schaffner ist, einem urkapitalistischen Prinzip: Je mehr Passagiere er transportiert, desto besser wird er bezahlt. Weil also jeder Fahrgast zählt und weil es weder feste Haltestellen noch entsprechende Verkehrsregeln gibt, wird gehalten, wo es eben nur geht. Mitten auf Kreuzungen, in zweiter und dritter Reihe, ja selbst auf den Zufahrten zu den wenigen stadtautobahnähnlich ausgebauten Straßen werden Passagiere aufgenommen oder abgesetzt. Dabei scheren sich die Busfahrer nur wenig um ihre Kollegen in den anderen Bussen, kaum um die Autofahrer, die in ihren eigenen Fahrzeugen unterwegs sind, und erst recht nicht um die Chauffeure der mehr als 50 000 gelb lackierten Taxis der Stadt, der einzigen wirklichen Konkurrenz zu den Bussen im Personennahverkehr Bogotás.

„Schauen Sie sich das Chaos doch an", sagt Edgar Enrique Sandoval, „so konnte es einfach nicht mehr weitergehen!" Der abendliche Berufsverkehr auf der Calle 19, einer der wichtigsten Ost-West-Straßen Bogotás, ist ein einziges Verkehrsgewühl. Wieder einmal haben sich Dutzende von Kleinbussen an einer nicht ausgeschilderten Haltestelle vor einem Einkaufszentrum ineinander verkeilt. Fahrgäste scheinen willkürlich ein- oder auszusteigen. Die Fahrer hupen und gestikulieren, bis sie sich endlich aus dem Pulk herausgewunden haben, nur um 50 Meter weiter erneut anzuhalten und noch mehr Passagiere aufzunehmen. Die Busfahrer benutzen dabei die gesamte Straßenbreite und der Rest des Verkehrs kommt fast völlig zum Erliegen. Lediglich die Fahrer der kleinen Taxis schaffen es irgendwie, sich durch das Gewimmel zu wursteln. Wohin man auch schaut, diese Szene ist typisch für den Verkehr in der kolumbianischen Hauptstadt. „Morgen früh zeige ich Ihnen, dass es auch anders geht", verabschiedet sich Sandoval und springt auf einen der als „Colectivos" oder „Busetas" bezeichneten Busse. Mit laut aufheulendem Dieselmotor, eine schwarze Qualmwolke hinter sich herziehend, verschwindet der Bus im dichten Gewühl.

Am nächsten Tag treffen wir Edgar Enrique Sandoval wieder. Obwohl es noch vor Morgengrauen ist, hat der Berufsverkehr schon mit voller Wucht eingesetzt. Wir haben uns am Südrand der Stadt, am neuen Busbahnhof „Portal de Usme" verabredet. Wir lösen zwei Fahrscheine – elektronische Tickets im Scheckkartenformat. Durch ein Drehkreuz geht es auf einen Bahnsteig. Schon nach knapp einer Minute kommt ein blank geputzter roter Gelenkbus. Wir steigen ein, finden einen Sitzplatz und auf einer ausschließlich für diese Gelenkbusse eingerichteten Busspur geht es ohne Verzögerungen in die Innenstadt. Knapp 20 Minuten und etwa ein Dutzend wohlgeordneter Haltestellen später steigen wir an der Station Avenida Jiménez im Stadtzentrum aus. Millimetergenau hat der Busfahrer an einem Zeichen am Bahnsteig jeder Haltestelle gestoppt und die vier breiten Bustüren geöffnet. Jeweils in weniger als einer Minute stiegen mehrere Dutzend Menschen aus und die gleiche Anzahl ein – und das, ohne auch nur einen einzigen anderen Verkehrsteilnehmer zu behindern. „Was halten Sie denn von TransMilenio, unserem neuen Bussystem?", fragt Sandoval den Besucher und beantwortet seine eigene Frage mit Fakten: Seit der Einführung des neuen Systems im Dezember 2000 habe sich die Zeit, die ein Pendler durchschnittlich im Verkehr verbringt, auf etwa 35 Minuten für eine einfache Fahrt verkürzt. Damit spart er„ im Vergleich zu früher täglich rund 70 Minuten Fahrzeit.

↑ Eine typische Straßenszene in der kolumbianischen Hauptstadt Bogotá: Kleinbusse sorgen für einen chaotischen Personennahverkehr.

↘ Der Busbahnhof Portal de las Américas im Osten Bogotás.

Mit TransMilenio hat es Bogotá außergewöhnlich erfolgreich geschafft, seinem als unlösbar geltenden Verkehrsproblem Herr zu werden und die Lebensqualität der Pendler entscheidend zu verbessern. Das gilt zwar noch längst nicht für die ganze Stadt, denn das „Bus Rapid Transit System“ (BRT) TransMilenio ist auf seinen fünf Kernstrecken zurzeit gerade einmal 85 Kilometer lang.

Wollte man alle wichtigen Straßen entsprechend umbauen, müssten Hunderte von Kilometern neuer Busspuren geschaffen werden. Genau das sei das langfristige Ziel von TransMilenio, erklärt Sandoval. Der erste Schritt dazu wird im Herbst 2008 getan, wenn die Calle 26, eine der wichtigsten Ausfallstraßen nach Westen in Richtung Flughafen, zu einer „Troncal“ mit eigenen Busspuren umgebaut wird.

Aber immerhin sind schon mehrere Dutzend Zubringerbuslinien mit einer Gesamtlänge von 350 Kilometern eingerichtet. Diese durchweg in Grün lackierten Busse fahren in den Vorstädten zwar feste Haltestellen an, verfügen aber dort nicht über eigens ausgewiesene Busspuren. An einer Reihe von Umsteigebahnhöfen kann man von den kostenlosen Zubringern auf die roten Gelenkbusse von TransMilenio umsteigen. Der Einheitsfahrpreis beträgt 1500 Pesos (umgerechnet etwa 60 Eurocent), unabhängig von der Länge der gefahrenen Strecke oder der Häufigkeit des Umsteigens.

Trasbordo:
Buses Troncales
C91
F70
J23

Salida/Exit
Por Av. Cali
Buses Troncales
B AutoNorte D Calle 80
Alimentadores
20
BUSSCAR

„Knapp acht Jahre nach der Eröffnung fahren täglich 1,4 Millionen Menschen mit TransMilenio."

Edgar Enrique Sandoval

Insgesamt sind zu Stoßzeiten bis zu 1100 Gelenkbusse im Einsatz. Ihre Busspuren sind nicht nur durch Linien von den herkömmlichen Fahrbahnen getrennt. Vielmehr hilft ein kleines Mäuerchen, die anderen Verkehrsteilnehmer von den Busspuren fernzuhalten. Wer sich dennoch auf diese Spuren wagt, muss mit empfindlichen Strafen durch die allgegenwärtige Verkehrspolizei rechnen.

Wenn er mit seinen kurz geschorenen Haaren, einer einfachen Brille und seinem unscheinbaren blauen Blazer in einem der Busse fährt, erkennt niemand den gebürtigen Bogotano Sandoval. Dabei war er es, der als Gründungsgeschäftsführer TransMilenio zum Erfolg führte. Der studierte Volkswirt war gerade 29 Jahre alt, als ihn der „Vater" des Projekts, der damalige Bürgermeister Bogotás, Enrique Peñalosa, im Jahre 1988 auf den Posten als Geschäftsführer berief. Rückblickend meint Sandoval, weder die Technik noch die Finanzierung des BRT seien damals die größten Herausforderungen gewesen. Vielmehr musste das Projekt die allgegenwärtige Skepsis überwinden. Denn niemand habe es vor zehn Jahren für möglich gehalten, dass TransMilenio ein solcher Erfolg werden könnte und es möglich wäre, das tägliche Verkehrschaos in der in 2600 Metern Höhe in den Anden gelegenen Stadt zu entwirren.

→ Die meisten Pendler Bogotás nutzen inzwischen die TransMilenio-Linien.

EN TRANSITO
U031
TransMilenio
SHN-129
TransMilenio

Calzada Exclusiva
Transmilenio
TransMilenio
BUSSCAR
K071
Mercedes-Benz
BUS
SOLO

Vor allem die einflussreichen Besitzer der „Colectivos" hatten sich zunächst mit Streiks gegen die Einführung von TransMilenio gewehrt. Erst als Bürgermeister Peñalosa in der Presse ankündigte, sie als Busunternehmer an BRT zu beteiligen, willigten sie ein. Aber selbst Sandoval kann kaum glauben, dass nur knapp acht Jahre nach der Eröffnung mittlerweile täglich mehr als 1,4 Millionen Menschen mit TransMilenio fahren und die Einwohner das BRT inzwischen ohne Wenn und Aber akzeptiert haben. Sandoval übertreibt nicht, wenn er behauptet, TransMilenio habe Bogotá nachhaltig verändert.

Dabei wurde BRT keineswegs in der kolumbianischen Hauptstadt erfunden. Diese Ehre gebührt eindeutig Curitiba, der Hauptstadt des brasilianischen Bundesstaates Paraná. Dort gibt es seit fast 30 Jahren ein BRT. Aber als das „Integrierte Transportnetz" in Curitiba eingeweiht wurde, hatte die 430 Quadratkilometer große Stadt weniger als eine Million Einwohner. In Bogotá leben dagegen rund sieben Millionen Menschen auf einer Fläche von 1500 Quadratkilometern.

Allerdings hat Sandoval mit TransMilenio nicht nur das BRT perfektioniert. Mit dem System wurden auch Paradigmen gebrochen, die Verkehrsplaner bisher als nahezu unumstößliche Naturgesetze ansahen. So galt als absolute Obergrenze, dass höchstens 25 000 Passagiere gleichzeitig mit einem Bussystem transportiert werden konnten. Wer mehr Menschen befördern wollte, musste entweder auf Straßen- oder U-Bahn-Netze ausweichen. In Bogotá fahren dagegen zu Spitzenzeiten regelmäßig bis zu 42 000 Fahrgäste gleichzeitig in den Bussen.

Es sind nicht nur solche Zahlen, die Verkehrs- und Stadtplaner vieler Groß- und Megastädte in die kolumbianischen Anden pilgern lassen, um von TransMilenio zu lernen. Auf dem Besuchsprogramm der Experten steht dann immer auch das Kontrollzentrum am Westrand der Stadt. Jeder Bus ist mit GPS und Datenfunk ausgerüstet und die Fahrdaten aller Busse laufen dort zusammen. Von TransMilenio entwickelte Computerprogramme kontrollieren, ob die einzelnen Busse die Fahrpläne auf jeder der sieben Linien einhalten. Kommt es zu Abweichungen, werden die Fahrer per Funk angewiesen, entsprechend schneller oder langsamer zu fahren. Man habe noch nicht die Präzision der Tokioter U-Bahn erreicht, gesteht Sandoval, aber selten summieren sich die Verspätungen zu mehr als zwei Minuten.

Die Investitionen für TransMilenio und sein hochmodernes Fahrscheinsystem betrugen bisher umgerechnet etwa eine Milliarde Euro. Drei Viertel davon wurden für die Infrastruktur ausgegeben, also für den Umbau der Straßen mit designierten Busspuren sowie Fußgängerbrücken und Haltestellen. Umgerech-

↑ Die Mitarbeiter des Kontrollzentrums stehen ununterbrochen mit Busfahrern und Bahnhöfen in Verbindung.

↖ Getrennt vom Rest des Verkehrs schaffen die TransMilenio-Busse Durchschnittsgeschwindigkeiten von mehr als 25 Kilometern pro Stunde.

net auf den Kilometer kostete die Einrichtung des BRT in Bogotá etwa nur ein Zehntel von dem, was der Bau einer U-Bahn für die gleiche Strecke verschlungen hätte.

Etwa eine Viertelmilliarde Euro wurde von jenen sieben Unternehmen investiert, die mit dem Betrieb der Busse beauftragt sind. Die größte Summe verschlangen die Verkehrsmittel selbst. Drei Hersteller, Mercedes, Scania und Volvo, lieferten die Chassis und Motoren, die wiederum zu knapp 80 Prozent mit DIWA-Automatikgetrieben von Voith Turbo ausgerüstet sind. Die Karosserie und die Inneneinrichtung wurden dann von kolumbianischen Firmen nach Maßgaben von TransMilenio gefertigt.

Wie gut sich das bewährt hat, erklärt Daniel Parra, der für die Fahrzeugwartung am Busdepot in Usme zuständige Manager. Seine Flotte von 200 Mercedes-Gelenkbussen ist im Durchschnitt 600 000 Kilometer weit gelaufen. Dass das ohne große Ausfälle möglich war, verdankt er nicht nur den Monteuren des Herstellers, welche nachts die notwendigen Reparaturen vornehmen. Parra kontrolliert die Zuverlässigkeit und die Fahreigenschaften der Busse mit einem Computerprogramm, mit dem British Airways auch die Wartung seiner Flug-

TransMilenio
K107
BUSSCAR
TransMilenio

B14 PORTAL NORTE
TransMilenio
RUTA FACIL - NORTE

Trasbordo:
Buses Troncales B C D F J
Alimentadores

zeugflotte steuert. Parra ist sicher, dass der größte Teil seiner „roten Flotte" die Grenze von einer Million Kilometer ohne Schwierigkeiten erreichen wird. Für Sandoval ist TransMilenio aber mehr als nur die Lösung eines Verkehrsproblems. Es hat auch eine wichtige soziale Komponente. Wie in vielen anderen Städten Südamerikas lebt auch in Bogotá der ärmere Teil der Bevölkerung in weit vom Stadtzentrum entfernten *Favelas*. Weil es gelang, diese Menschen in kürzerer Zeit zu ihren Arbeitsplätzen in der Innenstadt zu bringen, bleibt ihnen nun mehr Zeit für die Familie oder zur Fortbildung. Außerdem führte Bogotá vor der Einführung von TransMilenio einen Zuschlag auf den Benzinpreis ein. Weil sich in Kolumbien aber nur wohlhabende Leute ein eigenes Auto leisten können, helfen sie das Transportsystem für die Ärmeren zu finanzieren. Und schließlich müssen die Busfahrer nicht mehr im Akkord fahren, sondern bekommen bei geregelter Arbeitszeit einen Schichtlohn.

TransMilenio wurde inzwischen in vielen Städten der Welt kopiert, von Santiago de Chile über Quito in Ecuador bis zum Spielerparadies Las Vegas in der Wüste Nevadas. Nach nahezu zehn Jahren im Amt hat sich Sandoval inzwischen als Berater selbstständig gemacht. Zurzeit plant er für die südafrikanischen Großstädte Johannesburg und Kapstadt ein BRT. „Wir sind inzwischen so weit", sagt er, „dass das System zur Fußballweltmeisterschaft 2010 laufen wird."

Aufgezeichnet von Horst Rademacher

↖ Pendeln im Drei-Minuten-Takt: Die rote Flotte Bogotás.

← Busfahren leicht gemacht: Mit dem Fahrrad geht es aus den Außenbezirken zum Busbahnhof. TransMilenio befördert die Passagiere dann zügig in die Innenstadt.

„Fliegen ist definitiv nicht schöner“ – Mit dem Superschnellzug über die kastilische Hochebene

Im Gespräch mit Manolo Crespo Cid, Zugführer des spanischen Hochgeschwindigkeitszuges Talgo

Die Türen sind geschlossen, ein schriller Pfeifton ertönt, es ist das Zeichen für die Abfahrt. Sanft, fast unmerklich gleitet der ICE-103 aus dem Madrider Bahnhof Atocha. Zugführer Manolo Crespo Cid lächelt zufrieden. „Am Anfang müssen wir noch langsam fahren, bis wir die Hochgeschwindigkeitstrasse erreicht haben“, erklärt er, während er den Schnellzug manuell durch ein Gleisgewirr steuert. Routiniert schließt sich seine linke Hand um den Hebel, ganz behutsam erhöht er die Geschwindigkeit, den Blick auf das Armaturenbrett gerichtet. Dort verharrt die Digitalanzeige eine Zeit lang bei 150 Stundenkilometern. „Auf diesem Abschnitt lässt uns das Zugsicherungssystem ETCS (European Train Control System) wegen der Kurven nicht schneller fahren“, sagt er fast entschuldigend. Wir genießen die Fahrt im Führerstand von Spaniens modernstem Zug trotzdem, und bevor man sich versieht, peitscht er erst mit 250 und schließlich mit 305 Stundenkilometern durch die menschenleeren Ebenen Kastiliens. „Diese Geschwindigkeit behalten wir bis Saragossa bei, wo wir in weniger als eineinhalb Stunden ankommen“, sagt der 50-Jährige. Saragossa, 320 Kilometer von Madrid entfernt, ist heute Zwischenstopp auf der Fahrt nach Barcelona. Trotz des enormen Tempos läuft der ICE absolut ruhig, während rötliche Felder mit Olivenbäumen, kuriose Felsformationen und viel Himmel vorbeiziehen. „Man merkt gar nicht, wie schnell man fährt“, so Crespo, „im Auto wäre das undenkbar.“ Seit 16 Jahren sitzt er im Führerhaus von Schnellzügen und braust durch Spanien, Europas neues Eldorado für die Hochgeschwindigkeit auf der Schiene.

Bereits 1992 wurde der erste AVE-Zug (AVE ist die Abkürzung für Alta Velocidad Española, gleichzeitig ist „ave“ das spanische Wort für „Vogel“) auf der Strecke von Madrid nach Sevilla eingeweiht, als in der andalusischen Stadt eine Weltausstellung stattfand. Mittlerweile ist AVE der Markenname für alle spanischen Hochgeschwindigkeitszüge. „Der erste Zug nach Sevilla konnte die rund 470 Kilometer in drei Stunden abfahren. Das war damals für Spanien schon revolutionär“, erinnert sich Crespo schmunzelnd. Er war einer der Ersten, die auf dieser Strecke fahren durften, einer der handverlesenen Pioniere. 15 Jahre Erfahrung hatte er damals bereits als Lokführer, fuhr Express-, Nahverkehrs- und Güterzüge, „alles, was kam", so Crespo. „Die vielen Jahre im Führerstand, ein Eignungstest und eine Schulung waren die Grundvoraussetzungen, um einen solchen Zug lenken zu dürfen", erinnert sich der gebürtige Madrilene und freut sich noch heute über den „Quantensprung". Und dank des hoch entwickelten Antriebs- und Steuerungssystems der schnellen Vögel sei sein Job auch bequem. Die Elektronik nimmt dem Menschen zwar viel Arbeit ab, doch ein waches Auge ist unverzichtbar. Inzwischen ist er einer von zweihundert „jefes de tren de alta velocidad", Zugchefs für Hochgeschwindigkeit, das ist der höchste Dienstgrad, den die Staatsbahn Renfe (Red Nacional de Ferrocarriles Españoles) an Lokführer zu vergeben hat. „Am Anfang waren wir gerade mal 33 Mann", erinnert sich Crespo. An Arbeit wird es ihm auch künftig nicht fehlen, denn die Regierung von Ministerpräsident José Luis Rodríguez Zapatero will bis zum Jahr 2010 Nummer eins beim Hochgeschwindigkeitsnetz sein und die hier bislang führenden Nationen Japan und Frankreich auf den zweiten und dritten Platz verweisen. Jede große Stadt des Landes soll in weniger als drei Stunden erreichbar sein, so die Devise. Inzwischen verfügt Spanien über ein Hochgeschwindigkeitsnetz von über 1500 Kilometern, bis zum Jahr 2010 sollen es 2300 sein. Sevilla, Málaga und Valladolid sind bereits in das Netz eingebunden, in Kürze soll Valencia hinzukommen, mittelfristig sind eine Verlängerung bis in die nordspanische Hafenstadt nach La Coruña und von dort die gesamte Erschließung Nordspaniens geplant.

Die Superschnellzüge laufen nicht nur dem Flugzeug den Rang ab, sondern verändern das Wirtschaftsleben ganzer Städte. Seitdem zum Beispiel Saragossa Haltepunkt auf der Strecke Madrid–Barcelona wurde, ist aus der vergessenen Provinzstadt eine florierende Metropole geworden. Viele neue Unternehmen haben sich neben den zahlreichen Autoherstellern, Flugzeugbauern, der Papierindustrie und Logistikkonzernen hier angesiedelt. Mit dem Aufbruch verbunden ist auch die Expo 2008, die Weltausstellung, die sich gänzlich auf das Thema „Wasser und nachhaltige Entwicklung" konzentrierte. Zwei Milliarden Euro flossen als Investitionen, Saragossa wurde modernisiert und quasi general-

→ In Sachen Hochgeschwindigkeitstechnologie setzt Spanien in Europa neue Maßstäbe.

CANAL

„Bei Reisen innerhalb Spaniens war im 20. Jahrhundert das Flugzeug das Verkehrsmittel, im 21. Jahrhundert sind es die Schnellzüge.“

El País

überholt. „Es ist unglaublich, wie viele Menschen tagtäglich jetzt nach Saragossa fahren“, staunt auch Crespo, der die Stadt noch aus früheren Zeiten kennt. Das Gleiche gilt für die mittlerweile ans Hochgeschwindigkeitsnetz angeschlossene Ciudad Real, die 210 Kilometer südlich von Madrid liegt. Aufgrund der kürzeren Fahrtzeit nach Madrid wuchsen die privaten Investitionen um 20 Prozent. Im März 2008 wurde die Strecke Madrid—Barcelona eingeweiht. Es ist die Strecke mit dem dichtesten Verkehr zwischen zwei Metropolen in Europa. Der Bau der Hochgeschwindigkeitstrasse war das bislang ehrgeizigste Infrastrukturprojekt in der Geschichte Spaniens. Der neue Hochgeschwindigkeitszug ist in der Lage, die 630 Kilometer in zweieinhalb Stunden zurückzulegen (allerdings ohne Zwischenstopps) und ist damit eine echte Alternative zum Flugzeug. Das Angebot wurde phänomenal aufgenommen, jetzt gibt es in beiden Richtungen mehr als 20 Verbindungen täglich, ihre Zahl soll noch weiter aufgestockt werden. Die Fluggesellschaft Iberia, die diese Strecke mit ihrer Luftbrücke dominierte, muss

→ Die alte Bahnhofshalle von Atocha beherbergt heute einen botanischen Garten – ein beliebter Treffpunkt der Madrilenen.

COMPRA
YA TU ENTRADA
PARA EXPO

Cualquier sitio es bueno para perder tu móvil
alquier sitio
es bueno para
perder tu móvil
Un servicio de sustitución de móvil
ante cualquier imprevisto en el
extranjero. Y además tendrás un
20% de descuento para hablar
en países Passport.
adif

seither empfindliche Einbußen hinnehmen. „Bei Reisen innerhalb Spaniens war im 20. Jahrhundert das Flugzeug das Verkehrsmittel, im 21. Jahrhundert sind es die Schnellzüge", schreibt die Zeitung „El País". Crespo kann das nur bestätigen. „Bevor ich in einen Flieger steige, bin ich mit einem Schnellzug allemal besser bedient." Denn hier bleibt man zwar am Boden, doch es gibt keine Verspätungen und Turbulenzen schon gar nicht. Und komfortabler als im Flieger ist die Reise sowieso: Renfe bietet in den acht Waggons des Zugs 404 Sitzplätze an, und zwar in den drei Klassen Club (Luxusklasse), Preferente (erste Klasse) und Turista (zweite Klasse). Viele der Sitze sind jeweils in die Fahrtrichtung drehbar und mit viel Beinfreiheit ausgestattet, es gibt Video-Bordunterhaltung, in den ersten beiden Klassen werden Mahlzeiten serviert, für die zweite Klasse ist am Ende des Zuges ein Speisewagen. Kein Wunder, dass die Zeit wie im Flug vergeht. „Fliegen ist definitiv nicht schöner", so eine Frau, die heute zum ersten Mal mit ihrer Tochter in einem Schnellzug nach Barcelona reist.

Derweil schwebt der Zug völlig lautlos dahin. Die geringe Geräuschemission der neuen Superschnellzüge ist auf die extreme Leichtbauweise des Getriebes zurückzuführen. Unter jedem Zug sind 16 solcher Antriebe verbaut. Der ICE-103 ist für eine Spitzengeschwindigkeit von 350 Stundenkilometern gebaut, in Testfahrten fuhr er noch schneller. „Dieser Zug kommt ganz ohne Triebköpfe, also klassische Loks aus", erklärt Crespo. Das bedeutet, dass mehr Personen befördert werden können, weil bis direkt hinter dem Arbeitsplatz des Zugführers Sitze eingebaut sind. Das erhöht die Kapazität um 20 Prozent, der ICE fährt dadurch wirtschaftlicher. Aus acht Waggons besteht der Zug und bringt es damit auf ein Gewicht von 450 Tonnen. In Spanien ist dieses Modell unter dem Namen Velaro bekannt, ein Kunstwort, abgeleitet aus dem spanischen Begriff für Hochgeschwindigkeit, „velocidad alta". Die Antriebe des Velaro, der mittlerweile auch in China und Russland verkehrt, sind unter den Fahrgasträumen angebracht. „Bei diesem Zug befinden sich je vier Antriebsmodule unter dem ersten, dritten, fünften und siebten Wagen, das heißt jeder zweite Wagen wird angetrieben", erläutert Crespo.

↖ Die neue Hochgeschwindigkeitsflotte kurz vor dem Einsatz. Pünktlichkeit hat bei der Staatsbahn Renfe oberste Priorität.

← Die Videounterhaltung an Bord sorgt dafür, dass die Zeit wie im Flug vergeht. Wer ein Nickerchen machen will, kann seinen Sitz nach hinten klappen.

Zwei Hochgeschwindigkeitsmodelle brausen auf der neuen Strecke von Madrid nach Barcelona, der Siemens ICE und der Talgo 350, der vom spanisch-kanadischen Konsortium Talgo-Bombardier gefertigt wird. Crespo kann beide Züge lenken. „Ich habe keinerlei Präferenzen, beide Züge sind technisch perfekt“, sagt er und lächelt. Als im Februar 2005 mit der Strecke Madrid—Llerida der erste Teilabschnitt der Hochgeschwindigkeitsstrecke von der Hauptstadt nach Barcelona fertiggestellt wurde, war es seinerzeit ein Talgo 350, der den Regelbetrieb aufnahm. Damals lag die Höchstgeschwindigkeit noch bei bescheidenen 200 Stundenkilometern. Doch weil er schon länger auf den Gleisen der Iberischen Halbinsel daherbraust, ist er den Spaniern, die den Talgo 350 wegen der kuriosen Form seiner Schnauze als „Pato“ (auf Deutsch: „Ente“) bezeichnen, vertrauter. Bei den beiden Entenschnäbeln am Anfang und Ende des Zuges handelt es sich freilich um Triebköpfe. Die Front besteht aus einer kompletten, aerodynamisch geformten Bugnase, dem Fahrerraumdach und den Seitenverkleidungen. Stöße, wie sie beispielsweise bei Kollisionen mit Tieren entstünden, werden von Verformungselementen aufgenommen, sodass keine tragenden Bauteile in Mitleidenschaft gezogen werden. „Aber“, erklärt Crespo, „während meiner gesamten Laufbahn bin ich noch nie mit einem Tier zusammengestoßen.“ Sollte es doch einmal zu Schäden am Grundrahmen kommen, kann das gesamte, als montierte Einheit gelieferte Bugnasenmodul einfach ausgetauscht werden.

Eine weitere Feinheit ist auch die automatische Scharfenberg-Kupplung. Beim „Pato“ liegt sie hinter den geschlossenen Bugklappen verborgen. Diese Kupplung ist in allen Arten von Zügen rund um den Globus im Einsatz, von der Straßenbahn bis zum Hochgeschwindigkeitszug sowie in fast allen Staatsbahnen. „Mittlerweile geht per Knopfdruck, wozu früher ein Bahnarbeiter zwischen zwei Züge steigen musste“, erläutert Crespo. Mit der Geschwindigkeit von einem Stundenkilometer wird der Zug in die richtige Position gefahren, dann die Waggons angekoppelt. „Das sichere Kuppeln und Entkuppeln von Zügen ist mittlerweile ein Kinderspiel, das man bequem vom Display überwachen kann“, so Crespo und lehnt sich entspannt zurück.

Der Mann kennt alle Strecken auf der riesigen Iberischen Halbinsel, es ist ihm egal, welche er gerade befährt. Solange Crespo in seinem Führerhaus sitzt, ist er glücklich. Er zeigt seinen Dienstplan, auf den ersten Blick ein komplexes Koordinatensystem und für Außenstehende gänzlich unverständlich. „Diese Woche werde ich noch nach Málaga und Sevilla fahren“, erläutert Crespo. Der Mann ist geschieden und hat einen erwachsenen Sohn. Über sein Privatleben spricht er nicht gerne, er ist einer von den Menschen, die voll und ganz für den Beruf leben.

↑ Der Talgo 350 mit seinem sympathischen Entenschnabel ist zum Symbol für die Hochgeschwindigkeit geworden.

Seine Wohnung liegt im Madrider Norden, in Tetuan, einem Viertel, in dem sich ein großer Teil der Zuwanderer niedergelassen hat, die in den letzten Jahren infolge des Wirtschaftsbooms nach Spanien kamen. Heute wird Barcelona seine Endstation sein, gegen 14 Uhr wird er in der katalanischen Metropole ankommen. Dort ist eine Pause von mindestens neun und maximal 14 Stunden vorgeschrieben. Um fünf Uhr morgens, bevor die Stadt erwacht, muss Crespo sich in der Station Sants zum Vorbereitungsdienst einfinden, den Zug startklar machen und eine Stunde später nach Madrid brausen. Mit dem rechten Hebel bremst Crespo plötzlich. „Wir kommen durch einen Tunnel, da ist die Geschwindigkeit auf maximal 275 Stundenkilometer beschränkt", erklärt er.

Es drängt sich unweigerlich die Frage auf, ob eine Hochgeschwindigkeitstrasse nicht sabotageanfällig ist. Schließlich bombt die baskische Terrororganisation ETA (Euskadi Ta Askatasuna) schon seit vier Jahrzehnten für ein unabhängiges Baskenland und hat mit ihrem Anschlag auf den Madrider Flughafen im Dezember 2006 bewiesen, wie verletzbar öffentliche Infrastrukturen sein können. „Nein, sehen Sie nicht die durchgehenden Zäune links und rechts der Trasse?", fragt Crespo. Und in Saragossa sitzt eine Sicherheitskontrolle, in regelmäßigen Abständen sind Videokameras angebracht. Kaum erwähnt er die Kontrolle, klingelt auch schon das Telefon. Auf der Höhe von Kilometer 285 wurde ein Tier

ETCS emerg.
ETCS
Rec. ASFA
SIEMENS

LZB
REC
VL
CV
km/h
Incendio

↑ Immer mehr Menschen steigen vom Flugzeug auf den Schnellzug um. Die Renfe hat die Zahl der täglichen Verbindungen von Madrid nach Barcelona inzwischen ordentlich erhöht. Das Zugpersonal erscheint in adretter Uniform, ganz wie beim Fliegen.

↖ Im Führerhaus hat Manolo Crespo Cid wie immer alles unter Kontrolle. Vor dem Tunnel muss er die Geschwindigkeit etwas reduzieren.

in der Nähe des Zauns gesichtet, teilt ein Beamter der Sicherheitskontrolle mit. Crespo muss die Geschwindigkeit reduzieren, aber nur minimal. Die Bremsung erfolgt weich, man spürt sie gar nicht. „Dieser Zug ist so sicher, dass nichts passieren würde, selbst wenn ein Hund oder ein Schaf die Gleise überquert", beruhigt er. Theoretisch wäre der Bremsweg bei dieser Geschwindigkeit 3000 Meter lang, doch in der Praxis mussten bislang weder Crespo noch seine Kollegen den Superschnellzug jemals zum Stillstand bringen. Wir passieren den Kilometer 285. Crespo ruft die Sicherheitskontrolle zurück. „Hier keine außergewöhnlichen Vorkommnisse, alles in bester Ordnung", sagt er knapp und hängt wieder ein.

Unmerklich erhöht der Lokführer die Geschwindigkeit wieder auf 305 Stundenkilometer. Irgendwann wird der Velaro im Passagierverkehr 350 Stundenkilometer fahren, wenn das Zugsicherungssystem ETCS weiter hochgerüstet wurde. Doch bis dahin müssen noch einige Zulassungsverfahren abgewickelt werden, erklärt Crespo, so lange bleibe man auf das sogenannte Level 1 beschränkt. Dabei könnte der Velaro rein technisch sogar 403,7 Stundenkilometer laufen. Diese Spitzengeschwindigkeit fuhr er jedenfalls an einem Septembermorgen im Jahr 2006, und zwar genau auf der Strecke Madrid—Barcelona. Das ist bislang der

Geschwindigkeitsweltrekord bei einem Serienzug. Natürlich gibt es Züge, die noch schneller gefahren sind, aber dabei handelt es sich um Prototypen. Eine solche Rekordfahrt legte etwa der speziell hochgerüstete TGV im April 2007 hin, die Nadel stoppte bei 574,8 Stundenkilometer. Das speziell ausgestattete Versuchsfahrzeug schlug damals mit 30 Millionen Euro zu Buche. Den absoluten Weltrekord für Züge hält bislang noch die japanische Magnetschwebebahn JR-Maglev mit 581 Stundenkilometern, sie wird allerdings nicht als klassischer Zug gewertet. Die Rekordfahrten zeigen, dass die immer schnelleren Züge die Menschen rund um den Globus faszinieren, nicht zuletzt da sie auch der Wirtschaft und dem Arbeitsmarkt neue Perspektiven eröffnen.

Crespo weiß, dass er in einer Branche mit Zukunft arbeitet, denn der Bau von Hochgeschwindigkeitsbahnen boomt weltweit. Mit dem zügig vonstatten gehenden Ausbau ihres Netzes fühlen sich die Spanier auf dem Vormarsch, doch auch in anderen Ländern herrscht Aufbruchstimmung. Spaniens Premier Zapatero will im Jahre 2010 die meisten High-Speed-Kilometer auf der Welt haben, doch die Chinesen wollen in den nächsten 15 Jahren gleich 12 000 Kilometer bauen und ein umfangreicheres Netz als alle Länder zusammen haben. Crespo lassen diese Nachrichten kalt. „Ich fahre auf der besten und sichersten Strecke der Welt und das schon heute und nicht erst in zehn Jahren."

Aufgezeichnet von Ute Müller

Heiße Fahrt mit kalten Bremsen

Ideale Tempofresser: Retarder und Motorbremse ergänzen sich bestens

Die Carabinieri vom Ätna sind hart im Nehmen, denn ihr Hausberg, den sie liebevoll „Mongibello" nennen (abgeleitet von lateinisch „mons" und arabisch „djebel", was beides schlicht „Berg" bedeutet), mutet ihnen einiges zu. Immer wieder überrascht der sizilianische Vulkan mit Eruptionen unterschiedlicher Heftigkeit. Im Laufe der Jahrtausende haben sich so neben den vier Gipfelkratern etwa 400 Nebenkrater gebildet. Entschließt sich der Ätna zur Aktivität, strömt rot glühende Lava in breiten Flüssen die Flanken des Bergkegels hinab. Jeder Ausbruch wird von einem infernalisch stinkenden Potpourri aus Schwefelwasserstoffen, Ammoniak, Fluorwasserstoffen und Methan begleitet. Insofern sind olfaktorische Belästigungen für die in elegantem Blau gewandeten Ordnungshüter nichts Ungewöhnliches.

400 m
100 m

Doch diesmal ist es anders: Ein penetranter Gestank nach verbranntem Metall und Öl umwabert die Schar der Carabinieri, die sich auf dem 1400 Meter hoch gelegenen Parkplatz am Südhang des Ätna versammelt haben. Noch mehr erregt die Aufmerksamkeit der Beamten jedoch das Treiben auf der von ihnen abgesperrten, knapp zehn Kilometer langen Teststrecke, die sich vom Parkplatz den Berg hinauf bis zu einem Aussichtsrestaurant auf knapp 2000 Meter Höhe windet – mit zahllosen Serpentinen und Gefällstrecken von bis zu zehn Prozent. Im Minutentakt mühen sich 15 voll beladene Lastkraftwagen (fünf Mercedes-Benz Actros, vier MAN TGA, drei Volvo FH und drei Renault Magnum) zunächst bergauf, um anschließend die 615 Höhenmeter talwärts zurückzufahren. Ziel und Zweck dieser Sisyphus-Arbeit: die Bremssysteme der 40-Tonner zu testen. Voith Turbo hat zu diesem Truck-Test sechs Dutzend internationale Nutzfahrzeugjournalisten eingeladen. Sie sollen auf dieser wohl „gemeinsten" Gefällstrecke Europas die Grenzen der unterschiedlichen LKW-Bremssysteme in Erfahrung bringen.

Gut 22 Minuten dauert die Fahrt eines der vier MAN, dessen Fahrer sich allein auf die Motor- und die Radbremse des Fahrzeugs verlässt. Obwohl der LKW einen Großteil der Strecke ohnehin schon im kleinen, dritten Gang zurücklegt, muss der Trucker auf den zehn Kilometern Talfahrt noch 75 Mal auf die Bremse treten. Derlei „Reibbremsungen" belasten die LKW-Bremsen enorm – sie werden heiß und fangen an zu stinken.

Keine Stunde später ist die Strecke dieselbe, das Ergebnis aber völlig anders. Diesmal hat die Radbremse am Ende der Talfahrt nur leicht erhöhte Temperatur. Stinken? Fehlanzeige. Der Grund: Im Unterschied zur ersten Fahrt musste die Reibbremse nur 15 Mal in Aktion treten, um vor den Spitzkehren das Tempo des LKW bis auf quasi Schrittgeschwindigkeit zu verlangsamen. Den großen Rest des auf Bergabstrecken kontinuierlichen Kampfes gegen die schiebenden Massen im Rücken des Truckers übernahm diesmal ein nur 30 Kilogramm schwerer Retarder. Dessen gute Verzögerungswirkung ermöglichte eine höhere Durchschnittsgeschwindigkeit (43,2 km/h statt zuvor 25,2 km/h) und verkürzte mithin die Fahrzeit auf knapp 13 Minuten.

← Kurvenreich: Mit zahlreichen Spitzkehren und einem Gefälle von bis zu zehn Prozent ist die Abfahrt vom Ätna eine der anspruchsvollsten Teststrecken der Welt.

↘ Wagenpark: 15 voll beladene Lastkraftwagen nahmen am vergleichenden Bremsentest am Ätna teil.

660 FH16
Black Metal
660
VOITH
Engineered reliabili
VOLVO
FH16
660
WWW.VOLVOTRUCKS.IT

Voith Retarder
VOITH
CAI

Notfallspur
500m
ASR
OFF
POWER
12 V
OFF
ACTROS

Kein Wunder, dass das Fazit der Testfahrer einhellig ausfällt: Beim „Tanz auf dem Vulkan" überzeugt die Kombination aus Motorbremse und Retarder – nicht nur wegen der guten Bremswirkung, sondern auch, weil die Radbremsen geschont werden. Das bringt auch ökologisch Vorteile, denn werden die Bremsbeläge geschont, fällt weniger umweltbelastender Bremsstaub an. Und das in nennenswertem Ausmaß, wie die folgende Modellrechnung deutlich macht: So muss ein 40-Tonnen-Sattelzug während seiner Lebensdauer von 1,5 Millionen Kilometern bis zu fünf Mal in die Werkstatt, um „rundum" mit jeweils 20 neuen Bremsbelägen bestückt zu werden. Jeder der Bremsbeläge wiegt rund 2,4 Kilogramm, von denen etwa die Hälfte während der Fahrt „weggebremst" wird, sodass sich eine Bremsstaubmenge über die gesamte Laufzeit eines LKW von 120 Kilogramm ergibt. Ist der Lastwagen jedoch mit einem Retarder ausgestattet, fallen lediglich 24 Kilogramm Bremsstaub an – denn in diesem Fall nutzen sich die Bremsbeläge deutlich langsamer ab und müssen nur einmal, nach 750 000 Kilometern, erneuert werden.

Rechnet man dieses „Öko"-Potenzial der Retardertechnik auf europäische Dimensionen hoch, werden die Zahlen noch beeindruckender. So werden heutzutage in Westeuropa erst 40 Prozent der jährlich neu verkauften 200 000 schweren Nutzfahrzeuge mit einem Retarder ausgestattet. Wäre jeder dieser LKW „retardiert", ließe sich allein bei den Neuverkäufen über 11 500 Tonnen Bremsstaub über deren Lebensdauer einsparen. Kalkuliert man global und rechnet die Überseemärkte wie Amerika und Asien mit ein, rollen über zwei Millionen schwere LKW weltweit auf den Straßen. Ihre Bremsstaubemissionen betragen mehrere 100 000 Tonnen.

Wie schafft es der Retarder, seine Doppelrolle als Tempovernichter und Saubermann zu spielen? Im Prinzip ist es ganz simpel: Beim Retarder gibt es keine mechanische Reibung wie bei den klassischen Trommel- und Scheibenbremsen. Stattdessen handelt es sich beim Retarder um eine Strömungsmaschine, die die Bremsenergie in Wärmeenergie umwandelt und in eine Flüssigkeit (zumeist Öl) einleitet – die dann konventionell „weggekühlt" wird. Wie groß die entstehenden Energiemengen sein können, zeigt die Beispielrechnung: Bremst ein 40-Tonnen-Laster von 80 auf 40 Stundenkilometer ab, wird eine Wärmemenge frei, die 22 Liter Wasser binnen Sekunden zum Kochen bringt. Um das Fahrzeug im nächsten Schritt

↖ Schaltzeit: Zum Zuschalten des Retarders muss lediglich ein kleiner Hebel an der Lenksäule betätigt werden.

→ Sicherheit: Nothaltebuchten an Steilstrecken sind für Retarder-Fahrzeuge kein Thema.

Kentner
ACTROS
HDH WK 230
AA S 2158

VOITH

ganz zum Stehen zu bringen, kochen dann lediglich noch sieben Liter Wasser auf. Das zeigt: Je höher die Anfangsgeschwindigkeit ist, umso mehr Leistung muss für die Verzögerung aufgebracht werden. Damit ist die Kombination aus Motorbremse und Retarder ideal, um mit hohen Geschwindigkeiten sicher fertig zu werden.

Der Retarder ist eine vergleichsweise junge Erfindung: Sein Ursprung liegt in den USA, als in den sechziger Jahren für den Eisenbahntransport von Erzen über die Rocky Mountains bis zu fünf Kilometer lange und fast 10 000 Tonnen schwere Güterzüge eingesetzt wurden. Mehrere leistungsstarke Diesellokomotiven zogen und schoben die Züge über die Berge. Doch problematisch war weniger das Bergauffahren als das Bremsen der schweren Züge auf den Gefällstrecken. Hierfür nutzte man bei den damals üblichen dieselelektrischen Lokomotiven elektrische Wirbelstrombremsen. Groß dimensionierte Widerstände und üppige Kühlluftmengen führten einen Großteil der anfallenden Bremsenergie ab; die mechanischen Klotzbremsen an den Güterwagen wurden geschont.

Als die Eisenbahngesellschaften jedoch zunehmend auf die technisch moderneren, dieselhydraulischen Lokomotiven umrüsteten, bei denen die Leistung eines Dieselmotors über hydrodynamische Wandler direkt auf die Antriebswellen übertragen wird, musste ein neues Bremskonzept entwickelt werden. Gesucht wurde eine hydrodynamische Bremse, wie sie bereits 1912 – analog zum einige Jahre zuvor erfundenen Föttinger-Wandler – als Wasserwirbelbremse bei der Vulcan-Werft in Stettin entwickelt worden war. Im Automobilhype der Vorkriegsjahre und in den Wirren des Zweiten Weltkriegs war dieses Konzept jedoch nie industrieübergreifend vorangetrieben worden. Nur bei Voith in Heidenheim hatte man recht früh über Anwendungen für Strömungsbremsen nachgedacht und einige werkseigene (Wasser-)Turbinen-Messstände mit dieser Technik ausgerüstet.

Auf die damals gewonnenen Erkenntnisse konnte das Unternehmen zurückgreifen, als es 1960 die ersten Retarder für die 4000 PS starken Diesellokomotiven von Krauss-Maffei baute. Damals – und noch bis etwa 1980 – sprach Voith stets von Strömungsbremsen. Erst später wurde die Bezeichnung Retarder eingeführt. Auf das Wort Bremse verzichtete diese Wortkreation bewusst – sollte mit dem Begriff

← Ein Mitarbeiter von Voith bei der Montage eines Retarders. Der Retarder trägt zur Schonung der Umwelt bei, denn bis zu 90 Prozent aller Bremsungen lassen sich mit den leistungsstarken Dauerbremsen verschleißfrei durchführen. Das Freisetzen von Bremsstaub wird minimiert.

Retarder doch zum Ausdruck kommen, dass sich mit einer Strömungsmaschine zwar die Bewegung eines Fahrzeugs sehr effektiv verzögern, aber eben nicht, wie mit einer herkömmlichen mechanischen Bremse, vollständig stoppen lässt.

Mit dem Einbau in Lokomotiven war der Retarder als Bremse für Schienenfahrzeuge etabliert. Der Verdienst, ihn auf die Straße gebracht zu haben, kommt dem Ulmer Omnibus-Hersteller Otto Kässbohrer zu. Der Legende nach sah er eines Tages im Stuttgarter Bahnhof einen Triebwagen einfahren, ohne dass dabei ohrenbetäubende Quietsch- und Kreischgeräusche entstanden oder glühende Reibbremsen Funken fliegen ließen: Die für die USA gebauten Retarder hatten sich so gut bewährt, dass sie mittlerweile auch von der Deutschen Bundesbahn verwendet wurden. Kässbohrer war begeistert. Er wandte sich mit der Frage an Voith, ob es denn nicht möglich sei, dieses offenkundig hervorragende hydrodynamische Bremssystem auch in Straßenfahrzeugen wie etwa seinen Omnibussen zu installieren.

Kässbohrer formulierte gleich ein exaktes Pflichtenheft: Die hydrodynamische Dauerbremse sollte als Arbeitsmedium Wasser verwenden, um die abzuführende Wärme im Motorkühler vernichten zu können. Außerdem sollte das Gesamtgewicht der Zusatzbremse nicht mehr als 40 Kilogramm betragen, und die gesamte Apparatur sollte möglichst als ungefederte Masse ein Bestandteil der Antriebsachse sein.

Dieses Ziel war hoch gesteckt. Als der erste Omnibus-Retarder 1965 der Öffentlichkeit vorgestellt wurde, war das Publikumsinteresse zwar groß. Vom Kässbohrer'schen Ideal blieb man mit einem Systemgewicht von 400 Kilogramm jedoch noch weit entfernt. Monate und Jahre intensiver Optimierungsarbeiten folgten. Nicht zuletzt aufgrund der unterschiedlichen Einbausituationen in den Bussen war das keine leichte Aufgabe. Nur bei Reisebussen gab es hohe, zwischen den Achsen angeordnete Gepäckräume, die ausreichend Platz für den Einbau eines Retarders boten. Stadt- und Überlandbusse erschwerten die Platzierung eines Retarders durch ihre niedrigen Flure und flachen Einstiege. Erst als sich Voith von dem ursprünglichen Heavy-Duty-Schienen-Konzept löste und die Bremse für den Einsatz in leichteren und kleineren Straßenfahrzeugen komplett umkonstruierte, gelang der Durchbruch. Wesentlich dazu beigetragen hatte eine kostengünstigere

→ Kompaktbauweise: Die Bremswirkung des Retarders wird über den Füllstand der „Wirbelkammer" aus Rotor und Stator definiert.

Form- und Gießmethode, mit der sich die beiden Herzstücke des Retarders, das Pumpenrad (Rotor) und das Turbinenrad (Stator) mit ihren dünnwandigen und angeschärften Schaufeln, in Serie herstellen ließen.

Mit dem Retarder VHBK 130 (VHBK = Voith Hydrodynamische Bremse für KFZ-Anwendung) konnte 1973 eine mit 85 Kilogramm deutlich leichtere Strömungsbremse vorgestellt werden, die mit ihrer gedrungenen Bauform den Einbau in fast alle Fahrzeuge erlaubte. 140 000 Stück vom Typ R 130, wie der Retarder im Tagesgeschäft hieß, wurden verkauft. Der R 130 begründete die Reihe der „Inline-Retarder“: Sie werden entweder direkt an das Getriebe der Fahrzeuge angeflanscht – oder sind in den Antriebsstrang integriert.

Ende der achtziger Jahre brachte Voith dann den „Offline-Retarder“ auf den Markt, der ebenfalls hinter dem Getriebe, jedoch nicht direkt im Antriebsstrang eingebaut wird. Stattdessen sitzt er platzsparend seitlich am Getriebe. Bei seiner Auslegung lassen sich die Wünsche und Vorstellungen der (Getriebe-)Hersteller noch besser berücksichtigen, um die Strömungsbremse optimal in die Steuerung des Bremsmanagements des Fahrzeugs zu integrieren. Sowohl Inline- als auch Offline-Retarder gelten als Sekundärbremsen, werden mit ihnen doch die im Getriebe oder im Antriebsstrang wirkenden Drehmomente „gezügelt“. Sie arbeiten nicht motordrehzahlabhängig.

Anders der Retarder unseres MAN-LKW vom Ätna. Als sogenannte Primärbremse sitzt er vorne am Motor direkt auf der Kurbelwelle und ist dadurch drehzahlabhängig. Je höher der Motor dreht, umso schneller dreht sich der Rotor im Inneren des Retarders und umso mehr Bremswirkung kann er entfalten. Außerdem gibt dieser kompakt gebaute und leichte „Kurbelwellen“-Retarder seine Bremsenergie nicht an Öl ab, wie das bei den meisten anderen Retardertypen der Fall ist. Vielmehr wird hier die in Wärme umgewandelte Bremsenergie über das Medium Wasser in den „normalen“ Motorkühlkreislauf weitergereicht und dort schnell und wirkungsvoll abgebaut. Nur konsequent, dass Voith diesen neuen Retardertyp auf den schönen Kunstnamen „Aquatarder“ getauft hat.

Georg Küffner

← Seitwärts: Der „Offline-Retarder“ sitzt platzsparend seitlich am Getriebe.

Retarder

Die verschleißlose Fahrzeugbremse

Der Retarder ist eine Strömungsbremse. Sein „Herzstück“ besteht aus zwei Schaufelrädern, einem Stator und einem Rotor. Und so funktioniert der Retarder: Der vom Antriebsstrang eines Fahrzeugs bewegte Rotor (Pumpenrad) beschleunigt zugeführtes Öl, das von der Zentrifugalkraft nach außen in den feststehenden Stator gedrückt wird. Durch die dabei im Öl entstehende Turbulenz wird die vom Pumpenrad an das Öl übertragene Bewegungsenergie in Wärmeenergie umgewandelt. Das Pumpenrad wird abgebremst, das Öl warm.

Die Ansteuerung des Retarders geschieht über ein Druckluftventil: Zum Aktivieren wird der Retarder mit Öl aus einem Vorratsbehälter geflutet, welches bei Druckabbau durch die Schaufelräder selbsttätig wieder zurückgepumpt wird.

Die Höhe der Bremswirkung hängt wesentlich vom Füllstand der „Wirbelkammer“ des Retarders ab. Ist die Kammer leer, entsteht keine Bremswirkung, während eine vollständig gefüllte Kammer eine maximale Bremswirkung bedeutet.

Zum Retarder gehört stets ein Wärmetauscher, in dem die vom Öl aufgenommene Bremswärme an das Kühlwasser des Motors abgegeben wird. Der Retarder wurde von Voith entwickelt. Eine neuere Entwicklungsstufe ist der Aquatarder, der Wasser statt Öl als Betriebsmittel verwendet.

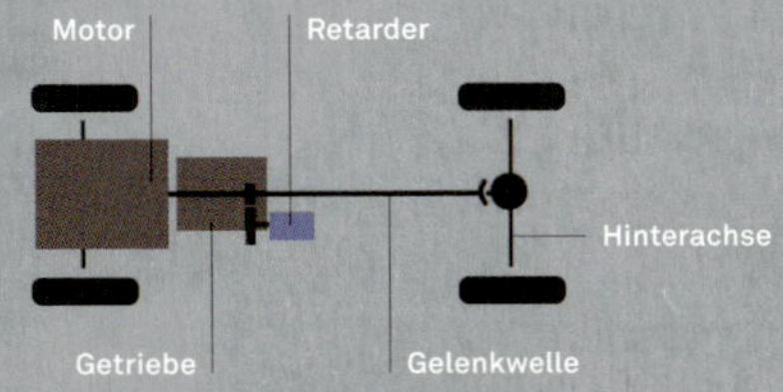

Prinzip der Wirbelkammer

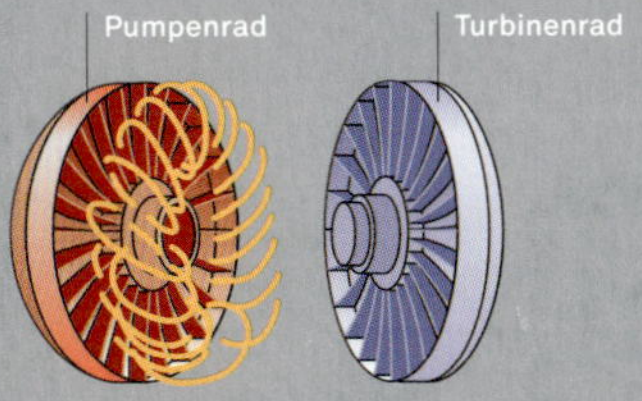

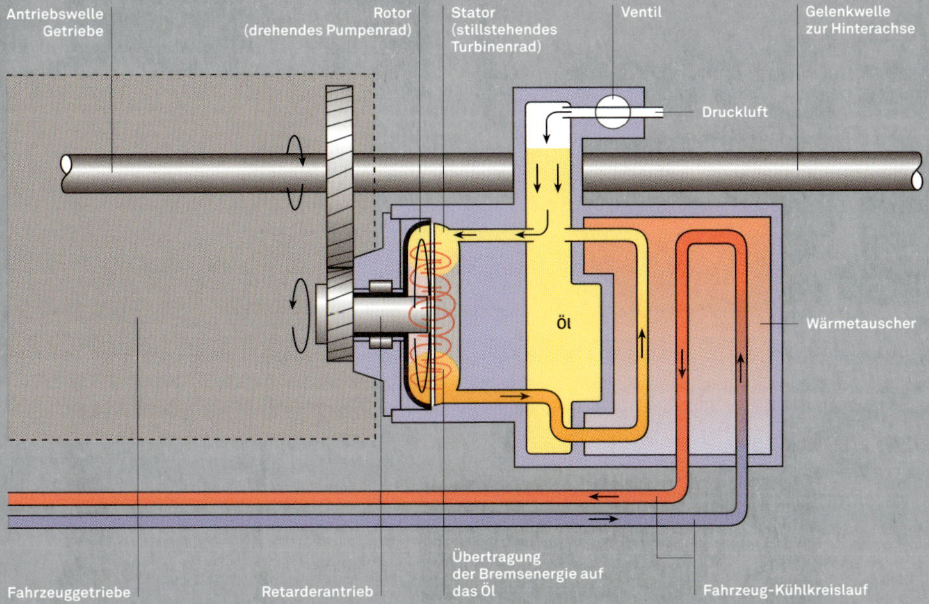

KMB
$ 8.9
十二歲以下小童
六十五歲或以上長者 半價
Half fare for passengers aged below 12 and aged 65 or above
$ 4.5
Please have exact fare or Octopus Card ready before boarding
注意
行車時與車長談話乃違法行為。

Im Doppeldecker durch Hongkongs Hochhaus-Dschungel

Im Gespräch mit Chan Oi Ming, Busfahrerin bei der Kowloon Motor Bus Company

Hongkong-Island: Die Straße führt steil hinauf, dann geht es wieder hinunter zum Meer. Im Linienbus spürt man kein Ruckeln und kaum einen Gangwechsel, denn ein intelligentes Automatikgetriebe bändigt die 330 PS des Motors. Der Hersteller Voith Turbo hat es zusammen mit der Kowloon Motor Bus Company (KMB) auf die Eigenarten jeder Strecke abgestimmt. Auf Testfahrten, manche leer, andere mit Sandsäcken und Bleiplatten auf den Sitzen, sammelte ein bordeigenes Steuergerät die nötigen Daten. Das Feintuning vermindert den Verbrauch um bis zu zehn Prozent, ohne dass die Beschleunigung darunter zu sehr leidet. Auch jetzt, während der regulären Fahrt, hält der kleine Kasten alle wichtigen Informationen fest, von der Zahl der Gangwechsel bis zur Durchschnittsgeschwindigkeit. Er zeigt sogar, dass die Klimaanlage so viel Energie verbraucht wie ein Kleinwagen.

Am Steuer sitzt Chan Oi Ming, eine couragierte Frau. 1992 hatte sie gehört, dass Hongkongs größtes Busunternehmen, die KMB, Fahrerinnen sucht. Bislang saßen nur Männer hinter dem Steuer der schweren Linienbusse. Doch der boomende Handel zwischen Hongkong und China ließ viele Fahrer auf Lastwagen umsteigen, so dass KMB händeringend nach Ersatz suchte und gezielt Frauen ansprach. Frau Chan reizte es, in eine Männerdomäne einzubrechen. Außerdem kam das Steuern eines schweren Fahrzeugs ihrem zupackenden Naturell entgegen – und sie würde mehr verdienen als im Hotel, wo sie bisher gearbeitet hatte. Alle nötigen Voraussetzungen brachte sie mit: Sie besaß den Autoführerschein schon länger als drei Jahre, konnte ein makelloses Führungszeugnis vorweisen und hat, worauf KMB besonderen Wert legte, ein freundliches Wesen. Sie lacht gerne und offen. Nach zwei Wochen in der firmeneigenen Fahrschule begann sie als „Bus Captain".

Inzwischen ist sie eine von 500 Fahrerinnen, die bei der KMB rund 7500 Fahrern gegenüberstehen. Ihr Arbeitstag beginnt nachmittags um drei Uhr: Spätschicht. Nur wenige Minuten braucht sie von ihrer Wohnung zum Busbahnhof Sham Shui Po (Tonkin Street), wo ihr Bus auf sie wartet. Sie geht zu Fuß, denn

„Es reizte mich, in eine Männerdomäne einzubrechen. Außerdem kommt das Steuern eines schweren Fahrzeugs meinem zupackenden Naturell entgegen.“

Chan Oi Ming

sie besitzt kein eigenes Auto, wie die meisten Hongkonger. In der Megastadt, wo Parken ein kleines Vermögen kostet und viele Tunnels und Brücken gebührenpflichtig sind, kommt ein Auto auf 20 Einwohner, in Deutschland sind es zehnmal so viele. Die Hongkonger nutzen öffentliche Verkehrsmittel, sei es Bus, Minibus, U-Bahn, Eisenbahn, die alte Doppeldecker-Straßenbahn, die Fähre oder die attraktive Seilzugbahn auf den „Peak“, den Hausberg Hongkongs. Es gibt sogar einen 800 Meter langen überdachten Rolltreppenweg, der das Büroviertel mit einer Wohngegend in Halbhöhenlage verbindet. In kaum einer anderen Metropole ist der öffentliche Verkehr so gut ausgebaut wie in der ehemaligen Kronkolonie – und so preiswert. Die meisten Fahrten kosten deutlich weniger als einen Euro, bei einem durchschnittlichen Monatseinkommen von knapp 1000 Euro. Dabei gewährt die Regierung Hongkongs den Verkehrsbetrieben keinerlei Zuschüsse, abgesehen von der Steuerbefreiung auf den Sprit.

Wenn Chan Oi Ming ihren Bus der Linie 118 von ihrem Kollegen der Frühschicht übernimmt, ist der Tank noch gut halb voll. Sie putzt die Windschutzscheibe und die Außenspiegel, setzt sich hinters Steuer, schnallt sich an und wischt das Lenkrad sauber, damit ihre Hände sicheren Halt finden. Ihre Route führt mitten durchs Zentrum – zunächst durch Kowloon, dann durch einen Tunnel unter der Meeresstraße hindurch nach Hongkong-Island. Dort lässt sie die berühmte Skyline rechts liegen und steuert an der Küste entlang bis ins entlegene Wohngebiet

ALEXANDER
DENNIS
TEMPERED
SAFETY GLASS

全球音樂無限聽
PCCW
日本白兔牌
刷牙流血，
牙齦炎先兆!
番鹵兵
牙齦炎膠囊
香港
BUS STOP
17
AEON
Happy Valley
跑馬地
126
alain mikli
Sai Wan Ho Depot
西灣河電車廠

TSL 謝瑞麟
景福珠寶
king fook jewellery
藥
547
612
601
馬鞍山 Express特快
Ma On Shan 681

↑ Selbst die Wohnhäuser ragen 40 Geschosse und mehr in den Himmel. Denn das bergige Gelände lässt nur wenig Platz zum Bauen.

↖ Doppelstöckig sind in Hongkong nicht nur die Busse, sondern auch die Straßenbahnen. Insgesamt verkehren in der quirligen 7-Millionen-Metropole rund 13 000 Busse. Sie befördern vier Millionen Passagiere pro Tag.

Siu Sai Wan. Während der knapp 30 Kilometer säumen schier endlose Reihen von Hochhäusern die Straße. Hochhäuser gehören zu Hongkong wie Einfamilienhäuser zu Deutschland. Da es an Platz fehlt, reckt sich das Leben in die Höhe.

Sieben Millionen Menschen drängen sich auf dem bergigen Gelände, das für eine Bebauung meist zu steil ist. Vor 150 Jahren, als die Briten kamen, lebten hier nur ein paar Tausend Fischer. Obwohl Ingenieure dem Meer inzwischen 68 zusätzliche Quadratkilometer abgetrotzt haben und mit großem Aufwand immer neues Land gewinnen, ist Bauplatz so teuer, dass sich nur Superreiche eine Villa im Grünen leisten können. Kaum ein neues Wohnhaus hat weniger als 40 oder 50 Etagen. Sogar Bahnhöfe werden mit Wolkenkratzern überbaut, was den Verkehrsbetrieben zusätzliche Einnahmen verschafft. Lediglich die Einflugschneise des alten Flughafens, der 1998 stillgelegt wurde, ist flacher bebaut, weil die Bauhöhe damals aus Sicherheitsgründen auf 14 Stockwerke beschränkt war.

Für den Verkehr sind die Berge und die drangvolle Enge eine große Herausforderung. Steile Straßen, doppelstöckige Verkehrswege, Spaghetti-Kreuzungen, viele Brücken und Tunnel und natürlich der englische Linksverkehr – für Frau

Chan ist das kein Problem. Sie kennt ihre Route wie die Taschen ihrer blaugrauen Uniform. Seit acht Jahren fährt sie nun dieselbe Strecke, dreimal täglich hin und dreimal zurück. Ihr Bus ist ein dreiachsiger Doppeldecker, ein wahres Monster, das es vollbesetzt mit 130 Passagieren auf ein Gewicht von 24 Tonnen bringt. Bei der Abfahrt in Sham Shui Po ist noch kein einziger Platz besetzt. Vielleicht liegt es an der Preisgestaltung. Jeder zahlt für die gesamte Strecke bis zur Endstation, auch wenn er beim nächsten Halt schon wieder aussteigt. Je näher der Bus seinem Ziel kommt, desto weniger zeigt die Uhr – ein übersichtliches System ohne Monatskarten. So ist es mitunter günstiger, den Bus einer anderen Linie zu nehmen. Jetzt steht die digitale Anzeige auf 9,60 Hongkong-Dollar, das sind kaum 80 Cent, Kinder und Senioren zahlen die Hälfte.

Damit das Bezahlen den Betrieb nicht aufhält, gibt es weder Fahrscheine noch Wechselgeld. Die Fahrgäste müssen die Münzen oder Scheine passend in einen Schlitz geben. Oder sie nutzen, wie inzwischen neun von zehn Passagieren, die pfiffige „Octopus-Card“. Das ist ein wiederaufladbares Prepaid-Ticket von der Größe einer Scheckkarte, das der Fahrgast beim Einsteigen über ein Lesegerät hält. Mit einem Piepsen ist der Betrag abgebucht. Die Octopus-Card gilt auch für andere öffentliche Verkehrsmittel, inzwischen sogar für viele Supermärkte und Parkhäuser – ein Hightech-Zahlungsmittel, das dem Bargeld immer mehr den Rang abläuft.

深水埗東京街
SHAM SHUI PO
TONKIN STREET
KMB
九巴服務 日日進步
18
DENNIS
KMB
KU 5091

工聯會 F.T.U.
www.ftu.org.hk
118

Nach 20 Minuten piepst es bei Frau Chan immer häufiger, und der Bus füllt sich langsam. Ein junger Mann schaut versonnen auf einen LCD-Bildschirm, wo Werbefilme laufen, die dem Unternehmen zusätzliche Einnahmen bringen. Die Klimaanlage sorgt für angenehme 23 Grad. Ungekühlte Busse, von Ansässigen abschätzig „Hotdogs" genannt, verkehren kaum noch in der schwülheißen Stadt. Anfahren, Bremsen, Anfahren, Bremsen – der Fuß von Frau Chan wechselt ständig zwischen den Pedalen. Trotzdem muss sie nicht befürchten, dass die Bremsscheiben glühen, denn ihr Bus verfügt über zwei unabhängige Bremssysteme. Arbeitsbremse ist ein sogenannter Retarder, der keine Verschleißteile enthält. Öl, von einem rotierenden Schaufelrad beschleunigt und von einem stehenden gebremst, nimmt die Bewegungsenergie auf und erwärmt sich dabei. Statt Bremsbelägen, die sich abnutzen, genügt ein Wärmetauscher samt Kühlung. Diese hydraulische Bremse, der Voith-Retarder, reicht fast immer aus, um dem schweren Bus die Fahrt zu nehmen. Er basiert auf dem Prinzip der Hydrodynamik, einer Domäne von Voith. Frau Chan merkt am Steuer nichts von der verborgenen Technik – allenfalls, dass sich die Bremswirkung beim Druck auf das Pedal in drei Schritten erhöht. Erst bei der dritten Stufe kommt neben dem Retarder auch die mechanische Bremse zum Zug.

In der Nathan Road, Kowloons größter Einkaufsstraße, wird es dann richtig eng. An den Haltestellen stehen die Wartenden zu Dutzenden, in britischem Fairplay akkurat aufgereiht. Die elegante Dame steigt hier ebenso zu wie der einfache Arbeiter oder der smarte Geschäftsmann. Die Statistik belegt es: Tag für Tag zählen die Hongkonger Verkehrsbetriebe insgesamt mehr als elf Millionen Fahrten, anderthalb pro Einwohner. Busse und Minibusse stemmen dabei mit fast sechs Millionen Fahrten die Hauptlast, die U-Bahn kommt auf 2,4 Millionen Fahrten. Allerdings führt der Ausbau von U- und Eisenbahn langsam zu einer Verlagerung von der Straße auf die Schiene.

↖ Fast alle Fahrgäste bezahlen in Hongkong bargeldlos mit der „Octopus-Card". Das spart kostbare Zeit. Wer zu den Münzen greift, muss es passend haben, denn die Fahrer geben nicht heraus.

→ Die preiswerte Fähre – hier das Terminal von Kowloon – ist nach wie vor sehr beliebt, obwohl inzwischen mehrere Tunnel die Meerenge zwischen Hongkong-Island und Kowloon unterqueren.

EPSON
LG
Haier
TCL
MGM
OLYMPUS
HITACHI
Bikini top
HK$ 149
H&M

請備輔幣
PLEASE TENDER
EXACT FARE

標記
有限公司
梘

Beim Einfädeln aus der Haltestellenbucht in den Verkehrsfluss muss Frau Chan aufpassen, denn die Autofahrer drängeln völlig unbritisch rücksichtslos. Früher, als sie noch in den New Territories gefahren ist, jener weniger dicht besiedelten Region längs der chinesischen Grenze, hatte sie weniger Probleme mit dem dichten Verkehr. Dafür musste sie sich mit Grenzgängern herumschlagen, die sperriges Gepäck mitschleppten. Bei KMB gilt die Regel: Nicht mehr als 0,1 Kubikmeter! Ein Überseekoffer kann das Limit bereits übersteigen. Wenn der Bus leer ist, drückt Frau Chan zwar ein Auge zu, aber während der Stoßzeiten weist sie schwer bepackte Fahrgäste energisch ab.

Vor dem „Cross Harbour Tunnel“, dem ältesten und preiswertesten von drei Straßentunneln, die Hongkong-Island mit der Halbinsel Kowloon verbinden, staut sich der Verkehr. Es geht im Stop-and-go-Betrieb vorwärts. Sobald der Bus länger als zwei bis drei Sekunden steht, trennt die Elektronik das Getriebe automatisch vom Motor, ohne dass Frau Chan den Wahlhebel umstellen muss. Das spart Sprit. Und noch etwas fällt auf: Beim Anfahren bleibt der Bus lange im ersten Gang. Wo andere Automatikgetriebe zweimal schalten, kommt das Voith-Getriebe mit einem Schaltvorgang aus. Der Grund: Die Motorleistung wird sowohl hydrodynamisch, also mit strömendem Öl, als auch mechanisch übertragen. Beim Anfahren kommt zunächst nur die hydrodynamische Komponente zum Zug, doch je höher die Geschwindigkeit wird, desto größer wird der Anteil der mechanischen Kraftübertragung. Die Aufteilung der Leistung mithilfe eines Differenzialwandlers spart Schaltvorgänge, sodass sich die Lebensdauer des sogenannten DIWA-Getriebes erhöht.

Rasch ist die Mautstelle passiert. Auch der Bus von Frau Chan muss bezahlen, bargeldlos. Ein Sensor registriert die Passage während der Vorbeifahrt. Die Gebühren fließen an den Staat, seitdem die Lizenz des privaten Investors 1999 ausgelaufen ist. Nach rund zwei Kilometern kommt der Bus wieder ans Tageslicht. Knapp anderthalb Stunden nach Abfahrt in Sham Shui Po hat Frau Chan die Endhaltestelle im Bauch eines Wolkenkratzers erreicht. Jetzt kann sie ein paar Minuten verschnaufen. Das ist auch nötig, denn ihr Arbeitstag endet erst nachts um halb eins. Sie hat fünf Tage im Monat frei und 14 Tage Urlaub pro Jahr. Bald sitzt sie schon wieder hinterm Steuer. Auf ihrer letzten Fahrt an diesem Tag, zu-

↖ Nachts herrscht Hochbetrieb in den Busdepots der Kowloon Motor Bus Company. Das Durchchecken eines Busses mit Tanken und Waschen dauert nur fünf Minuten.

rück nach Kowloon, steigen nur wenige Leute zu. Es ist fast Mitternacht, auf den Straßen herrscht kaum noch Verkehr, sodass der Bus zügig vorankommt. Nachdem der letzte Passagier ausgestiegen ist, steuert Frau Chan den Bus ins Lai Chi Kok Depot, eines der vier großen KMB-Depots.

In der gewaltigen Halle zeigt sich, was es heißt, eine Flotte von 4000 Bussen zu managen, die mehr als 400 staatlich lizenzierte Strecken bedient. Hier herrscht Hochbetrieb, in langer Schlange warten die schweren Doppeldecker. Trotzdem kann Frau Chan schon nach wenigen Minuten in eine der acht parallelen Abfertigungsstraßen einbiegen. Ein Mitarbeiter tauscht zunächst den Münzbehälter aus. In den achtziger Jahren, als es noch keine Octopus-Karten gab, kamen bei KMB täglich rund 55 Tonnen Münzen zusammen. Inzwischen sind es nur noch wenige Tonnen, die eine Maschine automatisch sortiert und zählt. Statt schwerer Münzen wechseln heute Bits und Bytes: Die Daten der Octopus-Nutzer werden ausgelesen und auf den Zentralrechner übertragen. Dann lässt ein Tankwart einen arretierbaren Einfüllstutzen einrasten, der an die Formel 1 erinnert, und pumpt rund 300 Liter Diesel in den Tank. Ein Mechaniker kontrolliert inzwischen den Ölstand und die Reifen. Im Nu ist der Tank voll, und Frau Chan steuert ihren Bus bereits behutsam durch dic Waschanlage. Nicht länger als fünf Minuten dauert ihr Boxenstopp. Jetzt muss sie nur noch den Bus aufs Parkdeck manövrieren.

Wie effektiv KMB arbeitet, belegen einige Zahlen: Das Unternehmen kommt mit 8000 Fahrern, zwei für jeden Bus, 2000 Mechanikern und 1000 Büroangestellten aus. Neun von zehn Bussen sind ständig unterwegs. Allein das Depot Lai Chi Kok fertigt rund 900 Busse ab. Rund 150 000 Liter Diesel strömen hier täglich in die Tanks. Kleine Reparaturen und die monatlichen Inspektionen erledigen die Mechaniker nachts, und selbst bei der Halbjahres-Inspektion fällt der Bus nur für eine Schicht aus. Allein bei der Jahresinspektion, für die eine spezielle KMB-Werkstatt zuständig ist, muss der Bus zehn Tage pausieren.

Während Chan Oi Ming nach Hause zu ihrem Mann und ihren beiden Kindern geht, reinigen Mitarbeiter den Innenraum ihres Busses und registrieren mithilfe einer ID-Karte, die an der Windschutzscheibe klebt, die Parkposition. So weiß der Fahrer am nächsten Morgen sofort, wo sein Bus steht. Er braucht bloß seine eigene ID-Karte, eine personalisierte Octopus-Card, an den Lesekopf zu halten. Chan Oi Ming muss ihren Bus allerdings nicht im Depot suchen. Sie fährt immer die Spätschicht.

Aufgezeichnet von Klaus Jacob

„Vor allen Dingen muss man flexibel sein“

Im Gespräch mit Hans-Peter Kempf, Technischer Geschäftsführer der MWB Mittelweserbahn GmbH

Hans-Peter Kempf ist begeisterter Eisenbahner. Besonders fasziniert ihn das quasi reibungslose Zusammenspiel von Stahlrad und Schiene. Zur Überwindung des Rollwiderstands benötige diese geniale Kombination aus Material und Form nur ein Viertel der Energie, die ein luftgefüllter LKW-Reifen auf Asphalt verbrauche, berichtet er mit leuchtenden Augen. Allein dieser Umstand und die steigenden Energiekosten, davon ist Kempf überzeugt, werden dafür sorgen, dass der Eisenbahn in den kommenden Jahren und Jahrzehnten enorme Chancen erwachsen. Der Gütertransport mit Lastkraftwagen werde stärker in die Fläche verdrängt werden und sich auf die Logistik ausgefallener Güter konzentrieren. Das geradlinige Massengeschäft – etwa der Transport von 40 Containern von Hamburg nach Frankfurt am Main – werde künftig nahezu ausschließlich über die Schiene abgewickelt werden. „Die Eisenbahn hat Chancen wie noch nie“, blickt Kempf optimistisch in die Zukunft.

An diesem Wachstum will Kempf mit der von ihm als Technischem Geschäftsführer geleiteten MWB Mittelweserbahn GmbH teilhaben. In drei bis vier Jahren, so glaubt er, werde es in Europa ein halbes Dutzend großer Eisenbahngesellschaften geben. Dazu komme eine kleine Schar von regionalen Nischenanbietern. Die bisher auf die Landesgrenzen bezogenen Monopolsituationen würden sich in ein europäisches Oligopol wandeln. „Oligopole sind schön, man muss nur dazugehören“, kommentiert Kempf seine Prognose voll Lakonie. „Wir, die Mittelweserbahn, wollen mit von der Partie sein. Das bedeutet, dass wir weiter wachsen und uns international ausrichten müssen.“ Dabei sieht sich die Mittelweserbahn auf gutem Weg: Zwei Lokomotiven, die für das französische Schienennetz zugelassen sind, gehören bereits zum Fuhrpark des Unternehmens. Als Nächstes kommen die Niederlande und Tschechien hinzu. Österreich steht ohnehin schon seit Längerem auf dem Fahrplan der Mittelweserbahn. Doch die Öffnung Europas für einen grenzüberschreitenden Schienenverkehr ist nicht ohne Probleme, berichtet Kempf aus der Praxis. Dies liege vor allem an den national unterschiedlichen Stromversorgungssystemen für elektrisch betriebene Lokomotiven. Dieselelektrisch oder dieselhydraulisch angetriebene Lokomotiven hätten es leichter.

Die MWB Mittelweserbahn GmbH ist ein verhältnismäßig junges Eisenbahnverkehrsunternehmen (EVU), wie es im Amtsdeutsch offiziell heißt. Die Gründung des mittelständischen Betriebs mit heute 135 Mitarbeitern und einem Umsatz von 24 Millionen Euro verdankt sich mehr dem historischen Zufall als stringenter unternehmerischer Planung. 1966 wurde in Bruchhausen-Vilsen, 35 Kilometer südlich von Bremen, die „Erste Museums-Eisenbahn Deutschlands“ eröffnet. Träger und Initiator war der zwei Jahre zuvor gegründete „Deutsche Eisenbahn-Verein e.V.“. Pendelten die Museumszüge zunächst nur auf der für den kommerziellen Fahrbetrieb stillgelegten, acht Kilometer langen Strecke zwischen Bruchhausen-Vilsen und Asendorf, so kamen in den neunziger Jahren die Abschnitte nach Syke im Norden und Eystrup im Osten hinzu. Nicht zuletzt als Touristenattraktion sollte dieser „Kaffkieker“ genannte Oldie-Transport „jeden nur möglichen Fahrgast“ durch die Region befördern. Das Angebot kam gut an: Dank einer Kooperation mit dem lokalen Anbieter Verkehrsbetriebe Grafschaft Hoya GmbH wurden imposante Fahrgastzahlen erreicht. Die Folge: ein stärkeres Zugfahrzeug wurde benötigt.

Von der Deutschen Bundesbahn, wie die Bahn AG damals noch hieß, erwarb der Deutsche Eisenbahn-Verein im Jahre 1997 einen Prototyp der Rangierlokomotive Köf III. Als diese Lok als „Ausfallhilfe“ von dem Kesselwagenspediteur VTG (Vereinigte Tanklager und Transportmittel GmbH) für Rangierarbeiten auf dessen Gelände in Kirchweyhe angemietet wurde, wurde allen Beteiligten rasch klar, dass das Fuhrgeschäft professionalisiert werden musste. Denn ein als gemeinnützig anerkannter Museumsbahnbetrieb darf aus steuerrechtlichen Gründen keine Gewinne aus sogenannten „artfremden Bereichen“ erwirtschaften. Daher entschloss man sich, die Museumsbahn und den kommerziellen Betrieb voneinander abzukoppeln.

→ Sie werden gehegt und gepflegt, die historischen Dampflokomotiven des Museumseisenbahnvereins in Bruchhausen-Vilsen. Hier die Lok „Franzburg“ der Stettiner Vulcan-Werke; Baujahr 1894.

↘ Möglichst immer im Einsatz, die Lokomotiven der MWB Mittelweserbahn: hier die V 2103, eine Vossloh (G 1206).

FRANZBURG
UNT. 21.02.08
BR 3 21.02.08

MWB
Mittelweserbahn
V 2103
2.40 m
Fremdladekabel 230 V
Gewicht der Lok
Bremsgewicht der Lok
Bauart der Bremse

„Bisher haben wir auch komplexe, zeit- und materialintensive Aufgaben hinbekommen."

Hans-Peter Kempf

Im November 1998 gingen die Gründergesellschafter (Markus Fuhrmann, Hans-Peter Kempf, Christian Speer, Jens Koopmann) zum Notar. Ein neues Bahnunternehmen, die MWB Mittelweserbahn GmbH, war nun auch formal gegründet und der Einstieg in das hart umkämpfte Wirtschaftsleben getan. Aufträge wurden an Land gezogen. Anfangs vor allem im sogenannten Arbeitszugbetrieb (AZ-Betrieb), mit dem die für den reibungslosen Ablauf einer (Bahn-)Baustelle benötigten Gerätschaften – vom Schotter über die Schwellen bis zu den Gleisen – transportiert werden. „Dabei können wir als Kleine unsere Flexibilität voll ausspielen", erläutert Kempf mit Blick auf die Schaltzentrale der Mittelweserbahn: Dicht an dicht stehen hier Rechner und Bildschirme. Rund um die Uhr sitzt ein knappes Dutzend Personen, allesamt gelernte Lokführer, vor den Monitoren, erstellt Einsatzpläne, aktualisiert Abläufe und hält über ein ausgeklügeltes Netzwerksystem den Kontakt mit seinen Kollegen in den Führerständen der Lokomotiven. Eine an die Wand gespiegelte, digitale Übersichtstabelle informiert über die aktuellen Standorte aller Mittelweserbahnzüge und zeigt deren Abweichungen von den Sollzeiten an.

„Vor allen Dingen muss man flexibel sein", stellt der Technische Geschäftsführer der Mittelweserbahn fest. Selbst größere Aufträge würden heutzutage kurzfristig vergeben – meist nur eine Woche, bevor es losgehen soll. Für die MWB bedeutet dieses Kurzfristdenken nicht selten Hektik pur: Die Einsätze der Loks müssen koordiniert werden. Fahrpläne sind zu erstellen, Lokführer aus ganz Deutschland zusammenzuziehen. Und kaum sei ein Auftrag erteilt, trudelten bereits erste Änderungswünsche ins Haus. „Doch bisher haben wir auch komplexe, zeit- und materialintensive Aufgaben hinbekommen", berichtet Kempf stolz. So

→ Der Technische Geschäftsführer Hans-Peter Kempf vor dem Verwaltungsgebäude der MWB Mittelweserbahn am Bahnhof Bruchhausen-Vilsen.

MWB MITTELWESERBAHN

haben Lokomotiven der Mittelweserbahn das Material für den Ausbau der Strecke Goslar—Hildesheim transportiert, und mit ihrer Hilfe wurde der Schotter auf der Strecke Hannover—Würzburg ausgetauscht. Der AZ-Verkehr der Mittelweserbahn hat die Schienen für die Neubaustrecke Köln—Frankfurt gefahren. Besondere logistische Herausforderung dabei: Als reine Personenzugstrecke sind die Steigungen hier so groß, dass mitunter drei Lokomotiven angehängt werden mussten.

Doch auch im „normalen“ Güterverkehr ist das Unternehmen erfolgreich: Mit der Salzburger Eisenbahn Transportlogistik GmbH (SETG) wurde ein Konzept für den „just in time“-Transport von Stammholz aus Mecklenburg-Vorpommern zu Sägewerken in Deutschland und Österreich erarbeitet und realisiert. Später kam dann ein regelmäßig auf der Strecke von Salzburg über Donauwörth und Darmstadt nach Köln verkehrender „Warengruppenzug“ hinzu, der die Beschaffung zweier leistungsstarker Elektroloks erforderlich machte. Bis zu diesem Zeitpunkt standen ausschließlich Diesellokomotiven im Wagenpark der Mittelweserbahn. Ganz neu ist ein Auftrag, den die Mittelweserbahn nicht über eine Spedition, sondern direkt beim Kunden im sogenannten Ganzzugverkehr akquiriert hat: Demnächst werden Lokomotiven der MWB Rotorblätter für Windräder aus dem Produktionswerk des Herstellers Enercon in Magdeburg bis in den Hafen von Emden transportieren. „Ein interessantes Geschäft, bei dem unser ganzes Logistik-Knowhow gefordert ist“, sagt Kempf. Denn die bis zu 50 Meter langen Rotorblätter überschreiten die üblichen Lademaßgrenzen. Für ihren Transport müssen daher Streckenführungen ausgearbeitet werden, auf denen die Riesenflügel nirgendwo anstoßen. „Hier fahren wir vor allem nachts, wenn die Strecken weniger oder gar nicht frequentiert sind. Und wir halten respektvoll Abstand zu den Signalmasten am Streckenrand“, erklärt Kempf.

Die Chancen für Nischenanbieter wie die MWB auf dem sich liberalisierenden Eisenbahnmarkt schätzt Kempf als gut ein. Freilich sind auch die unternehmerischen Herausforderungen groß: „Vor allem leiden wir unter einem notorischen Lokomotivmangel“, sagt Kempf. „Es gibt kaum gute, gebrauchte Lokomotiven“, skizziert er den Gebrauchtlokmarkt. Hinzu kommt: Die Deutsche Bahn verkauft

---

↘ Einziger Exot im modernen Lokpark der MWB: ein „Krokodil“, eingesetzt für Schiebedienste an der sogenannten Spessartrampe.

Über den Berg: Das Krokodil der Mittelweserbahn

Laufach am Fuß der sogenannten Spessartrampe ist ein Wallfahrtsort für Eisenbahnenthusiasten. Denn hier wartet eine der meistfotografierten Lokomotiven auf ihre Arbeitseinsätze: ein sogenanntes Krokodil, wie man die zum größten Teil vor dem Zweiten Weltkrieg gebauten, robusten, rund 120 Tonnen schweren sechsachsigen E-Loks vom Typ E 94 nennt.

Dass die Mittelweserbahn diesen Eisenbahngiganten besitzt, ist der freien Marktwirtschaft geschuldet. Da im Schienengüterverkehr nur Lasten von ungefähr 2000 Tonnen wirtschaftlich transportiert, aber nicht am Stück „über den Berg" gezogen werden können, müssen sie vor dem Passieren einer Steilstrecke (Rampe) entweder geteilt oder von einer angehängten Zug- oder Schublok unterstützt werden. Entsprechende Traktionshilfen stehen zwar an den Rampen bereit, gehören aber der Deutschen Bahn, die diese Kletterhilfen nicht an Konkurrenten ausleiht.

Im Jahre 2003 konnte die MWB Mittelweserbahn GmbH gleich zwei Krokodile aus österreichischem Bahnbestand erwerben. Die beiden ÖBB-Loks 1020 034 (AEG 5729/1943) und 041 (AEG 5728/1943) wiesen eine gute Substanz auf und wurden in Linz generalüberholt. Die heute an der Spessartrampe stationierte 041 durchlief hier die eisenbahntechnische Hauptuntersuchung; das zweite Krokodil dient als Ersatzteillager.

Unter dem Motto „Jederzeit schubbereit – wir bringen Sie über den Berg" steht die Lok samt Personal allen interessierten Eisenbahnverkehrsbetrieben zur Verfügung. Drei an der Spessartrampe stationierte Lokomotivführer pflegen den Oldtimer während der Wartezeiten.

MWB MITTELWESERBAHN
1020 041-8
H

MWB MITTELWESERBAHN
www.mittelweserbahn.de
Tel. 04252/9386-0 · www.mittelweserbahn.de
Jederzeit schubbereit!
Laufach
Nicht abstoßen, nicht ablaufen lassen
Hg: 100 km/h
Unt. 21.05.04
Gew. d. Wg. 13,5 t
Lüp: 8,94 m
Hik-GP
Brems Gew. P 15 t
Brems Gew. G 15 t

ihre ausgemusterten Loks seit der Bahnreform nicht mehr an ihre privaten Konkurrenten – selbst wenn diese nur marginale Marktanteile halten. Auch früher praktikable „Schleichwege“ über Museumsbahnen, Schrotthändler oder über das Ausland seien mittlerweile versperrt. Selbst kleine Anbieter im Eisenbahngeschäft würden dadurch gezwungen, sich fabrikneue Lokomotiven zu kaufen oder zu leasen. Finanziell sei das für kleinere Unternehmen wie die MWB eine enorme Belastung, berichtet Kempf. Gleichwohl biete der Neukauf den Vorteil, sich Modelle mit niedrigem Energieverbrauch aussuchen zu können, deren Zuverlässigkeit und Verfügbarkeit hoch sei. „Alles unter 100 Prozent ist ein Kompromiss“, stellt Kempf fest.

Die Begriffe Zuverlässigkeit, Wartungs- und Reparaturfreundlichkeit nennt Kempf in einem Atemzug. Diese nicht nur für kleine Eisenbahnverkehrsunternehmen wichtigen Punkte würden wesentlich auch vom technischen Konzept einer Lokomotive beeinflusst. Hier stehe die Dieselelektrik gegen das Konzept des hydrodynamischen Antriebs. Beide Systeme hätten ihre Vor- und Nachteile: So sei die Dieselelektrik etwas energie- und motorschonender, da die Motoren stets mit gleichbleibender Drehzahl laufen. Dem stehe aber eine recht komplexe Leistungselektronik entgegen. „Wie beim häuslichen Computer“, sagt Kempf, „ist die Entwicklungsgeschwindigkeit in diesem Bereich der Technik enorm hoch.“ So wisse man nicht, ob in acht oder zehn Jahren einzelne Elektronik-Komponenten überhaupt noch gebaut würden.

Anders sieht die Situation bei den hydrodynamischen Antrieben aus: Hier würden zwar heute von den meisten Herstellern schnell laufende und damit verschleißanfällige Motoren eingebaut, aber die Getriebe seien veritable Dauerläufer. „Da weiß ich genau, dass man die auch in 30 und 40 Jahren noch reparieren kann“, sagt Kempf und verweist auf die Erfahrungen mit der eigenen Museumsbahn. „Wir haben da Getriebe mit mehr als 60 Jahren auf dem Zahnradbuckel. Wenn die was haben, dann bauen wir sie auseinander und setzen ein neues Lager ein. Dann laufen sie wieder.“

Aufgezeichnet von Georg Küffner

← Einer von über 100 Lokführern der MWB: Stefan Seitz auf einer modernen dieselhydraulischen Lok.

VOITH
Maxima 40CC
VOITH

Nach 70 000 Stunden stand die erste Lok von Voith auf dem Gleis

Wie aus einer Idee eine Erfolgsstory wurde

Am Anfang dieser Diesellok stand die Kraftübertragung. Ihr TurboSplit-Getriebe arbeitet hydraulisch und nutzt daher energiesparende Vorteile. Dieses Konzept war beinahe in Vergessenheit geraten, erlebt nun aber nicht nur in der Voith Maxima wieder eine kraftvolle Renaissance. Denn auch die Gravita-Rangierloks profitieren von diesem Konzept. Entwickelt und produziert in Kiel, Deutschland. Mit hoher Zugkraft für Eisenbahnen in aller Welt.

VOITH

William Wilson stand vor 19 Kisten, in denen sich die 100 Einzelteile der ersten Lokomotive auf deutschem Boden befanden. Das war im Oktober 1835. Binnen sechs Wochen baute ein deutsches Team unter Leitung des britischen Ingenieurs daraus die „Adler" zusammen, die am 7. Dezember etwa 200 Passagiere auf die erste Bahnfahrt Deutschlands zog – auf Gleisen, die in eine glänzende Zukunft führen sollten.

Vor einer ähnlichen Herausforderung standen Anfang 2005 die Ingenieure bei Voith Turbo. Doch im Unterschied zu William Wilson hatten sie keine Einzelteile, sondern nur eine detailliert ausgearbeitete Konzeptstudie für eine sechsachsige dieselhydraulische Lokomotive und den Ehrgeiz, dieses Konzept in kürzester Zeit Realität werden zu lassen. Die wachsende Nachfrage nach immer leistungsstärkeren, im grenzüberschreitenden Güterverkehr einsetzbaren Lokomotiven hatte bei den Getriebespezialisten in Heidenheim zu der Idee eines neuen hydrodynamischen Antriebskonzepts als Basis für eine sechsachsige Lokomotive geführt. Was fehlte, war der geeignete Lokbauer, der bereit war, dieses Konzept gemeinsam mit Voith auf die Schiene zu bringen. Doch da gab es in Kiel um den gelernten Lokführer Hinrich Krey ein Team von Ingenieuren mit umfangreicher Erfahrung im Lokomotivbau, die von der Hydrodynamik überzeugt waren und ihrerseits den Traum einer solchen Großlokomotive verwirklichen wollten.

So entstand im Januar 2005 mit der Voith Turbo Lokomotivtechnik in Kiel in denkwürdiger baden-württembergischer und schleswig-holsteinischer Kollegialität ein Unternehmen, das vom Abfahrtspfiff an unter Volldampf fährt. „Erst ging alles sehr provisorisch", sagt Krey, der heute von seinem Stehpult auf den Nord-Ostseekanal im Kieler Nordhafen blickt, „dann jedoch konnten wir von der Kieler Wirtschaftsförderung ein maßgeschneidertes Areal mieten." In 7000 Quadratmeter großen und mit 100 Tonnen bekranten Fertigungshallen bauen sie nun das zusammen, was in den Büros erdacht und konstruiert wird: die Maxima 40 CC, die derzeit stärkste einmotorige dieselhydraulische Lok der Welt.

Dieselhydraulisch? Ja, eine Kombination von Dieselmotor und hydraulischer Kraftübertragung, eben. Damit gehört die Maxima grundsätzlich zu den autonom wie ein Auto fahrenden Dieselfahrzeugen – im Unterschied zu den Elektroloks, die ihre Kraft über Stromabnehmer aus dem Fahrdraht beziehen. Was wiederum aus-

← Manufaktur: Die stärkste einmotorige dieselhydraulische Lok der Welt wird wie ein Schmuckstück sorgfältig in Handarbeit in Kiel gefertigt.

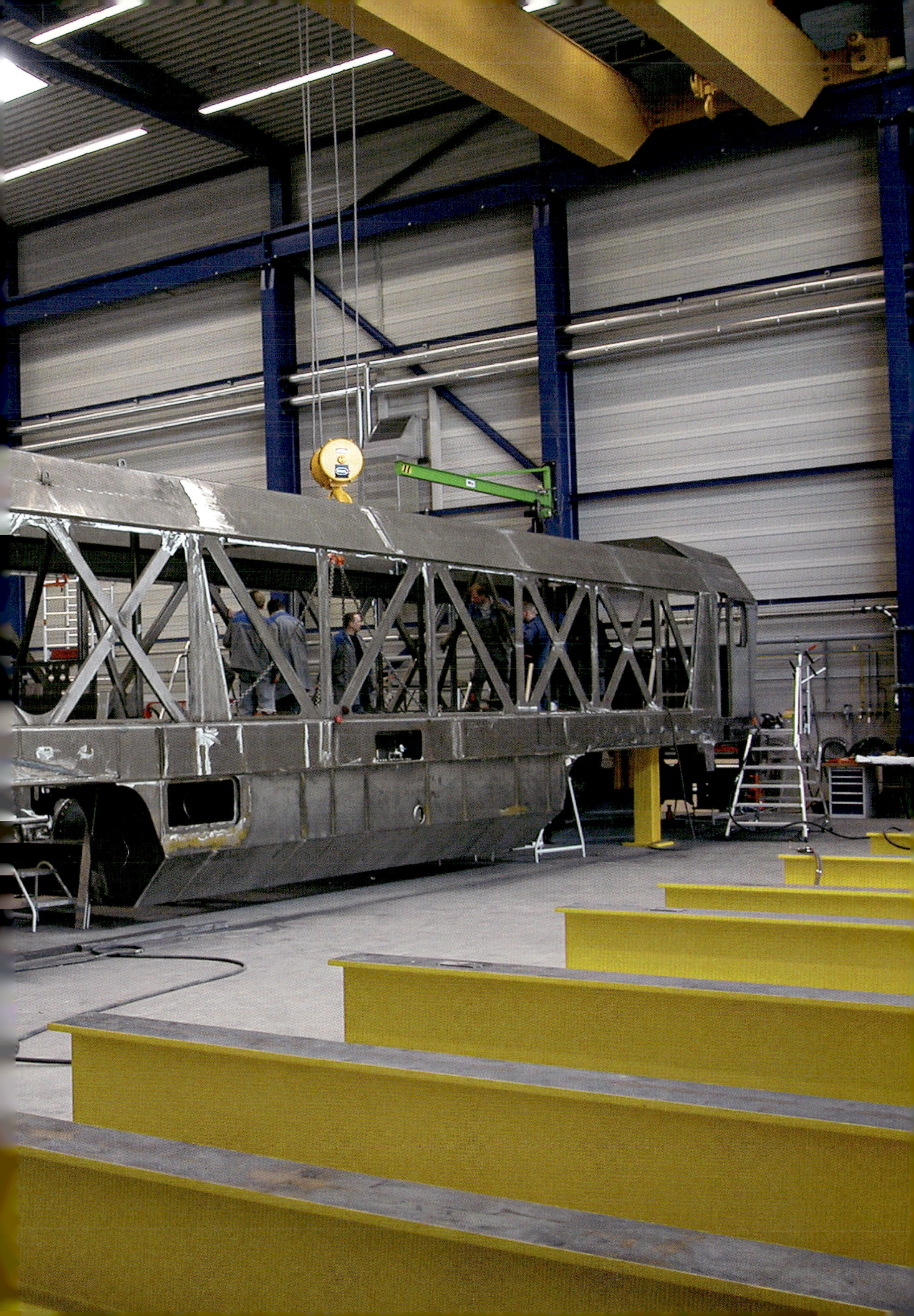

schließlich dann möglich ist, wenn eine entsprechende Infrastruktur vorhanden ist. In Deutschland sind hauptsächlich nur die Nebenstrecken nicht elektrifiziert. Doch schon im grenzüberschreitenden Verkehr und erst recht in vielen anderen Ländern außer- wie auch innerhalb Europas hat der Zug seine Energie im Tank mitzuführen. Der ist mit Diesel gefüllt.

Das ist hoch effizient, wie ein Vergleich der Wirkungsgradketten von Diesel- und Elektroantrieb zeigt. Setzt die Elektrolok je nach Ausführung nur zwischen 17 und 34 Prozent der eingesetzten Primärenergie in Zugkraft am Rad um, so starten die Dieselloks erst beim schon höchsten Elektro-Niveau und fahren mit einem Wirkungsgrad von bis zu 41,5 Prozent ihren elektrischen Schwestern davon. Doch Diesellok ist nicht gleich Diesellok. Denn da gibt es einerseits die Dieselelektrik, bei der ein Generator die vom Dieselmotor abgegebene Energie erst in Strom umsetzt, der einen Elektromotor versorgt, der wiederum die Räder antreibt. Andererseits gibt es die Dieselmechanik, die auf diese den Wirkungsgrad reduzierende Energiewandlung verzichtet und die Kraftübertragung mit einem Getriebe vornimmt; ähnlich also wie beim Auto mit Automatikgetriebe.

Entwickelt hatte dieses Konzept Hermann Föttinger, der es 1905 patentieren ließ. Mit diesem mechanischen Transformator erfand der Ingenieur, der in der Versuchsanstalt für Schiffsantriebe des Stettiner Vulcan arbeitete, die bis dahin fehlende Verbindung zwischen einer schnell laufenden Schiffsturbine und der sich notwendigerweise langsam drehenden Schiffsschraube. Hiermit konnte, so notierte 1914 Luegers enzyklopädisches „Gesamtes Lexikon der Technik“, ein „Gesamtwirkungsgrad von 90 Prozent“ erreicht werden. Föttingers Erfindung begründete einen ganzen Industriezweig, die hydraulische Kraft- bzw. Drehmomentübertragung. Sie findet bis heute vielfältige Anwendungsfelder, vom Automatikgetriebe im PKW oder Bus, als stationäre Komponenten zum Beispiel in Kraftwerken oder Windrädern sowie in Schienenfahrzeugen.

Erst mit der Entwicklung der Dieselhydraulik – parallel zur Dieselelektrik – war es möglich, leistungsstarke Dieselmotoren in Schienenfahrzeugen einzuset-

↖ Selbsttragend: Im Fachwerkstil wird die Lokkastenstruktur aufgebaut – mit zwei Endführerhäusern.

→ Blick in die Grube: Feintuning an den stählernen Radsatzwellen der Voith Maxima.

VOITH
VOITH

zen und damit das Zeitalter der Dampfmaschine zu beenden. Die Vorteile der dieselhydraulischen Technologie liegen in der annähernden Verschleißfreiheit des Getriebes, dem geringeren Systemgewicht zugunsten von Nutzlast, dem vergleichsweise einfachen Aufbau, der Robustheit im Betrieb und der Zuverlässigkeit. Diese Vorzüge wurden von Betreibern in aller Welt geschätzt, die Technologie wurde von verschiedenen Lokomotivherstellern auf die Schiene gebracht. Der kontinuierliche Rückgang des Schienentransports in den siebziger und achtziger Jahren führte zu einem Konsolidierungsprozess unter den Fahrzeugbauern bei dem schlussendlich die großen Systemhäuser mit der dieselelektrischen Antriebstechnik verblieben. Jene Marktgegebenheit führte bei Voith Turbo zur Entscheidung, mit dem Bau der Maxima mit dem TurboSplit-Prinzip in Eigenregie zu beginnen.

Dieses TurboSplit-Getriebe LS 640 reU2 mit einer maximalen Eingangsleistung von 4200 Kilowatt bietet eine automatische, stufenlose und stoßfreie Anpassung der Zugkraft an den jeweiligen Fahrzustand sowie einen automatischen Gangwechsel unter Last ohne Zugkraftunterbrechung. Seinen Namen verdankt das Getriebe dem sogenannten „Split-Prinzip". Hierbei wird die vom Motor kommende Leistung getrennt auf das vordere und hintere Drehgestell der Lok übertragen: Die Eingangsleistung teilt das Getriebe in bis zu jeweils 2100 Kilowatt für jedes Drehgestell auf – eine patentierte Lösung für sechsachsige Loks mit sehr hoher Leistung.

Anfahr- und Marschwandler sind doppelt ausgeführt. Diese Wandler bilden gewissermaßen zwei „Gänge" des Getriebes – der eine wird zum Anfahren genutzt, der andere für die normale Fahrt. Je zwei von ihnen arbeiten in den jeweiligen Geschwindigkeitsbereichen parallel und treiben getrennt die beiden Drehgestelle an. Diese vollständige Entkopplung der Drehgestelle bietet Vorteile sowohl im Betrieb als auch in der Instandhaltung. So bewirkt ein für jedes Drehgestell separat einstellbarer Schleuder- und Gleitschutz eine bessere Ausnutzung der Reibgrenze und erhöht somit die Zugkraft vor allem beim Anfahren auf nassen oder von Laub bedeckten Schienen. Die Wirkung ist ähnlich die einer Traktionskontrolle im Auto. Übersteigt das Drehmoment den Reibwert, dreht das Rad durch – beim Auto wie bei der Lok. Die Kraft kommt dann bei Letzterer nicht auf die Schiene, sondern führt zu einer stärkeren Belastung an Motor, Radsatz und auch dem Schienenkopf.

← Schwergewicht: Mehr als neun Tonnen wiegt das TurboSplit-Getriebe der Voith Maxima. Es ist das Herzstück der Lok.

Das natürliche Schleuderverhalten – so nennt man das Durchdrehen einer Lokomotive mit mechanisch gekoppelten Radsätzen – wird durch die Radsatzmassen und die Drehsteifigkeit der Koppelglieder bestimmt. Da das Split-Getriebe jedoch die Drehmassensysteme der beiden Drehgestelle voneinander entkoppelt, sind Drehschwingungen „Drehgestell gegen Drehgestell“ unmöglich, was den Schlupf verringert. Im Rangiermodus ist der Antrieb auch nur eines Drehgestells möglich. Durch diesen Turbowendebetrieb halbiert sich die Motorleistung. Das ist für konstante Fahrgeschwindigkeiten bei Be- und Entladung sowie in Waschstraßen von Vorteil. Für einen kraftstoffsparenden „Freilauf“ können die beiden parallel arbeitenden Kreisläufe während der Fahrt entleert werden. Dadurch wirken keine Massenkräfte mehr. Das Wiederbefüllen der Kreisläufe und das Aufschalten des Motors erfolgt bei allen Fahrgeschwindigkeiten stoß- und verschleißfrei.

Zudem ist das Getriebe unempfindlich gegenüber Klimaeinflüssen, bietet hohe Laufruhe, einen niedrigen Wartungs- und Überholungsaufwand sowie eine hohe Lebensdauer. Die Konstruktion aus bewährten mechanischen Teilen sichert eine Ersatzteilverfügbarkeit über mehr als 30 Jahre. Im Gegensatz dazu gilt die Beschaffung elektrischer und erst recht elektronischer Bauteile für dieselelektrische Maschinen schon nach zehn oder 15 Jahren als mühsam – vor allem in weniger entwickelten Ländern.

Wenngleich das TurboSplit-Getriebe gewissermaßen die Geburtsurkunde der Lok war, so umschließt ihre Stahlkarosserie jedoch noch weitere bewährte Voith-Produkte. Immerhin bietet das Unternehmen ja nicht nur Komponenten an, sondern fügt sie auch zu einem System für den gesamten Antriebsstrang zusammen. Dazu gehört beispielsweise das Komplettdesign für den einbaufertigen Radsatz, d. h. für Radsatzgetriebe, Radsatzwelle, Räder und Radsatzlager. Bei gleichem Radsatzlagermittenabstand lässt es sich für verschiedene Spurweiten auslegen und verfügt über eine Hohlbohrung in der Radsatzwelle für Ultraschallprüfungen. Das Hirn der

↖ Pure Kraft: Fast 5000 PS holt der 23,5 Tonnen schwere Schiffsdiesel laufruhig aus den 16 Zylindern mit je 16 Liter Hubraum.

→ Vogelschau: Entwicklung und Produktion der Lok bieten dem autonomen Güter- und Personentransport neue Perspektiven in aller Welt. Der Hilfsdiesel (im Vordergrund) versorgt die Lokomotive mit Strom und ist Teil des einzigartigen Energiespar- und Autarkiekonzeptes, das die Maxima vollkommen unabhängig von äußeren Stromquellen macht, beispielsweise beim Vorwärmen, Starten der Lokomotive oder beim Laden der Batterien.

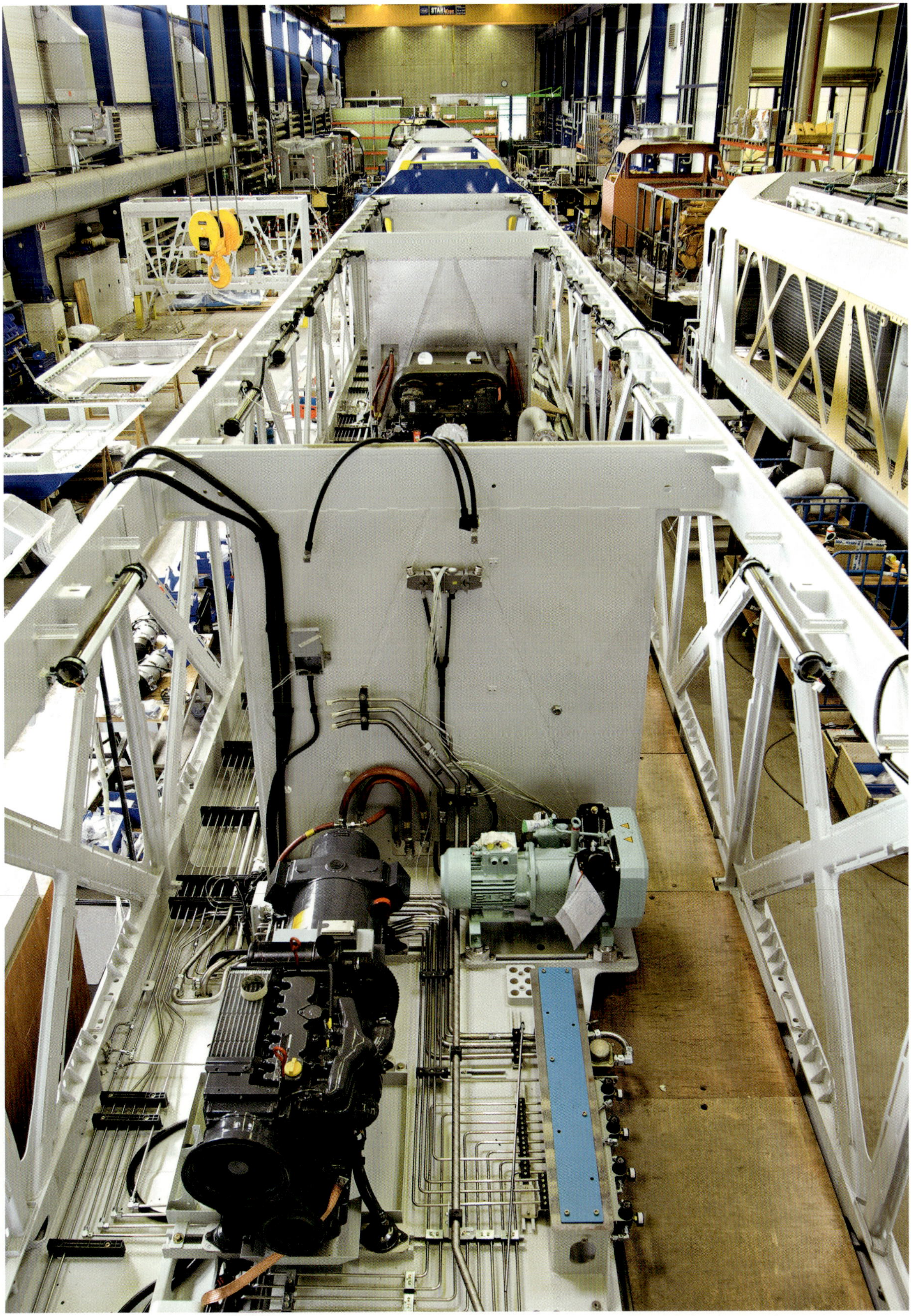
STAHL

VOITH
VOITH

STAHL
EST
EST

Maxima ist die ebenfalls von Voith speziell für die hohen Anforderungen des Bahnbereiches entwickelte modulare TracSys-Fahrzeugsteuerung. Automatische Adressierung und umfangreiche Selbstdiagnose sichern gleichzeitig Zuverlässigkeit wie Sicherheit. Das modular am TurboSplit-Getriebe angebaute Voith-Kühlsystem wiederum wurde auf die besonderen Anforderungen des eingesetzten Dieselmotors abgestimmt und enthält zudem den hydrostatischen Antrieb der Nebenaggregate. Integrierter Kühlkreislauf und dank aerodynamischen Querschnitts geräuscharme sowie effiziente Lüfter des Typs „SilentVent" sind weitere Kennzeichen eines Systems, das eine Kühlleistung von 3300 Kilowatt bietet. Selbst die torsionssteifen Kardanwellen stammen von Voith – mit ihrem geringen Gewicht bei gleichzeitig langer Lebensdauer passen sie genau in das Maxima-Konzept.

Angetrieben wird die Lok von einem genügsamen, jedoch 23,5 Tonnen schweren Schiffsdiesel „ABC 16 V DZC" der belgischen Firma Anglo-Belgian Corporation ABC. Der holt aus seinen 16 Zylindern zu je 16 Liter Hubraum schon bei schonend niedrigen Drehzahlen von zwischen 800 und 1200 Umdrehungen je Minute fast 5000 PS. Ein leichterer Motor wie eine Turbine würde zwar den Energieverbrauch weiter senken, ist aber zunächst noch Zukunftsmusik.

Apropos Sparsamkeit: Wer sich wundert, dass die Maxima in Deutschland gefertigt wird, aber preislich auf dem Weltmarkt konkurrenzfähig angeboten werden kann, bekommt in Kiel eine Lehrstunde in Globalisierung. Wenn Qualitätssicherung und Transport mit berücksichtigt werden, sei die Produktion an der Förde kein Handicap. Des Weiteren ist Kiel mit seiner Werfttradition ein Ort, an dem schwerer Stahlbau auf Erfahrung mit Schiffsmotoren trifft. Das sind Kompetenzen, die eben auch beim Bau von Lokomotiven wichtig und qualitätsbestimmend sind. Bei Voith Turbo in Kiel kommt hierzu noch das hohe Engagement und die besondere Zusammensetzung des Teams. So dürfte kein Lokhersteller mehr als fünf Fahrzeugingenieurinnen beschäftigen, wie sie dort arbeiten.

↖ Zwischenstand: Im nächsten Schritt werden hier die Endführerhäuser mit ihren energieverzehrenden Crash-Sicherheitszonen angesetzt.

→ Ausgezeichnetes Design: Die Maxima erhielt den begehrten red dot award 2007 für ihre elegante Verpackung fortschrittlicher Technik.

↘ Umweltfreundliche Begegnung bei der Lokwerft: Containerschiff und Maxima ergänzen einander für einen kosteneffizienten Transport.

VOITH

CMA CGM
ANDREA

VOITH
Maxima 40CC
VOITH
2

Geht man den Bedingungen für dieses erfolgreiche Unternehmen nach, so erwartet einen ein überaus nüchterner Befund: Der Erfolg ist eben nur in Schmalspurgrenzen planbar. Man fängt ihn eher mit einem Netz aus Zeit, Raum und Qualifikationen, dessen Knotenpunkte Menschen mit einer ungewöhnlichen Kombination aus Kreativität und Kompetenz bilden. Ein Rundgang durch die Fertigungshalle zeigt, wie eng hier beispielsweise der Kontakt zwischen Konstrukteuren und der Fertigung, zwischen Ingenieuren und Schlossern ist. Daraus entsteht nicht nur ein greifbar gutes Betriebsklima, sondern es führt auch zu einer hohen Effizienz und Qualität. Das alles zeigte sich schon früh bei der Entwicklung der Maxima. Geplant Anfang 2005, stand sie nach 70 000 Entwicklungsstunden auf der herbstlichen Innotrans des Folgejahres bereits auf Schienen des Messegeländes.

Die kontinuierliche Aufbaufinanzierung des Lokbaus aus Heidenheim war für das Kieler Team einerseits Rückhalt, andererseits erheblicher Ansporn für die weitere Zukunft: Genau 40 kritische Punkte, die bei der Lok funktionieren mussten, hatten die Ingenieure in Brainstorming-Gesprächen mit verschiedenen Betreiberunternehmen herausgearbeitet. Mit diesen Kundenanforderungen konnte nun eine Lokomotive entwickelt werden, die von Anfang an dem erst 2014 in Kraft tretenden Europäischen Regelwerk entspricht – in der Crash-Sicherheit mit einer energieverzehrenden Zone ebenso wie hinsichtlich Lärm- und Abgaswerten sowie der Laufdynamik und auf dem komplexen Gebiet der elektromagnetischen Verträglichkeit. Die Maxima nahm die Tests im ersten Anlauf ohne jeden Kratzer. Hier gleich alles richtig zu machen erfordert neben solider Ingenieurs- auch eine Spur Erfahrungswissenschaft. Diese Kombination verlangt die Konstruktion hochstabiler Wagenkästen, die sich gegenüber den beim Anfahren und Bremsen auftretenden Zug- und Druckkräften hoch belastbar zeigen müssen. Ein voller Erfolg: Wo die Aufnahme von Längsdruckkräften von 250 Tonnen einzuhalten war, erreichte man beinahe jene magischen 400 Tonnen, die für eine Zulassung in den USA notwendig sind. Die Zulassungen erwiesen sich als ernst zu nehmender Zeit- und Kostenfaktor. Die entsprechenden Dokumente müssen in fachsprachlich korrekter Form in der jeweiligen Landessprache eingereicht werden – schon im Englischen knifflig, aber eine wirkliche Herausforderung in osteuropäischen Sprachen. Doch ohne diese Dokumente keine Zulassung, kein Verkauf. Bestellen kann die Lok jedes Verkehrsunternehmen, das auf eine Schienenbreite von 1000 bis 1670 Millimeter zurückgreifen kann; in West- und Mitteleuropa sowie in Nordamerika liegt die „Normalspurweite" von 1435 Millimetern fast mittendrin. Als ersten Hauptmarkt sehen die Kieler zunächst Europa. Hier habe sich einerseits ein Bedarf aufgestaut, andererseits wirke sich die Privatisierung der Bahnen wohltuend und nachhaltig auf die Nachfrage aus. Noch vor der Zulassung waren die ersten Maximas verkauft. Auch außerhalb Europas sieht man in Kiel einen lukrativen Markt. Vor allem wo es um den wirtschaftlichen Transport schwerer Güter über lange Strecken geht, zum Beispiel in Brasilien oder Südafrika. Für den Transport von Erz auf langen Strecken eignet sich die sparsame Maxima besonders. Ihr Tank mit 9000 Liter Fassungsvermögen sichert höchstmögliche Autarkie. Zieht die Maxima Waggons beispielsweise mit 1600 Containern, liegt der Kraftstoffverbrauch bei Tempo 100 bei nur 3,6 Liter je Kilometer.

Ein wenig hat der Erfolg die Kieler überrollt. Denn ursprünglich hatten sie vor, lediglich eine Art Entwicklungsmanufaktur zu errichten und die Serienfertigung dann – wie üblich – den jeweiligen Kunden zu überlassen. Doch die Nachfrage erforderte eine Anpassung der Fertigungsstrategie hin zu mehr eigener Wertschöpfung. Und so sind denn in den Fertigungshallen Maximas in allen denkbaren Stadien zu sehen. Aber auch beim Fertigungskonzept hat sich das Team die Ansprüche hoch gesteckt, um die modernste und effizienteste Lokfabrik zu realisieren. Flexibel und mit kurzen Durchlaufzeiten sollen sowohl Maximas wie auch die kleinere Schwester, die Rangierlokomotive Gravita, vom Band laufen. Von der Gravita bestellte die Deutsche Bahn AG im Herbst 2008 gleich 130 Stück.

Auch sie wird weiterhin mancher Konkurrenz davonfahren. Wie die Maxima, deren Formgebung den prestigeträchtigen red dot award 2007 erhielt, mit einer Begründung, die Form und Funktion kongenial in eins sieht: „Die formale Grundlinie der Lokomotive Maxima 40 CC visualisiert mit kraftvollen Linien und abgewinkelten Flächen die hohe Leistungsstärke von 3600 Kilowatt und eine robuste Bauweise mit sehr guten Crashwerten. Die Außenform bildet hier in den entscheidenden Elementen bereits die mechanische Grundstruktur aus. Die trapezförmige Linienführung schafft ein dynamisches Bild, das durch markante Luftansaugöffnungen noch unterstrichen wird. Der konsequente Einsatz von glatten Flächen optimiert bei der Maxima 40 CC die Herstellungsbedingungen. Das Farbkonzept gliedert das Volumen der Lokomotive und betont den Antriebsbereich."

Sicherlich. Aber man kann es auch kürzer sagen. So kurz wie Hinrich Krey: „Meine Frau fährt die Maxima ausgesprochen gerne!"

Nils Schiffhauer

Maxima

Alle Komponenten sind aufeinander abgestimmt

Die Diesellokomotive Maxima nutzt eine hydrodynamische Leistungsübertragung vom Motor auf die Antriebsräder. Alle wesentlichen Antriebskomponenten wurden speziell für diese Lokomotive entwickelt und aufeinander abgestimmt. In Kombination mit der ebenfalls neuen Antriebs- und Fahrzeugsteuerung wird so für alle Betriebszustände ein optimales Zusammenspiel der Einzelkomponenten möglich.

Das Anfahren: Um einen mehrere Tausend Tonnen schweren Güterzug in Bewegung zu setzen, werden hohe Anfahrkräfte benötigt. Dabei muss der Antrieb gegen Überlastung geschützt werden. Das hydrodynamische Getriebe (TurboSplit-Getriebe) multipliziert das vom Dieselmotor bereitgestellte Drehmoment und ermöglicht damit aus dem Stillstand heraus ein Anfahren mit hoher Kraft. Die geringe Reibung zwischen den Rädern und Schienen aus Stahl erfordert eine schnelle und feinfühlige Regelung der Umfangskraft. Ein Durchdrehen einzelner oder aller Räder muss vermieden werden, damit der Antrieb und die Schienen nicht beschädigt werden, was dadurch erschwert wird, dass sich der Reibwert zwischen Rad und Schiene (abhängig von der Witterung und dem Zustand der Schiene) ständig ändert. Die elektronische Antriebssteuerung überwacht daher permanent den Schlupf an den Rädern und reduziert bei Bedarf die Motorleistung oder die Drehmomentwandlung. Diese Drehmomentwandlung erfolgt verschleißfrei – und durch die natürliche Charakteristik des hydrodynamischen Wandlers ohne jede Steuerung. Die Kühlanlage beseitigt die Abwärme des Antriebs mit möglichst geringem Energieverbrauch und dank spezieller Lüfter (Voith SilentVent) auch mit geringem Geräusch.

Der Fahrbetrieb: Nach dem Losfahren muss die Leistung des Dieselmotors mit hohem Wirkungsgrad (und damit geringem Kraftstoffverbrauch) zu den Rädern übertragen werden. Dies wird erreicht durch den Einsatz mehrerer Wandler, die je nach Geschwindigkeit zu- und abgeschaltet werden und die Leistung des Dieselmotors auf die Räder aller sechs Achsen übertragen.

Das Bremsen: Auch beim Abbremsen der Lok werden an den Antriebsstrang besondere Anforderungen gestellt. Eine verschleißfreie hydrodynamische Bremse als Bestandteil des Turbogetriebes, ein sogenannter Retarder, reduziert nicht nur den Verschleiß der Bremsbeläge des Zuges. sondern erhöht auch die Sicherheit. Die Kühlanlage ist auf eine optimale Funktion des Retarders ausgelegt. Die elektronische Antriebssteuerung regelt den Retarder, die Kühlanlage und das Zusammenspiel mit der mechanischen Fahrzeugbremse.

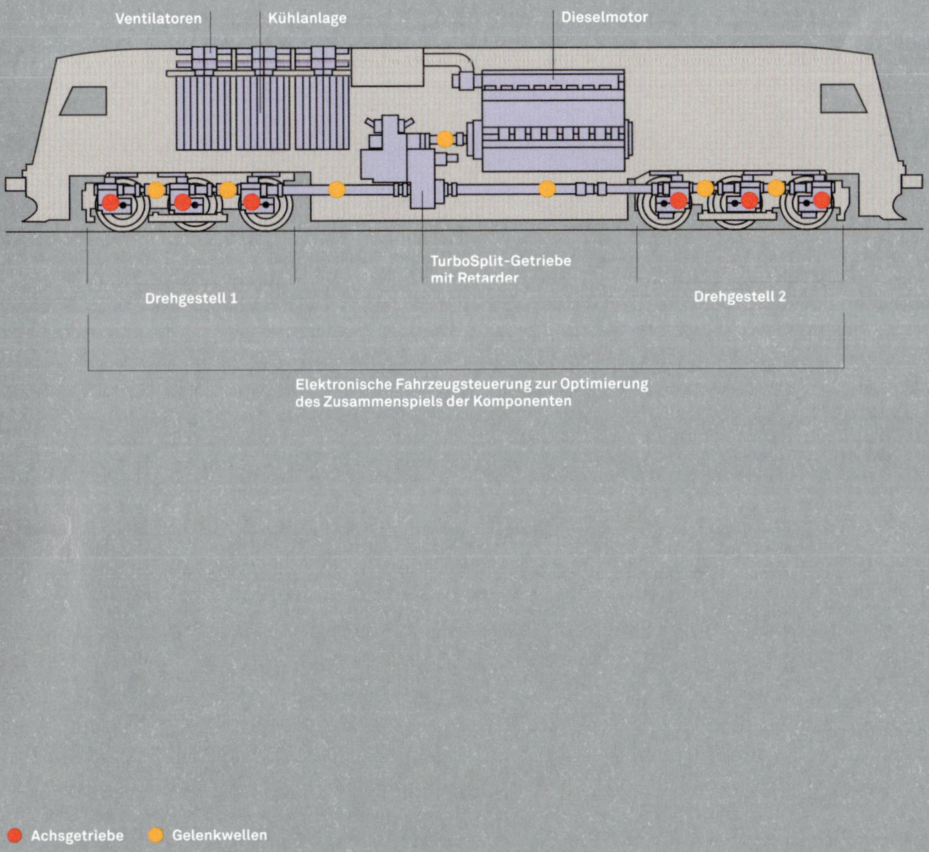
Ventilatoren
Kühlanlage
Dieselmotor
TurboSplit-Getriebe mit Retarder
Drehgestell 1
Drehgestell 2
Elektronische Fahrzeugsteuerung zur Optimierung des Zusammenspiels der Komponenten
Achsgetriebe
Gelenkwellen

Globale Logistik in der Praxis: DB Schenker

Im Gespräch mit dem DB Schenker-Chef Dr. Norbert Bensel, Vorstand für Transport und Logistik der DB Mobility Logistics AG

Das Porträt eines global agierenden Logistik-Unternehmens in nackten Zahlen: 2000 Standorte in 130 Ländern. Rund 90 000 Mitarbeiter. Mehr als 120 000 Güterwaggons. 3500 Lokomotiven. Mehr als 5000 Güterzüge pro Tag. Europäischer Landverkehr in 40 Ländern mit rund 40 000 Fahrzeugen, die 250 000 Sendungen pro Tag transportieren und Woche für Woche 32 000 fahrplanmäßige Linienverkehre absolvieren. Globales Luft- und Seefrachtnetz mit 22 000 Mitarbeitern an 800 Standorten. Jährlich 1,3 Millionen Tonnen Luftfracht und 1,5 Millionen Standardcontainer-Volumen zur See. 18 Milliarden Euro Umsatz. Die trockene Statistik beschreibt ein lebendiges Unternehmen: DB Schenker, Transport- und Logistikbereich der Deutschen Bahn.

Im Zentrum des weltumspannenden Netzes sitzt Dr. Norbert Bensel, Vorstand für Transport und Logistik der DB Mobility Logistics AG. Er hält die strategischen Fäden in der Hand, ist verantwortlich dafür, dass sich das Logistik-Netz ständig weiterentwickelt. Wohin wird die Reise nach seiner Einschätzung gehen? „Die Globalisierung ist und bleibt ein wichtiger Treiber unseres Wachstums. An diesem Prinzip wird auch die aktuelle Finanzkrise nichts ändern. Ein zweiter Treiber ist der anhaltende Trend zum Outsourcing von Logistik-Leistungen. Viele Industrieunternehmen verstehen ihre Kernkompetenzen in einem immer engeren Sinne und vergeben nicht nur den Transport von A nach B, sondern zunehmend größere zusätzliche Dienstleistungspakete an Spezialisten“, zeichnet Bensel die Entwicklungspfade auf.

Besonders in diesem Spezialgebiet der Logistik, der sogenannten Kontraktlogistik, sieht Bensel große Wachstumsmöglichkeiten. „Schon heute können wir beispielsweise für die Automobilindustrie sämtliche Zulieferströme koordinieren, Komponenten just in sequence am Produktionsstandort bereitstellen oder sogar vormontieren, etwa Kabelbäume oder Armaturentafeln“, beschreibt er die zusätzlichen Offerten an seine Kunden. „Kontraktlogistik kann aber auch darin bestehen, dass wir die Lagerhaltung übernehmen und organisieren, die Händler automatisch mit Ersatzteilen versorgen oder für Handy- oder Computerhersteller defekte Teile vom Endkunden zurückholen und reparieren lassen."

Andere Zusatzleistungen sind beispielsweise Qualitätskontrollen, die Abwicklung des Zahlungsverkehrs oder die Anpassung von Produkten an landesspezifische Normen. Mit alldem werden die Logistiker immer tiefer in die Prozesse ihrer Kunden eingebunden. So gewinnen sie nicht nur zusätzliches Geschäft, sondern auch eine stärkere Kundenbindung, also Sicherheit. Und sie haben die Chance, anders als im reinen Güterverkehr über das Produkt und nicht über den Preis zu konkurrieren, folglich höhere Margen zu realisieren. So zeigt sich Bensel auf diesem Gebiet sehr ambitioniert: Mit mehr als 1 Milliarde Euro Umsatz sehe sich DB Schenker als die Nummer sechs in der weltweiten Kontraktlogistik, aber „das reicht uns natürlich nicht".

Gleichzeitig sieht er aber auch die Notwendigkeit, das bestehende Instrumentarium zu verbessern und immer wieder auf den neuesten Stand der Technik zu bringen. „Wir müssen die Transportkette, also den Einsatz verschiedener Verkehrsträger für einen Transport, noch stärker als bisher als durchgehenden Prozess begreifen, den es zu optimieren gilt", postuliert Dr. Norbert Bensel, der Chef von DB Schenker. „In der Zukunft wird es darum gehen, insbesondere im intermodalen Verkehr, also im Bereich der Containerverkehre, intelligente Verknüpfungsmöglichkeiten zu finden, die die gesamte Prozesskette vom Verlader über das Schiff, den Hafenumschlag und das Binnenland-Terminal bis hin zum Endkunden abdecken."

Wie viel Fantasie und Kreativität schon heute gefordert sind, um Kosten und Zeitbedarf zu optimieren, verdeutlicht die „Skybridge". Sie verbindet die wirtschaftlichen Vorteile des Containerschiffes mit der Schnelligkeit des Flugzeugs. Ein Beispiel: Computer-Monitore werden von Fernost zunächst nach Dubai verschifft und von dort per Flugzeug weiter nach Deutschland gebracht. „Damit lassen sich Transportkosten, Geschwindigkeitswünsche und sogar Umweltinteressen unter einen Hut bringen – durch die Kombination mit dem umweltfreundlichen Schiff schont diese Transportvariante auch die Ressourcen", unterstreicht Bensel.

→ Schnell und unkompliziert muss es gehen: Das Umladen von der Straße auf die Schiene.

HANGARTNER
Umschlagbahnhof
HILGERS
HANGARTNER
HANGARTNER

„Wirklich intelligente Lösungen können wir nur gemeinsam finden, auch wenn der Logistik-Dienstleister ein Stück weit die Treiberrolle übernehmen muss."

Dr. Norbert Bensel

Die Organisation solcher grenzüberschreitenden Transportwege erfordert erhebliches Know-how – nicht zuletzt im Umgang mit Zoll- und anderen Behörden – und ein ausgefeiltes Projektmanagement. Wie viel Geduld dafür manchmal vonnöten ist, wird an einem von Bensels Lieblingsprojekten der Zukunft deutlich. Dabei spielt zwar nur ein Verkehrsträger eine Rolle: die Bahn. Aber auf der mehr als 10 000 Kilometer langen Strecke Peking oder Schanghai nach Deutschland, die zum großen Teil auf der Trasse der Transsibirischen Eisenbahn verläuft, sind nach China und der Mongolei Russland, Weißrussland und Polen zu durchqueren. Die Verhandlungen mit den beteiligten Eisenbahnen dauerten mehrere Jahre. „Auch das ist Innovation: scheinbar unüberwindliche Hürden zu überwinden", sagt Bensel.

Seine Reifeprüfung hat das Projekt schon bestanden. Am 6. Oktober 2008 kam der erste sogenannte Trans Eurasia Express aus China im Hamburger Hafen an, ein im Auftrag von Fujitsu Siemens Computers mit hochwertigen IT-Produkten wie Monitoren und Chassis beladener Containerzug. Nur 17 Tage hatte er für die Fahrt in die Hansestadt benötigt. Und das, obwohl an allen Grenzen Zollformalitäten, Lok- und Lokführerwechsel fällig waren. Rund 50 Lokführer aus

---

→ Wachstumsmarkt Kontraktlogistik: Nicht nur Transport, sondern auch Koordination.

den sechs Ländern waren während dieser Fahrt insgesamt im Einsatz. Nicht zu vergessen die technischen Hindernisse. Zweimal musste der Zug auf seiner Reise auf andere Spurbreiten umgesetzt werden: An der chinesisch-mongolischen Grenze von Normalspur auf russische Breitspur, an der weißrussisch-polnischen Grenze dann wieder auf Normalspur. Jedes Mal wurden die 49 Container dabei per Kran auf Tragwagen mit der jeweils anderen Spurweite umgehoben. Nicht zu unterschätzen waren auch die Temperaturunterschiede – der Zug passierte Klimazonen mit Temperaturen zwischen plus 30 und minus 30 Grad Celsius.

Bensel ist sich sicher: „Wer in Zukunft als Logistik-Dienstleister Erfolg haben will, muss flächendeckend international vertreten sein, eine effiziente Vernetzung aller Verkehrsträger anbieten und individuelle Transport- und Logistikpakete schnüren können." Eine besondere Stärke seines Unternehmens sieht er darin, dass Logistik-Kompetenzen und Verkehrsträger einschließlich der umweltfreundlichen Bahn hier unter einem Dach gebündelt sind. Das ermögliche es, innovative Transportkonzepte zu entwickeln, die auch dem Umweltschutz zugutekommen.

In der Fortentwicklung der logistischen Prozesse werde die Technik eine immer größere Rolle spielen. Das gelte sowohl für die Umschlagstechnik, beispielsweise im Container-Terminal, als auch für die Elektronik zur Unterstützung des ganzheitlichen Prozesses. Dabei liege die Intelligenz wesentlich in der Software, in der Telematik, in der Kommunikationstechnik. Der „intelligente" Container oder der „intelligente" Waggon sind keine Fiktion mehr. „Smart Boxes", die Temperatur, Luftfeuchtigkeit, Erschütterungen, Türöffnungsversuche und andere äußere Einflüsse messen und per Funk ebenso weitergeben können wie ihren exakten Standort, sind schon getestet und teilweise im Einsatz. Allerdings nur zur Begleitung besonders empfindlicher und kostspieliger Ladungen: „Um diese Technik flächendeckend einzusetzen, ist sie noch zu teuer", erklärt der promovierte Chemiker Bensel. Den Container-Express von Peking nach Hamburg hat sie schon begleitet.

Eine andere, preisgünstigere Technik hat ihre Anwendung in der Breite bereits gefunden: RFID (Radio Frequency Identification), ein Erkennungsverfahren auf der Basis von Transpondern, Einheiten aus elektronischen Schaltkreisen und Antennen, die ihre gespeicherten Informationen abgeben, wenn sie von einem Magnetfeld angeregt werden. Dieses Magnetfeld wird von einem Lesegerät erzeugt. Die sogenannten RFID-Tags können sehr klein und flach sein, sodass sie

↑ Der Rangierbahnhof Hamburg-Waltershof bei Nacht: Eine der größten Schaltzentralen der Deutschen Bahn.

↖ Just in time: BMW-Motoren fahren auf dem Weg zur Endmontage mit der Bahn.

↘ Um eine gut funktionierende Logistikkette zusammenzusetzen, müssen alle ihre Glieder reibungslos harmonieren.

artinair
DB SCHENKER
Martinair
DB SCHENKER
IVECO

Martinair
Martinair
Prins Claus
Menzies
CF-676
Menzies

sich zum Beispiel wie Etiketten auf Waren, Paletten oder Pakete kleben lassen. Das eröffnet Möglichkeiten der Bestandsführung, der Warensicherung oder der Sendungsverfolgung.

Die Systementwickler von DB Schenker haben eine weitere Applikation ausfindig gemacht. Sie rüsteten 3500 der 4000 Wechselbrücken, die das Unternehmen in Deutschland einsetzt, mit RFID-Transpondern aus, um die Ladungsträger besser identifizieren, verfolgen und bereitstellen zu können. „Damit ist die Verfügbarkeit unserer Wechselbrücken deutlich gestiegen", stellt der DB Schenker-Chef zufrieden fest. „Dank der automatischen Inventarisierung haben wir jetzt immer Zugriff auf den jeweils geeigneten Brückentyp. Das schafft Kundenzufriedenheit und es hilft, den Bestand an Wechselbrücken optimal auszulasten – auch im Interesse der Nachhaltigkeit."

Doch mit der Technik allein ist es nicht getan, soll die Transportkette reibungslos funktionieren: „Großen Geschicks bedarf auch die Verknüpfung der unterschiedlichen Spieler, die an einer Transportkette beteiligt sind: Reeder, Hafenumschlagsbetriebe, Bahngesellschaften, Terminal-Betreiber, LKW-Betriebe, Ortsverteiler.

Die Schnittstelle zwischen all diesen Beteiligten ist heute bei Weitem noch nicht optimal gestaltet. Das ist eine Informations- und Kommunikationsaufgabe, bei der es auch um Emotionen geht, zum Beispiel um die Angst, dass andere Mitspieler einem mit den eigenen Daten Konkurrenz machen könnten. Der Logistiker hat hier die Chance, die Rolle des Integrators zu übernehmen." Im Rahmen eines Forschungsprojekts im DB Schenker Lab an der TU Berlin, das neue Gestaltungsmöglichkeiten des Transportprozesses eruieren soll, sei es immerhin gelungen, die Beteiligten an einen Tisch zu holen. „Der wichtigste Punkt ist, dass sie Vertrauen zueinander entwickeln und miteinander reden. Erst dann kann man daraus ein Konzept entwickeln", meint Bensel. „Sicher ist nur: Wirklich intelligente Lösungen können wir nur gemeinsam finden, auch wenn der Logistik-Dienstleister ein Stück weit die Treiberrolle übernehmen muss."

Aufgezeichnet von Georg Küffner

5500 GPM
Wynn
LAFD

Pirouetten im Hafen

Im Gespräch mit Derek LeDuff, Kapitän der Hafenfeuerwehr von Los Angeles

Man muss kein Seemann sein, um festzustellen, dass es mit diesem Schiff etwas Besonderes auf sich hat. Gefühlvoll steuert Derek LeDuff das Boot nämlich seitwärts – nicht etwa in einer schwungvoll gefahrenen Kurve oder vielleicht nur über das Vorschiff mit einem Bugstrahlruder. Nein, das gesamte Schiff bewegt sich senkrecht zu seiner Längsachse, mal langsam, mal schneller, auf die kleinsten Bewegungen der beiden Steuerhebel reagierend, die der 45 Jahre alte Kapitän mit ruhiger Hand bedient. Nicht nur der Besucher auf der Brücke des Schiffes bewundert das Manöver. Auch an der Kaimauer im Hafen von Los Angeles schauen Angler und Hafenarbeiter von ihren Tätigkeiten auf und fragen sich, wie LeDuff das Boot wohl so exakt seitwärts bewegen kann. Nachdem er das in Rot und Weiß gestrichene Schiff mehrmals quer zu seiner Längsrichtung hin- und hermanövriert hat, zeigt der Kapitän, wie agil sich das Wasserfahrzeug sonst noch bewegen lässt. Mit Schwung dreht er das kleine Lenkrad – ein klassisches großes Steuerrad aus Holz fehlt auf der hochmodernen Brücke – nach links und verschiebt die Steuerhebel. Binnen weniger Sekunden dreht das Boot auf der Stelle eine Pirouette nach Backbord und fährt dann geradeaus aus dem engen Hafenbecken heraus.

„Für unsere Einsätze brauchen wir eine derartige Wendigkeit", sagt LeDuff, der seine sportliche Figur in ein dunkelblaues, kurzärmeliges Uniformhemd und eine gleichfarbige lange Hose gekleidet hat. Rangabzeichen fehlen ebenso wie die für einen Kapitän übliche weiße Uniformmütze. Stattdessen zeigt ein Aufnäher am Hemdsärmel LeDuffs Arbeitgeber: Seit 21 Jahren ist er bei der Berufsfeuerwehr von Los Angeles angestellt. Mehr als 15 Jahre ist es inzwischen her, seit er zur „Hafenfeuerwache 112" im Stadtteil San Pedro abkommandiert wurde. Seit einigen Jahren führt er dort das Kommando auf dem modernsten und manövrierfähigsten Feuerlöschboot in Nordamerika, dem „Fireboat No. 2".

Die unmittelbar nebeneinander liegenden Häfen von Los Angeles und Long Beach in Südkalifornien sind die größten Güterumschlagplätze an der amerikanischen Westküste. Sie sind die Drehscheibe des Handels zwischen den

Vereinigten Staaten und Asien. Dutzende von Containerschiffen machen jeden Tag in diesen Häfen fest und löschen dort ihre Ladung – von billigen T-Shirts und Plastikspielzeug aus China bis zu hochwertigen Elektronikprodukten und leicht entflammbaren Gefahrengütern. Öltanker legen ebenso an wie Kreuzfahrtschiffe und die Fähren, die das kalifornische Festland mit der Urlaubsinsel Catalina verbinden.

Mit insgesamt sieben Feuerlöschbooten stellen die Feuerwehren der beiden Hafenstädte sicher, dass ein Brand auf einem der zahlreichen Schiffe, die jeden Tag dort festmachen, schnell unter Kontrolle gebracht wird und sich nicht zur Katastrophe ausbreiten kann. Verheerende Brände gab es immer wieder in diesen Häfen, beispielsweise als in der Nacht zum 22. Juni 1947 der voll beladene Öltanker „Markay" am Kai 167 Flammen fing und das Feuer auf eine benachbarte Raffinerie übergriff. Oder als am 17. Dezember 1976 der unter liberianischer Flagge fahrende Tanker „Sansinena" explodierte und sechs Seeleute in den Flammen umkamen.

LeDuff, der früher als Feuerwehrmann schon viele Brände an Land bekämpft hat, ist bisher der Einsatz bei einem katastrophalen Schiffsfeuer erspart geblieben – aber dennoch ist der Kapitän des im März des Jahres 2003 in Dienst gestellten Löschbootes auf das Schlimmste vorbereitet. Mindestens einmal in der Woche üben er und seine sieben Besatzungsmitglieder die Brandbekämpfung in den zum Teil recht engen Hafenbecken. Als Kapitän trägt LeDuff die nautische Verantwortung für das neun Millionen Dollar teure Schiff. Ein Feuerwehrhauptmann sorgt mit seinen drei Wehrmännern für die eigentlichen Löscharbeiten. Gleichzeitig stellen zwei Schiffsingenieure sicher, dass die sechs Dieselmotoren und die zahlreichen Pumpen an Bord des Feuerlöschbootes einwandfrei laufen. Ein Erster Offizier vertritt den Kapitän nicht nur, er bedient bei Einsätzen auch jene Konsole auf der Brücke, mit der die Löschkanonen an Bord gesteuert werden.

→ Blank geputzt im Hangar: Das „Fireboat No. 2" der Hafenfeuerwehr von Los Angeles.

↘ Auch wenn es aus allen Rohren spritzt, behält das Feuerlöschboot mit dem Voith Schneider Propeller-Antrieb seine Wendigkeit.

FIRE
2
WARNER L. LAW
LOS ANGE

LOS ANGELES FIRE DEPARTMENT
L.A. FIREBOAT 2
2
2
DANGER PROPELLERS

„Für unsere Einsätze brauchen wir eine derartige Wendigkeit."

Derek LeDuff

Nach den Wendemanövern kündigt LeDuff mit einem verschmitzten Lächeln auf den Lippen an, nun werde man es dem Besucher einmal richtig zeigen. Zügig beschleunigt er das 32 Meter lange Boot auf seine Höchstgeschwindigkeit von 15 Knoten (etwa 28 Kilometer pro Stunde). Schon nach kurzer Fahrt kommen wir im wenig befahrenen Außenhafen an. LeDuff positioniert das Schiff senkrecht zu einer alten, nicht mehr benutzten Kaimauer und der Erste Offizier am Kontrollpult lässt jene vier Dieselmotoren an, welche die Pumpen für acht der zehn Löschkanonen an Bord antreiben. Kaum sind sie eingeschaltet, geht ein leichtes Brummen durch den Schiffsrumpf und es dauert einige Sekunden, bis genügend Wasserdruck aufgebaut ist.

Dann öffnet der Erste Offizier nacheinander die Ventile für die Löschkanonen. Vom Bug, vom Heck und von den Seiten verspritzen die Kanonen weiß schäumendes Wasser in hohen Bögen Dutzende Meter weit. Nach kurzer Zeit scheint es, als wäre das gesamte Schiff in einen Kokon von Wasser gehüllt. Als sei das noch nicht beeindruckend genug, gibt LeDuff dem „Ersten" ein Handzeichen. Er legt einige Schalter um und der Besucher spürt an leichter Vibration, wie sich die Drehzahl der beiden Hauptmotoren langsam steigert. Bei 1800 Umdrehungen in der Minute öffnet der Offizier das Ventil zur Hauptkanone am Bug und ein riesiger Wasserstrahl spritzt mit gewaltiger Wucht fast 200 Meter weit aus dem Rohr.

„Wir haben mit dieser Kanone schon Wasser über die Fahrbahn der Vincent-Thomas-Brücke gespritzt", sagt LeDuff und deutet auf das nördlich des Außenhafens gelegene Bauwerk. Diese mehr als 1800 Meter lange Hängebrücke verbindet die beiden Häfen miteinander. Ihre Fahrbahn verläuft knapp 120 Meter über der Wasseroberfläche. An diesem Werktag sieht LeDuff aber von dem spektakulären Spritzmanöver ab, denn die schaulustigen Autofahrer würden dann den Verkehr auf der Brücke in wenigen Minuten zusammenbrechen lassen.

Während das Wasser aus allen Rohren spritzt, nennt der Kapitän dem Besucher einige Zahlen. Die starke Bugkanone kann bis zu 1070 Liter Wasser pro Sekunde verspritzen. Alle Kanonen zusammen erreichen nahezu 120 000 Liter in der Minute – und dabei kann mit einem Druck von bis zu 10 Bar gearbeitet werden. Insgesamt beträgt die Förderleistung aller Pumpen an Bord mehr als

LAFD
LAFD
FIRE
SERVING THE PORT OF LOS ANGELES
LOS ANGELES FIRE DEPARTMENT
DANGER PROPELLERS

MERIOM ROSE
FR232

7000 Kubikmeter Wasser pro Stunde. Während das Wasser aus allen Rohren spritzt, zeigt der Kapitän, dass sein Boot dabei kein bisschen seiner Manövrierfähigkeit verloren hat. Er steuert das Schiff seitwärts, dann lässt er es auf der Stelle um 360 Grad drehen, zunächst im Uhrzeigersinn und dann gegenläufig. Im Gegensatz zu den anderen, konventionell angetriebenen Löschbooten muss LeDuff bei diesen komplizierten Manövern noch nicht einmal die Pumpleistung senken. Die Leistungsreserven seien enorm, sagt er voller Stolz.

Nachdem das Boot aus allen Rohren gespritzt hat, führt der Kapitän den Besucher in den blitzblank geputzten Maschinenraum. Im hinteren Teil stehen jene vier Dieselmotoren, die ausschließlich die Pumpen betreiben. Das Mittschiff dominieren die beiden Hauptmaschinen, deren rot gestrichene Ventildeckel auf blank polierten Zylinderköpfen und den ebenso spiegelnden Motorblöcken sitzen. Mit ihren zwölf Zylindern kann jede Maschine mehr als 1300 Kilowatt leisten. Die beiden Motoren haben jeweils eine durchgehende Welle. An deren hinteren Enden ist jeweils eine Hochleistungspumpe angeflanscht. Nach vorne führt die Welle aber zum Herz und dem eigentlichen „Geheimnis" des Schiffes.

Die beiden Dieselmotoren treiben nämlich keine Wellen, an deren Enden sich Schiffsschrauben im Wasser drehen, die für den Vortrieb des Schiffes sorgen. Vielmehr wird die Kraft der Motoren jeweils auf ein senkrecht stehendes, im Durchmesser etwa drei Meter großes Schaufelrad übertragen, das durch den Schiffsboden ins Wasser ragt. Das Feuerlöschboot sei also ein moderner Raddampfer, wirft der Besucher ein. LeDuff lächelt ob dieser voreiligen Bemerkung wieder sein verschmitztes Lächeln und fragt, ob man denn schon jemals einen Raddampfer habe seitwärts fahren sehen.

Die fast zwei Meter langen Schaufeln sind nämlich nicht starr mit dem jeweiligen Rotorrahmen verbunden. Sie lassen sich vielmehr unabhängig voneinander einzeln in ihrem Anstellwinkel bewegen. Die Steuerung ist dabei so ausgeklügelt, dass sich der Winkel der Schaufelblätter selbst während einer Umdrehung des gesamten Schaufelrades kontinuierlich verstellen lässt. Mit den Hebeln auf der Brücke, so erklärt der Kapitän, könne er diesen Winkel nach

---

↖ Routineinspektion im Hafen: Die Besatzung des „Fireboat No. 2" kontrolliert alle einlaufenden Schiffe auf die Einhaltung der Brandsicherheitsvorschriften.

→ Auch auf dem Feuerlöschboot gehören Helm, nicht entflammbare Schutzkleidung und Stiefel zur Grundausrüstung der Feuerwehrmänner.

FIREFIGHTER
112
LAFD
112
CARTER

FIRE
2
2
L.A. FIREBOAT 2
L.A. FIREBOAT 2
FURUNO

Belieben verändern. Aus der Kombination von Anstellwinkel der Schaufeln und Drehgeschwindigkeit der Rotoren ließe sich dann eine Vortriebskraft in jede beliebige Richtung erzeugen, sagt LeDuff. Das mache das Feuerlöschboot manövrierfähiger als selbst kleine Angelkähne mit Außenbordmotoren.

Dieser Antrieb mit regulierbaren Schaufelrädern wurde im Dezember 1925 von dem damals in Wien lebenden Maschinenbaustudenten Ernst Schneider zum Patent angemeldet und in erster Großausführung im Jahre 1927 von den Voith-Werken in St. Pölten hergestellt. Dieser inzwischen als Voith Schneider Propeller (VSP) bekannte Antrieb wurde im Laufe der Jahrzehnte nicht nur in Fahrgastschiffe für den Binnenverkehr, in Minenjagdboote, Autofähren, Schiffe zur Versorgung von Ölplattformen und Schwimmkräne eingebaut. Er ist inzwischen auch der Antrieb der Wahl für alle Schiffe, die stark, aber dennoch behende und sehr wendig sein müssen – kurzum also für Schiffe, die auf dem Wasser die Eigenschaften eines Treckers an Land haben. Auf Basis dieser „Voith Wassertrecker" werden mittlerweile nicht nur Hafenschlepper und Bugsierschiffe, sondern eben auch Feuerlöschboote gebaut.

Bei Brandeinsätzen kommt es besonders bei langsamer Fahrt auf extreme Wendigkeit an, sagt LeDuff. Außerdem müsse er in der Lage sein, mit seinem Löschboot auch bei heftigen Winden und starker Strömung die Position exakt zu halten. In beiden Fällen gebe es einfach keine bessere Lösung als den VSP-Antrieb. Er habe jahrelang Feuerlöschboote mit herkömmlichem Zweischraubenantrieb gefahren, meint der Kapitän. Auch sie seien stark, aber hätten die Eigenschaften eines klobigen Tanzbären. Dagegen könne er sein „Fireboat No. 2" auf dem Wasser tanzen lassen wie ein agile Ballerina, sagt LeDuff bei der Rückfahrt zum Bootshaus an der Feuerwache. Und dabei kann er es sich einfach nicht verkneifen, noch einmal mit dem Schiff eine Pirouette zu drehen.

Aufgezeichnet von Horst Rademacher

← Die Wasserkanonen verfügen über so viel Kraft, dass sie über die Fahrbahn der 120 Meter hohen Vincent-Thomas-Brücke (Hintergrund) spritzen können.

Rohstoffgewinnung und Energie

Die Rohstoffe der Welt – mit Antriebstechnik für den Menschen nutzbar

Präziser Kurs auf rauer See

Unterwegs auf der Nordsee mit dem Platform Supply Vessel „Edda Fram“

Die „Edda Fram“ versorgt Ölplattformen auf der Nordsee mit Nachschub – eine Aufgabe, die ein hohes Maß an Manövrierfähigkeit erfordert. Denn das Schiff muss auf hoher See ohne Anker und Tau fest auf der Stelle stehen, während der Plattformkran die Ladung übernimmt. Für die 86 Meter lange „Edda Fram“ kein Problem, denn sie besitzt einen ungewöhnlichen Antrieb, der rasche Manöver erlaubt: zwei Voith Schneider Propeller.

IMO 9356995
Edda
ST-216
EDDA FRAM

Die „Edda Fram" kennt keinen Fahrplan. Ihre Besatzung, 15 Männer, weiß nie genau, wann sie wieder im Hafen einlaufen wird. Manchmal nach drei Tagen, manchmal erst nach einer guten Woche. Das 86 Meter lange und 19 Meter breite Schiff verkehrt für den Ölmulti Shell auf den Öl- und Gasfeldern der Nordsee. Zwischen Schottland und Norwegen ist die See gespickt mit Hunderten von Bohr- und Förderanlagen, gewaltigen Chemiekomplexen, die auf Stelzen hoch über den Wellen schweben oder auf verankerten Schiffen montiert sind. Hat man eine Plattform hinter sich gelassen, taucht meist schon die nächste am Horizont auf.

Diese Offshore-Industrie, vom hohen Ölpreis kräftig befeuert, braucht ständig Nachschub. Während die Arbeiter mit dem Hubschrauber zu ihren luftigen Arbeitsplätzen fliegen, kommt die sperrige und schwere Fracht mit dem Schiff. Gebraucht werden Ersatzteile, Nahrungsmittel, Chemikalien, Frischwasser, Treibstoff und vieles mehr. Ein Großteil davon wird in Aberdeen verladen. In der schottischen Hafenstadt schlägt das Herz der britischen Ölindustrie, hier laufen rund drei Dutzend Versorgungsschiffe ein und aus und machen sich den knappen Platz an den Kais streitig. Die „Edda Fram" der norwegischen Reederei Østensjø, die erst im Herbst 2007 fertiggestellt wurde, ist das modernste unter ihnen, ein Hightech-Fahrzeug.

Dabei sieht sie nicht gerade schnittig aus. Ihre Form erinnert ein wenig an einen plumpen Pick-up, wie ihn Landwirte oder Gemüsehändler über die Landstraßen steuern. Den größten Teil nimmt eine rechteckige Ladefläche ein, die mit einer Länge von 57 Metern und einer Breite von 16 Metern genug Platz zum Fußballspielen böte. Hoch überragt wird sie von den Aufbauten mit den Mannschaftsräumen und der Brücke, die fast 20 Meter über dem Wasser thront. Jetzt liegt die „Edda Fram" fest vertäut im Industriehafen, den niemand ohne Erlaubnis, Schutzhelm und Warnweste betreten darf. Innerhalb weniger Stunden hievt ein Hafenkran 105 Stahlcontainer unterschiedlicher Abmessungen auf die Holzplanken der Ladefläche, viele größer als ein Telefonhäuschen. Der schwerste bringt es auf 15 Tonnen, an anderen Tagen sind sogar Schwergewichte bis zu 35 Tonnen dabei.

Jeder Container ist an vier Seiten aufgehängt, sodass er ruhig durch Aberdeens Abendluft schwebt. Alle Seilspinnen bleiben an den Halterungen der Container befestigt, damit die Seeleute später auf offener See, wenn das Schiff im See-

← Am Kai von Aberdeen, dem Herzen der britischen Ölindustrie, beginnt und endet jede Fahrt der „Edda Fram".

PEACOCK

PEACOCK

Edda
ST-216

EDDA FRAM

gang schaukelt, jeweils nur eine einzige Öse einklinken müssen. Hier im Hafen wirkt diese Vorsicht noch übertrieben, später auf dem offenen Meer nicht mehr. Bis zuletzt weiß nicht einmal der Kapitän, wie viel Fracht sein Schiff transportieren muss. Manchmal ordert eine Plattform in letzter Minute zusätzliches Material. Diesmal bleibt es bei 105 Stücken für sieben Adressaten.

Abends gegen 20 Uhr geht es los, bei ruhiger See und sommerlichen 18 Grad. Die übersichtliche Brücke macht das Manövrieren leicht: Neben den beiden großen Steuerständen für Vorwärts- und Rückwärtsfahrt gibt es zwei kleinere, blau lackierte Steuerpulte an den Seiten. Von ihnen aus kann der Steuermann durch die nach außen geneigte Scheibe die ganze Bordwand bis zum Heck überblicken, als würde er außerhalb des Schiffes stehen. Ein Antippen des Joysticks, und die „Edda Fram" gewinnt langsam Abstand zur Kaimauer. Trotz sechs Metern Tiefgang gleitet der Koloss wie von Geisterhand zur Seite. Ein ungewöhnliches Antriebssystem sorgt für die erstaunliche Agilität.

Das Versorgungsschiff besitzt weder eine Schraube noch ein Ruder. Was es vorantreibt, erinnert eher an die Flossen von Fischen. Die Flossen der „Edda Fram" sind schmal und ragen, wie die Flügel eines Flugzeugs geformt, etwa zwei Meter fast senkrecht ins Wasser. Wie bei ihrem lebendigen Vorbild sorgen sie nicht nur für den Vortrieb, sondern bestimmen auch die Richtung – Funktionen, die bei herkömmlichen Schiffen mit Schraube und Ruder streng voneinander getrennt sind. Fünf dieser Flügel drehen sich, von einem kräftigen Elektromotor angetrieben, auf einer Kreisbahn. Solange sie tangential ausgerichtet sind, bleibt das Schiff auf der Stelle stehen. Erst durch trickreiche Schwenkbewegungen jedes einzelnen Flügels um seine Längsachse setzt es sich in Bewegung.

Der Vorteil dieses Konzeptes: Durch veränderte Flügelstellungen lässt sich nicht nur die Stärke des Vortriebs stufenlos verändern, sondern auch die Richtung – und das bei gleichmäßiger Rotation der Trommel. Der Voith Schneider

---

↖↖ Griffiges Holz: Die rauen Planken der Ladefläche sorgen dafür, dass die geladenen Container auch bei hohem Seegang nicht verrutschen.

↖ Der Clou im Verborgenen: Rotierende Flügel bringen die „Edda Fram" in jede Richtung.

→ Die Seilspinnen bleiben an den Containern. So müssen die Seeleute nur jeweils eine Öse einklinken – bei Seegang eine enorme Erleichterung.

KGH031
Swire
OPEN TOP
OPEN TOP
SHEARWATER
Continental
Offshore
Swire
J278
MISCELLANEOUS
LIQUID
5084

GANNET A
21/25
ESSO

SHEARWATER
22/30b

Propeller, wie er genannt wird, steuert das Schiff mit gleicher Kraft in jede beliebige Richtung, ob vorwärts, rückwärts oder seitwärts. Der Joystick, den der Kapitän in der Hand hält, spiegelt diese Wendigkeit anschaulich wider. Ein Steuerrad, wie es jede Landratte erwarten würde, sucht man auf diesem Schiff vergeblich. Ein weiterer Vorteil: Der Flügelantrieb reagiert ungeheuer schnell auf Steuerbefehle, denn die Verdrehung der einzelnen Flügel erfordert wenig Kraft. „Von voller Kraft voraus auf volle Kraft zurück braucht es nur vier Sekunden“, sagt Kapitän Dagfinn Thorbjørnsen, 59, ein drahtiger, besonnener Norweger, der seit 18 Jahren Schiffe kommandiert. „Bei einem Schiff mit einem herkömmlichen Antrieb sind dafür 20 bis 40 Sekunden nötig.“

Der Voith Schneider Propeller reagiert sogar so schnell, dass er eine weitere Aufgabe übernehmen kann: Er ist in der Lage, das Schaukeln des Schiffes um seine Längsachse – Seeleute sprechen vom Rollen – zu kompensieren. Exakt dosierte Schubstöße, mal nach Steuerbord, mal nach Backbord, lassen die Seekrankheit vergessen. Berechnungen und Tests mit der „Edda Fram“ haben ergeben, dass dieses „Rollstabilisierungs-System“ das Schiff selbst bei fünf Meter hohen Wellen fast zur Ruhe bringen kann. Nicht nur der Komfort profitiert davon, sondern auch die Sicherheit, denn es erleichtert das Laden auf offener See enorm. Jetzt, im Sommer, wenn das Meer ruhig daliegt, bleibt der Schaukelschutz allerdings ausgeschaltet, zumal er zusätzlichen Treibstoff verbrauchen würde.

Die „Edda Fram“ wird von zwei Voith Schneider Propellern angetrieben, die im Heck nebeneinander liegen und jeweils 2500 Kilowatt leisten. Es ist das erste große Versorgungsschiff, das mit dieser Technologie ausgerüstet ist, die auf eine Idee des Ingenieurs Ernst Schneider aus dem Jahr 1925 zurückgeht. Bisher fahren nur kleinere Schiffe damit, deren Aufgaben große Wendigkeit erfordern, etwa Voith Wassertrecker, Tonnenleger, Ölbekämpfungsschiffe, Fähren oder Feuerlöschboote. Die Østensjø-Reederei hat allerdings bereits drei weitere Schiffe ähnlicher Bauart geordert, darunter einen 130 Meter langen Seetransporter, der als schwimmendes Hotel dienen und 600 Ölarbeitern eine Unterkunft bieten soll. Er wird mit

↖ Sperrgebiet: Nur mit Anmeldung darf ein Versorgungsschiff in die 500-Meter-Zone um die Plattform einfahren.

← Beim Laden muss das Schiff zuverlässig auf der Stelle stehen. Dafür sorgen mehrere Ortungssysteme und ein reaktionsschneller Antrieb.

fünf Voith Schneider Propellern ausgestattet sein, drei im Heck, zwei im Bug, und zwei Querstrahlrudern.

Für zusätzliche Sicherheit ist gesorgt: Im Bug der „Edda Fram" stecken zwei herkömmliche Querstrahlruder, die mit einer Leistung von jeweils 1400 Kilowatt kräftige Schübe erzeugen können. Außerdem ist ein sehr leises 800-Kilowatt-Bugstrahlruder mit einem direkten Elektroantrieb installiert. Es hilft mit, den Offshorelaster sicher aus dem Hafen zu bringen. Kaum hat er die offene See erreicht, übernimmt der Autopilot das Kommando. Bis zum ersten Halt sind es etwa 100 Seemeilen, 185 Kilometer. Da keine eilige Fracht an Bord ist, steht der Tachometer auf zehn Knoten (18,5 Kilometer pro Stunde). Bei dieser ökonomischen Reisegeschwindigkeit verbrauchen die vier großen Generatoren von jeweils 1920 Kilowatt, die den Strom für den Antrieb liefern, rund acht Tonnen Diesel pro Tag. Bei Vollgas und 16,5 Knoten würde der Verbrauch auf täglich 28 Tonnen hochschnellen.

Um Mitternacht wechselt auf der Brücke die Mannschaft, wie alle sechs Stunden. Am frühen Morgen, bald nach dem nächsten Wachwechsel, taucht „Garret Alpha" geisterhaft aus dem leichten Nieselregen auf. Mit dem schrägen Ausleger zum Abfackeln von Gas erinnert die Produktionsplattform an eine riesige Gießkanne. „Garret Alpha" arbeitet Öl und Gas aus verschiedenen Bohrlöchern auf und speist sie in Pipelines ein. Als sich das Schiff bis auf 500 Meter genähert hat, holt Kapitän Thorbjørnsen über Funk die Erlaubnis ein, näher heranzufahren, denn hier beginnt das Sperrgebiet. Langsam gleitet der Seelaster an die mächtigen Stahlstützen heran, bis sie größer und größer werden und schließlich schier endlos aus den Wellen aufragen. Immer wenn Thorbjørnsen am Joystick tippt, wallt das Wasser neben dem Voith Schneider Propeller hell auf. Bald trennt nur noch eine Straßenbreite die Bordwand von der Plattform. Nicht auszudenken, was passieren würde, wenn das schwere Schiff mit Wucht gegen die Plattformbeine krachen würde, zwischen denen die Rohre für Öl und Gas verlaufen. Doch heute verscheucht das Wetter solche Gedanken: Die See liegt ruhig da. Im Winter spielt sie sich allerdings manchmal ganz anders auf. „Dann schaukelt es so heftig, dass man beim Essen seinen Teller festhalten muss", erzählt der Koch Håward Hansen.

→ Kraft und Präzision vereint: Einer der beiden Voith Schneider Propeller der „Edda Fram".

↘ Joystick statt Steuerrad: Kapitän Dagfinn Thorbjørnsen hat die beiden Voith Schneider Propeller fest im Griff.

KONGSBERG
STOP

J.W. McLEAN

Bald hat das Schiff eine Position erreicht, die dem Plattform-Kran das Laden ermöglicht. Der Kapitän schaltet das „Dynamic Positioning System" (DPS) ein. Die pfiffige Automatik lässt die „Edda Fram" wie festgenagelt auf der Stelle stehen. Selbst hoher Seegang würde sie höchstens um drei Meter aus ihrer Position treiben, beteuert Thorbjørnsen. Drei unabhängige Systeme bestimmen dabei die Position des Schiffes. Das „Global Positioning System" (GPS) ermittelt den absoluten Standort nach Breiten- und Längengrad. Daneben messen ein spezielles Radargerät sowie ein Laser, der einen Reflektor anpeilt, den Abstand zwischen Schiff und Plattform. Um Fehler durch das Schwanken in den Wellen zu korrigieren, gibt es ein weiteres Gerät, das die Neigung des Schiffes misst. Denn die Antennen und Sensoren für GPS, Radar und Laser sind weit oben, oberhalb der Brücke, angebracht, wo sie beim Rollen weit hin- und herpendeln. Mithilfe der jeweiligen Neigung berechnet die Elektronik den korrekten Wert auf Meeresniveau.

Sobald das Schiff seine Wunschposition verlässt, wühlt ein Voith Schneider Propeller das Wasser auf und bringt es auf seine Position zurück. Der Treibstoffverbrauch dabei ist gering, denn die Voith Schneider Propeller können rotieren, ohne einen Schub zu erzeugen, dann aber blitzartig die geforderte Kraft aufbringen.

Zur korrekten Positionsbestimmung sind nicht alle drei System nötig. „Garret Alpha" besitzt zum Beispiel keinen Laserreflektor, sodass nur Radar und GPS arbeiten. Bald schwenkt der Plattform-Kran aus und lässt sein Seil herab. Zwei Matrosen klinken den ersten von insgesamt 24 Containern ein – und gehen rasch aus dem Weg. Aus gutem Grund. Kaum hat die Last vom Deck abgehoben, tanzt sie gefährlich hin und her. Auf der rauen Nordsee zu laden ist eine riskante Arbeit, selbst an einem lauen Sommertag wie heute. Deshalb verfügt das Schiff über eine ungewöhnliche Sicherheitseinrichtung: Hinter sämtlichen Seitenwänden der Ladefläche verbirgt sich ein Fluchttunnel, den die Matrosen über mehrere Durchlässe erreichen können – wie eine Stierkampfarena, die ein Matador im Notfall über mehrere Schleusen verlassen kann.

↖ Auf manchen Plattformen arbeitet die Crew rund um die Uhr. Bei anderen muss das Versorgungsschiff bis zum Morgen auf die Abfertigung warten.

→ Die Sensoren über der Brücke ermitteln ständig den Abstand des Schiffes zur Plattform.

RESTRICTED AREA

Container werden nicht nur gelöscht, sondern auch von der Plattform an Bord geholt. Auch dabei ist größte Vorsicht geboten. Denn der Kranführer lässt die schweren Behälter gerne gegen die Metallwand krachen, damit sie am langen Seil halbwegs zur Ruhe kommen und sich korrekt ausrichten. Stehen sie erst an Deck, krallen sie sich im Holz der Ladefläche fest und können nicht mehr verrutschen.

Die Brandschutzbestimmungen im Ölgeschäft sind äußerst streng. Das merkt der Besucher bereits beim ersten Rundgang durch die „Edda Fram“. Überall hängen und stehen Feuerlöscher, damit niemand weit laufen muss, um im Notfall einen Brand bekämpfen zu können. Ein Feuer ist die größte Gefahr, denn an Bord sind stets große Mengen brennbarer und ätzender Flüssigkeiten. Doch selbst ein Brand im Laderaum ist beherrschbar. Die Ladefläche lässt sich mit einer Schaumkanone komplett zudecken, um die Flammen zu ersticken. Dafür stehen in der Bugnase drei Schaumbehälter mit jeweils 800 Litern zur Verfügung, die ständig beheizt werden, um immer optimal zu funktionieren. Außerdem gibt es an Bord einen medizinischen Behandlungsraum, in dem sogar Wunden genäht werden können. Einige Mannschaftsmitglieder sind entsprechend geschult.

Nachdem alle Container verladen sind, nimmt die „Edda Fram“ wieder Fahrt auf. In den nächsten drei Tagen steuert sie kreuz und quer durch die Ölfelder, ihre Arbeit ruht weder am Wochenende noch in der Nacht. Allerdings muss sie immer wieder Wartezeiten in Kauf nehmen. Manchmal schwebt ein Hubschrauber auf einer Plattform ein, sodass der Kran nicht arbeiten darf und die Ladearbeiten ruhen. Manchmal wechselt der Wachdienst und erzwingt eine Pause. Auf der Bohrinsel „Magellan“ arbeitet die Mannschaft nur tagsüber, sodass die „Edda Fram“ eine Nacht außerhalb der 500-Meter-Zone liegen muss. Und ausgerechnet auf der letzten Station, der Förderplattform „Shearwater“, gibt es Probleme mit dem Kran, die einen Tag aufhalten. Erst am Abend senkt sich endlich das Stahlseil herab, am Haken das Ende eines schweren Schlauchs. „Shearwater“ braucht 80 Tonnen Frischwasser.

Die „Edda Fram“ kann nicht nur Container transportieren, sondern auch Flüssigkeiten und Schüttgut. Unterhalb der Ladefläche, von außen nicht sichtbar,

→ Die Luftfahrt hat Vorfahrt: Solange ein Hubschrauber manövriert, muss das Versorgungsschiff auf sicherer Distanz zur Plattform bleiben.

HELL/ESSO
NORTH
CO MORANT

2
70
8
6
4
2
60
8
6
4
2
50
8
6
4
2

liegt eine zweite Ladeebene, in der 23 große Tanks untergebracht sind. Sie fassen allein 1200 Kubikmeter Dieseltreibstoff und 670 Kubikmeter Frischwasser, genug, um ein ganzes Schwimmbad zu füllen. Auch für Zement zum Auskleiden der Bohrlöcher ist reichlich Platz. Einige Behälter dienen allerdings dazu, die Abfälle der Plattformen aufzunehmen. Vor allem beim Bohren fallen erhebliche Mengen davon an, in erster Linie Bohrklein und Bohrschlamm. Gebohrt wird mit einer Spülflüssigkeit, die vielfältige Funktionen hat und deshalb einen Mix aus unterschiedlichen, teilweise schädlichen Substanzen enthält. Sie soll sowohl die herausgebohrten Gesteinsbröckchen nach oben transportieren als auch kühlen, schmieren und das Bohrloch stabilisieren. Später wird sie vom Bohrklein getrennt und wiederverwendet. Das Bohrklein, das früher im Meer landete, muss inzwischen an Land entsorgt werden. Die „Edda Fram“ besitzt allein dafür acht Tanks. Auch der unbrauchbare Schlamm findet einen Platz.

Auf dieser Fahrt nimmt die „Edda Fram“ keinen Abfall auf. Die Besatzung ist jetzt schon drei Tage auf See, da werden die Aufenthaltsräume, die zunächst sehr geräumig gewirkt haben, eng. Damit sich die 15 Männer – lauter Norweger bis auf einen deutschen Praktikanten, der einmal Kapitän werden möchte – dennoch wohlfühlen, ist für Abwechslung gesorgt: Fernseher auf jedem Zimmer, Fernsehraum, Computerspiele, Filme auf DVDs, Internet, Telefon, ein reich bestückter Fitnessraum und, nicht zuletzt, eine ausgezeichnete Küche. Außerdem ist die Besatzung nur jeweils einen Monat auf See und hat anschließend einen Monat frei.

Vor der Hafeneinfahrt, die morgens am Horizont auftaucht, muss die „Edda Fram“ noch ein letztes Mal warten. Ihr vorgesehener Platz am Kai ist besetzt. Erst nach drei Stunden gibt die Hafenaufsicht grünes Licht. Der Deutsche Sebastian Braun hätte sich gewünscht, ein paar Stunden später einzulaufen, dann hätte er am Abend durch die Kneipen von Aberdeen ziehen können. So muss er an Bord bleiben, denn schon am Abend geht es wieder auf See – wahrscheinlich.

Klaus Jacob

← Nur im Trockendock sind die beiden Voith Schneider Propeller zu sehen. Die jeweils fünf Flügel rotieren gemeinsam mit der runden Trommel, die als runder Fleck zu sehen ist. Zudem lassen sie sich um ihre Längsachse schwenken, um Fahrtrichtung und Geschwindigkeit zu verändern.

Voith Schneider Propeller

Wie die Flügel eines Flugzeugs

Bei einem konventionellen Bootsantrieb dreht sich am Heck des Schiffes ein Flügelpropeller (Schiffsschraube) um eine horizontale Welle und schiebt das Boot nach vorne. Technisch ausgedrückt: Die Schiffsschraube erzeugt eine Schubkraft, die bei gerader Ruderstellung in Richtung der Längsachse des Schiffes wirkt. Wird das Ruder verstellt, entsteht ein zusätzlicher Seitwärtsschub auf das Heck, wodurch sich die Fahrtrichtung, d.h. die Richtung der Längsachse des Schiffes, ändert.

Ganz anders funktioniert der Voith Schneider Propeller, der auch vollkommen anders aufgebaut ist als ein Schraubenantrieb: Im Wesentlichen besteht er aus einer sich um eine senkrechte Achse drehenden Trommel, an deren Umfang in gleichen Abständen in der Regel fünf nach unten zeigende, verstellbare „Flugzeug"-Flügel angebracht sind. Dreht sich die Trommel, können durch Verstellen der Flügel Schubkräfte in alle Richtungen erzeugt werden – und damit kann das Schiff in jede gewünschte Richtung (auch quer zur Längsachse oder auf der Stelle drehend) bewegt werden. Wie ist das möglich? Durch die Rotation der Trommel mit den daran gelagerten Flügeln werden deren Profile vom Wasser umströmt. Dabei treten physikalische Gesetzmäßigkeiten auf, wie man sie vom Flugzeug mit seinen durch die Flügelgeometrie erzeugten Auftriebskräften kennt: Es wirken senkrecht zur Profilfläche stehende Kräfte auf die Flügel und werden von diesen auf die Trommel übertragen.

Dieses Kräftespiel nutzt der Voith Schneider Propeller: Dreht sich die Trommel, heben sich bei tangentialer Anordnung der Flügelprofile (zur Drehachse der Trommel) die von den Flügeln auf die Trommel wirkenden Einzelkräfte gegenseitig auf. Bei dieser Flügelstellung entsteht keine resultierende Schubkraft, das Schiff steht still.

Damit sich das Boot bewegt – und zwar in die vorgegebene Richtung –, wird durch einen Steuerungsmechanismus jeder Flügel im Laufe einer Trommelumdrehung kontinuierlich so hin- und hergeschwenkt, dass er, abhängig von seiner jeweiligen Position am Trommelumfang, einen unterschiedlich großen Kraftbeitrag zum Schub in die gewünschte Bewegungsrichtung des Schiffes leistet.

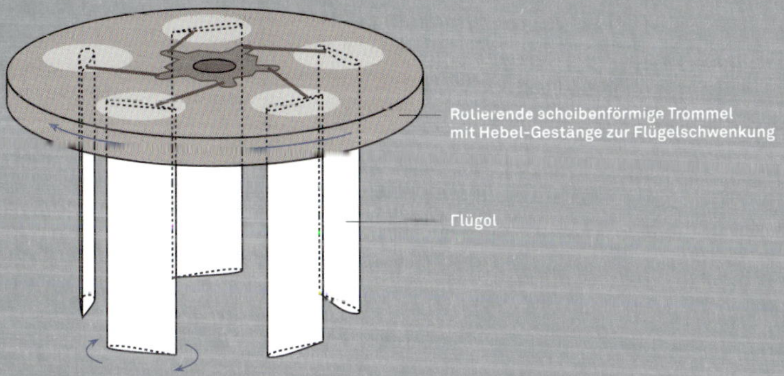
Rotierende scheibenförmige Trommel
mit Hebel-Gestänge zur Flügelschwenkung
Flügel

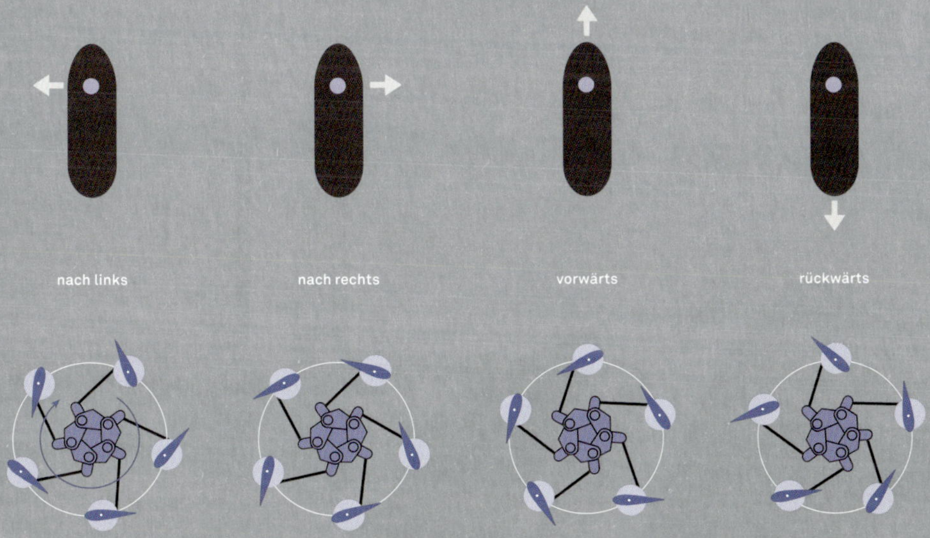
nach links
nach rechts
vorwärts
rückwärts

„Unsere Branche ist die spannendste, die man sich vorstellen kann"

Im Gespräch mit Emmanuel Engelmann, Vice President Technology beim Mineralölkonzern Total

Im gleißenden Sonnenlicht liegt Emmanuel Engelmann die Hauptstadt zu Füßen. Vom Büro im 22. Stockwerk des Wolkenkratzers seiner Firma im Stadtviertel La Défense hat der Ingenieur einen unschlagbaren Blick auf Paris, das weiße Häusermeer mit Sacré-Cœur und Montmartre am Horizont. Es ist ein heißer Tag und die Luft flirrt.

Die Welt, in der Engelmann von Berufs wegen zu Hause ist, sieht anders aus: Sie ist pechschwarz und eiskalt, sie liegt Tausende Meter tiefer als Paris, und Luft gibt es dort gar keine. Engelmann ist Manager beim französischen Mineralölunternehmen Total, und wie andere internationale Ölkonzerne erobert Total verstärkt die Tiefsee. Überall auf der Welt werden die Anstrengungen erhöht, das schwarze Gold aus unterirdischen Gesteinsschichten nach oben zu befördern. Mittlerweile ist man in den Weltmeeren in Tiefen vorgedrungen, die früher undenkbar waren.

Dies liegt nicht zuletzt am hohen Ölpreis, der auch technisch anspruchsvollste und extrem teure Explorations- und Förderprojekte rentabel macht. Der Betrieb einer Ölplattform in der Tiefsee kann täglich über 500 000 US-Dollar kosten – so viel Geld muss erst einmal verdient sein. 2008 steuerte der Preis schon auf die 150-US-Dollar-Marke für ein Barrel (159 Liter) Rohöl zu. Hauptgrund für das teure Öl ist das weltweite Wirtschaftswachstum, das den Hunger nach Energie anfacht. Der daraus resultierenden steigenden Nachfrage steht aber nur ein begrenztes Angebot gegenüber. Die bestehenden Förderkapazitäten sind limitiert und zu nahe an der eigentlichen Bedarfsgrenze, während zahlreiche Länder den Zugang und den Ausbau ihrer ungenutzten Erdölfelder immer noch erschweren. Das Rohöl stammt heute zum überwiegenden Teil aus Feldern, die seit Jahrzehnten in Betrieb sind und ihren Förderhöhepunkt erreicht oder hinter sich haben.

Bis dato wurden weltweit mehr als 40 000 Ölfelder entdeckt. Circa ein Prozent dieser Felder enthält drei Viertel allen Erdöls, das bisher gefunden wurde.

Die Entdeckung riesiger Ölfelder, sogenannter Super Giants und Mega Giants, scheint jedoch der Vergangenheit anzugehören.

Dass die Erdölvorräte langsam zur Neige gehen, bestreitet auch der Total-Manager nicht. Bringt jemand den Begriff „Peak Oil" in die Debatte, trommelt er jedoch ungeduldig mit den Fingern auf der Tischplatte. Die nicht unumstrittene Theorie vom „Peak Oil" geht davon aus, dass es einen Ölfördergipfel gibt, an dem die Ölfördermenge ihren Höhepunkt erreicht und in der Folge aufgrund der versiegenden Vorkommen stetig abnimmt. „Wir sind noch längst nicht dabei, die letzten Tropfen Öl zu pumpen, und auch nicht auf dem Weg in eine Krise. Wir haben es vielmehr mit einer langsamen Entwicklung zu tun. Es wird einen flachen Gipfel geben, aber auch in 50 Jahren werden Erdöl und Erdgas eine wichtige Rolle spielen", sagt Engelmann. Dann allerdings werde Erdöl vermutlich kein Massenbrennstoff wie heute mehr sein: „Erdöl wird zu wertvoll, um es einfach zu verfeuern." Für die Herstellung von Kunststoffen und Medikamenten sei es jedoch auch in Jahrzehnten unentbehrlich.

Bis dahin wird mit immer ausgeklügelterer Technik versucht, die Felder auszubeuten. Derzeit kann ein Drittel der Kohlenwasserstoffe, die sich in den Porenräumen eines Feldes befinden, nach oben gepumpt werden. Wer 40 Prozent erreichen will, muss den Aufwand an Technik extrem erhöhen. „Eine Erdöllagerstätte ist kein unterirdischer See, der sich bis zum letzten Liter auspumpen ließe", sagt Engelmann. Die Erdölspezialisten versuchen aber nicht nur, bestehende Felder möglichst intensiv zu bearbeiten, sondern auch neue Felder zu entwickeln, die man früher für unerreichbar hielt: Meerestiefen von 2000 Metern, von wo aus die Förderköpfe weitere 2000 bis 3000 Meter in den Meeresboden reichen.

Zu den Tiefsee-Pionieren gehört Total. Das Unternehmen ist unter anderem im Atlantik vor Westafrika tätig, wo circa 85 Milliarden Barrel Erdöl vermutet werden. In Angola beispielsweise sucht Total schon seit 1953 nach Öl. Der Tiefsee-Block 17 ist dabei das reichste Fördergebiet des französischen Konzerns. Zu dem Block gehören unter anderen die Gebiete Girassol, Rosa und Dalia, die täglich mehr als 500 000 Barrel Öl liefern, sowie die Konzession Pazflor, die derzeit entwickelt wird.

→ Im Hochhausviertel La Défense im Westen von Paris hat die Firmenzentrale des französischen Mineralölunternehmens Total ihren Sitz. Der Konzern ist in mehr als 130 Ländern aktiv.

TOTAL
Adecco

„Das ganze Geschäft ist deutlich komplizierter geworden, und alle in der Branche sind auf der Suche nach guten Leuten und Lieferanten, die es beherrschen."

Emmanuel Engelmann

In der Konzession Pazflor, 150 Kilometer vor der angolanischen Küste, sollen künftig vier Felder in Meerestiefen von 600 bis 1200 Metern Öl und Gas liefern. Zum Einsatz werden Techniken und Gerätschaften kommen, die sich in anderen Tiefsee-Projekten bewährt haben, wie beispielsweise FPSO. Die Abkürzung steht für „floating, production, storage and offloading units" und bezeichnet eine schwimmende Einheit für die Förderung, Lagerung und Entladung von Öl und Gas. Die Zeiten nämlich, in denen Plattformen stets direkt im Meeresboden fest verankert oder über große Stahltrossen am Meeresboden angebunden waren, sind vorbei. Das FPSO vor Angola kann täglich 200000 Barrel Öl verarbeiten und 1,9 Millionen Barrel so lange lagern, bis ein Schiff die wertvolle Ladung abholt.

Wenn Engelmann, der seit 35 Jahren für Total tätig ist, von den täglichen Anstrengungen berichtet, immer neue Vorkommen zu entdecken und diese wirtschaftlich auszubeuten, klingen in seiner Stimme nicht Mühsal und Last, sondern Ehrgeiz und Elan. „Unsere Branche ist die spannendste, die man sich vorstellen kann. Diese Industrie ist ein Traum", sagt der Ingenieur, der in seiner Geburtsstadt Paris Technikwissenschaften studiert hat. Der Einstieg ins Öl- und Gasgeschäft kam für ihn eher zufällig. In seiner Anfangszeit bei Total war er als

↑ Seit mehr als 30 Jahren bei Total: Emmanuel Engelmann, gebürtiger Pariser, studierter Ingenieur und Vice President Technology eines Unternehmens, das 95 000 Mitarbeiter beschäftigt.

Ingenieur auf Ölplattformen tätig, arbeitete später im Bereich Forschung und Entwicklung und ging für sein Unternehmen auch ins Ausland: Engelmann arbeitete bei Tochtergesellschaften in Großbritannien, Syrien und Abu Dhabi.

Das Geschäft, sagt der Experte, habe sich während der vergangenen 35 Jahre erheblich verändert. Die Unternehmen am Markt sind immer größer geworden, die Technik hat sich rasant entwickelt. Dazu zählen zum Beispiel die Möglichkeiten, Horizontal- und Tiefseebohrungen niederzubringen oder mit 3-D-Seismik den Untergrund zu erforschen. „Geologie und Geophysik können viel exakter als früher die unterirdischen Fallen ausmachen, in denen Öl und Gas verborgen sind", erläutert Engelmann. Die Trefferquote habe sich immens verbessert: Früher fand eine von 25 abgeteuften Bohrungen ihr Ziel, heute treffen im Schnitt alle fünf bis zehn Versuche. „Außerdem drehte sich früher alles ums Öl. Heute ist Gas genauso wichtig und wertvoll."

Auch im mechanischen Bereich hat sich eine Menge getan. „Grundsätzlich übernehmen Maschinen einen immer wichtigeren und umfassenderen Part im Produktionsprozess", sagt Engelmann. Das gilt vor allem für Gas, denn das muss für den Transport aufbereitet, gekühlt und komprimiert werden – ein aufwendiger

Prozess, bei dem man ohne ständig verfügbare Maschinen nicht auskommt. Da immer häufiger in Lagerstätten gebohrt wird, in denen das Gas saurer als früher und der Druck aufgrund der großen Tiefe höher ist, steigen die Anforderungen an die Maschinen zusätzlich. „Das ganze Geschäft ist deutlich komplizierter geworden, und alle in der Branche sind auf der Suche nach guten Leuten und Lieferanten, die es beherrschen“, sagt Engelmann.

Seit jeher stellt sich bei der Erdölförderung das Druckproblem: Je länger in einer Lagerstätte abgebaut wird, desto mehr nimmt der natürliche Druck ab. Deshalb muss mit Pumpen nachgeholfen werden. Das bedeutet: Man fördert zum Beispiel Wasser oder Gas in die Lagerstätten und drückt dadurch die Kohlenwasserstoffe nach oben. Bisher geschah dies von fest installierten oder schwimmenden Bohrinseln aus. Zu den Neuentwicklungen gehören auf dem Meeresboden installierte Pumpstationen, die Öl und Gas fördern und an die Wasseroberfläche zu Plattformen oder schwimmenden Einheiten transportieren.

Solche Unterwasserstationen bieten sich vor allem in großen Meerestiefen an, denn dort lastet – zusätzlich zum Druck in der Ölquelle – auch noch der enorme Druck der Wassersäule auf den Förderarbeiten. 200 Bar sind es in 2000 Metern Tiefe. Außerdem liegen viele Tiefsee-Reserven in kleinen Lagerstätten, zwischen denen keine Verbindung besteht. Es ist ein kostspieliges Unterfangen, für jede kleine Lagerstätte eigens eine Plattform zu installieren. Die Stationen auf dem Meeresboden, die eine absolute Neuentwicklung darstellen, schaffen Abhilfe: Mit ihnen können von ein und derselben Plattform aus mehrere Projekte gebündelt werden, die viele Kilometer voneinander entfernt sind. Die Stationen ermöglichen es, Öl und Gas aus den Bohrlöchern zu fördern, Wasser und Begleitgase schon auf dem Meeresgrund vom Rohöl und Gas zu trennen und das separierte Öl und Gas an die Wasseroberfläche zu pumpen.

← Girassol – Aus circa 1400 Metern Wassertiefe werden täglich etwa 200 000 Barrel Erdöl heraufgepumpt und gespeichert. Wassertiefen ab 500 Meter gelten als „Deep Offshore“, ab 1500 Metern spricht man von „Ultradeep Offshore“.

↘ 150 Kilometer vor der angolanischen Küste hat Total Ende 2001 eine der größten schwimmenden Förderplattformen der Welt in Betrieb genommen. Die Anlage erschließt das Feld Girassol – portugiesisch für Sonnenblume.

↑ So sieht die Zukunft für die Öl- und Gasförderung bei Total aus: Einzelne Stationen am Meeresgrund ermöglichen die Förderung von mehreren Projekten, die viele Kilometer voneinander entfernt sind. Darüber hinaus können diese Stationen schon am Meeresgrund Öl und Gas separieren und an die Wasseroberfläche pumpen.

↖ Der geplante Aufbau für die Konzession Pazflor.

Total verfolgt genau diesen neuartigen Ansatz in der Konzession Pazflor, um die schwierigen Offshore-Felder zu betreiben. „Diese Technologie der Abtrennung des Gemischs aus dem Meeresboden wird zum ersten Mal auf internationaler Ebene eingesetzt", heißt es beim französischen Mineralölkonzern. Eine zusätzliche technische Herausforderung stellt dabei der Umstand dar, dass zwei Ölsorten aus verschiedenen Erdzeitaltern mit sehr unterschiedlichen Charakteristika verarbeitet werden: schweres Öl aus den Gesteinsformationen des Miozän (begann vor 24 Millionen Jahren und endete vor rund 5 Millionen Jahren) und leichtes Öl aus den Formationen des Oligozän (begann vor mehr als 35 Millionen Jahren und endete vor 24 Millionen Jahren).

Da also der Öl-, Wasser- und Gasgehalt in den Bohrstellen variiert und auch der Druck schwankt, müssen sich die Unterwasserpumpen in der Drehzahl variabel regeln lassen. Für diese Drehzahlregelung kommen nur Antriebe infrage, die sich auch für den Unterwasser-Einsatz eignen, zum Beispiel aufgrund druckbeständiger Instrumente oder spezieller Kabeldurchführungen. Denn so viel ist auch dem Laien klar: In den extremen Wassertiefen herrschen eisige Kälte und immenser Druck – in einer solch rauen und unzugänglichen Umgebung müssen die Maschinen überdurchschnittlich widerstandsfähig und zuverlässig sein.

All dies ist Total Manager Engelmann wichtig: „Wir benötigen absolut zuverlässige Maschinen, denn wir streben eine 98-prozentige Verfügbarkeit an." Wenn dann doch einmal Probleme aufträten, erwarte Total von den Lieferanten rasche Abhilfe und Unterstützung. „Sonst werden wir auch schnell mal nervös", räumt Engelmann ein.

Die Pläne der Ingenieure für eine effektive Förderung der wertvollen Rohstoffe gehen aber noch weiter: Im Fokus für schwer zugängliche Gebiete steht derzeit die Entwicklung von kompletten Unterwasserproduktionssystemen, die auf dem Meeresboden stationiert sind und sämtliche Aufgaben übernehmen, die heutzutage auf den Bohrinseln oder Bohrschiffen erledigt werden. Noch ist es Zukunftsmusik, aber irgendwann soll das Gemisch aus Gas, Öl, Wasser und Feststoffen direkt über unterseeische Leitungen zu Aufbereitungsstationen über weitaus längere Entfernungen transportiert werden. Würden Plattformen und Schiffe tatsächlich überflüssig, könnten Öl und Gas auch bei heftigen Stürmen, starken Strömungen und hohem Wellengang gefördert werden. Für die Erdölindustrie wären weitere Betätigungsfelder eröffnet.

Aufgezeichnet von Christiane Müller

Kostbares Metall aus der Wüste

Kupferabbau in Chile – eine Herausforderung für Mensch und Maschine

Die Rohstoffdepots unserer Erde sind ungleichmäßig über den Globus verteilt und oft nur schwer zugänglich. Leicht erreichbare Quellen sind angezapft, und mit jeder abgebauten Tonne wird die Endlichkeit der vorhandenen Reserven deutlich. Das macht die knappen Güter so kostbar, und deren Abbau ist mitunter selbst dann noch wirtschaftlich, wenn großer Aufwand dafür betrieben werden muss. Schon heute werden Rohstoffe kilometerweit unter der Meeresoberfläche ebenso gefördert wie in Höhen, die für Mensch und Maschine eine Herausforderung darstellen. Der Kupferabbau in der Mine Quebrada Blanca, im Gebirge der Atacama-Wüste, ist ein solches Beispiel.

Die Luft ist kühl und klar. Keine Wolke zeichnet sich am blauen Himmel ab, kein Vogelgezwitscher ist zu hören. Es ist still und friedlich, wenn die aufgehende Sonne die Bergkuppen in der nordchilenischen Atacama-Wüste anstrahlt. Die nächste Ortschaft liegt zwei Autostunden entfernt, die große Hafenstadt Iquique sogar vier Stunden. Doch die Stille am Eingang zur Mine Quebrada Blanca, die auf einem Hochplateau der weltlängsten Gebirgskette, der Anden, liegt, ist trügerisch. Nicht weit von der Pforte entfernt wird in dieser gebirgigen und sandigen Einöde auf 4500 Metern Höhe Kupfererz abgebaut. Und das rund um die Uhr. Für die Minenarbeiter und die Maschinen der Fördertechnik stellt diese klimatisch extreme Umgebung eine besondere Herausforderung dar.

Sie lassen sich nichts anmerken, die 200 Kupferbergleute, die frühmorgens aus der Kantine kommen, ihre wüstensicheren Geländewagen besteigen und zu ihren Arbeitsstellen entlang der Förderkette fahren. Doch bei genauerem Hinsehen fällt auf, dass in Quebrada Blanca vor allem die Bewegungen etwas langsamer ablaufen als unten in der Hafenstadt Iquique auf Meeresspiegelniveau. Hektische und kraftraubende Arbeiten, die den Pulsschlag erhöhen, das Atmen beschleunigen und den Sauerstoffbedarf steigen lassen, werden bewusst vermieden. Denn hier oben ist die Luft dünn, genauer gesagt, der Sauerstoffgehalt gering. Und das wirkt sich unweigerlich auf den Organismus aus – egal, ob man gerade neu ankommt oder bereits seit Jahren in der Mine arbeitet. Vor allem die erste Nacht sei immer wieder eine Strapaze, erklärt ein Mitarbeiter, der seit 15 Jahren für die Compañia Minera Quebrada Blanca seinen Dienst tut.

Wie alle anderen verbringt er sieben Tage in der zwei Quadratkilometer großen Mine und hat dann wieder eine Woche frei, um bei seiner Familie zu sein. Und so schön diese einwöchige Erholungspause auch sei, jeder wisse um jene erste Nacht im Wüstengebirge. Da lassen Durst, unregelmäßiger Atem und Kopfschmerzen nur wenig Schlaf zu. Doch auf solche Beeinträchtigungen infolge der geringen Luftdichte kann der Minenbetrieb keine Rücksicht nehmen. Die Förderbänder der 2007 an die kanadische Teck Cominco verkauften Quebrada Blanca stehen, abgesehen von Wartungsarbeiten, niemals still. Schließlich erlauben der Abbau von Kupfererz und die Aufbereitung zu dem in Industrieländern stark gefragten Kupfer keine Pause. Dafür arbeiten zwei Schichten täglich jeweils zwölf Stunden lang – 365 Tage im Jahr.

← Die chilenische Atacama-Wüste – eines der wasserärmsten Gebiete der Welt.

Die steigende Nachfrage nach Kupfer erklärt sich aus seinen hervorragenden Eigenschaften, denn das weiche und dehnbare Schwermetall ist nach Silber der beste Strom- und Wärmeleiter. Deshalb ist das rot-orangenefarbene Metall auch in unterschiedlichsten Alltagsgegenständen zu finden. So dürfte die Suche nach einem (Mobil-)Telefon oder elektronischen Hightech-Geräten ohne Kupferbauteile schwierig und lang ausfallen. Denn das Material wird für Drähte und Kabel, Schienen und Rohre, elektronische Geräte sowie aufgrund seiner Wärmeleitfähigkeit für Heiz- und Kühlanlagen verwendet. Kupferrohre bleiben wärme-, kälte- und druckbeständig und sie hemmen das Wachstum von Bakterien, weshalb Kupfer gerne für die Trink- und Heizwasserverteilung eingesetzt wird. Elektromotore ließen sich ohne Kupfer gar nicht bauen. Auch sind zahlreiche Legierungen auf Kupfer angewiesen, die hochwertigsten benötigt dabei die Computer- und Automobilindustrie. Übrigens entdeckte man den Gebrauchswert des zähen Metalls bereits in der Jungsteinzeit (um 8000 v. Chr.) bei der Verarbeitung zu Waffen und Arbeitsgeräten. Damit gilt Kupfer als das älteste Gebrauchsmetall und als ein nachhaltiges obendrein: Kupfer kann recycelt werden, ohne an Qualität zu verlieren.

Rund 40 Prozent der weltweiten Kupfervorkommen liegen in Chile, die dortige Jahresförderung macht etwa ein Drittel des globalen Abbaus aus. Etwa 5,3 Millionen Tonnen Kupfer kommen aus Chile, es folgen die USA (1,2 Mio. Tonnen), Peru (1 Mio. Tonnen), China (890 000 Tonnen) und Australien (860 000 Tonnen). Zwar sind längst nicht alle Lagerstätten erschlossen, doch deren Suche ist aufwendig, und häufig zerplatzen die Träume von weiteren ergiebigen Kupferminen an der zu geringen Wirtschaftlichkeit. Und das, obwohl 2008 der Weltmarktpreis an der Londoner Metallbörse durchschnittlich 7000 Dollar je Tonne betrug. Was die Nachfrage in den vergangenen Jahren vor allem hoch gehalten hat, ist das Wachstum der Wirtschaft in China. Hier hatte sich der Kupferkonsum in den Jahren nach der Jahrtausendwende verdoppelt und das Land benötigte mit 3,6 Millionen Tonnen etwa ein Fünftel des insgesamt geförderten Rohstoffs. In Indien wird die Entwicklung wohl eine ähnliche sein. Derzeit zählen nach China vor allem die USA, die EU-Staaten sowie Japan zu den Hauptmärkten für Kupfer. Während man bislang annahm, dass in Quebrada Blanca nur noch bis 2015 Kupfer wirtschaftlich gewonnen werden kann, sehen neue Berechnungen diesen Zeitpunkt noch in deutlich weiterer Zukunft – auf eine Jahreszahl will man sich nicht mehr festlegen.

→ In der Mine Quebrada Blanca ist alles ein bisschen größer.

002

↑ Förderung im Tagebau: Alle ein bis zwei Tage wird Kupfergestein terrassenförmig aus dem Berg gesprengt.

In der Mine der Compañia Minera Quebrada Blanca, einer der fünf großen Kupferminen in der nordchilenischen Atacama-Wüste, haben die Schichtarbeiter längst ihre Kollegen der Nachtschicht abgelöst und fördern Tonne um Tonne Kupfererz. Wie in den meisten Lagerstätten liegt das Kupfer auch hier nicht in Reinform, sondern als Erz vor. Chemiker, Mineralogen und Geologen führen die Hierarchie an und arbeiten zusammen mit Elektronikern, Mechanikern, Sicherheitsinspektoren und Minenarbeitern, die sich teamweise um die Produktion und Instandhaltung kümmern. Diese spezialisierten Fachkräfte verdienen, wegen der harten Arbeitsbedingungen und des florierenden Geschäfts der Minen, vergleichsweise gut. Sie freuen sich auf den im Oktober beginnenden Sommer, denn dann lässt sich bei Höchsttemperaturen um sieben Grad Celsius gut arbeiten. Ganz anders als in den Wintermonaten, wenn das Thermometer minus 30 Grad anzeigt. Schnee gibt es selten auf Quebrada Blanca, nur alle fünf Jahre einmal, und der hält auch die Produktion nicht unbedingt auf. Schlimmer sind heftige Erdbeben wie 2007, bei dem glücklicherweise nicht viel zerstört wurde, sowie immer wieder heftige Gewitter und die wenigen, aber starken Regenfälle. Das Wasser fließt auf dem Wüstensand und -gestein nicht ab und bringt Fahrzeuge und Arbeitsmaschinen ins Rutschen.

Doch das ist zum Zeitpunkt unseres Besuchs Ende November nicht zu erwarten, die Atacama-Sommer sind im wahrsten Sinn des Wortes staubtrocken.

Und so staubt es auf dem gesamten Minengelände – nicht zuletzt, weil im Tagebau gefördert und der Berg Stück um Stück abgebaut wird. Alle ein bis zwei Tage brechen Sprengungen das Kupfererz terrassenförmig aus der Mine heraus. Dabei werden 20 Meter hohe Bergwände abgesprengt und von haushohen Baggern auf ebenso große LKW verladen. Diese 185 Tonnen schweren LKW bringen ihre Fracht zum Brecher, der die Gesteinsbrocken auf eine Korngröße von sechs bis sieben Millimeter zerkleinert. Hier beginnt der Kupfererztransport über mehrere Gurtförderbänder durch die Mine bis zur letzten Stelle des Prozesses, dorthin, wo man mithilfe von Schwefelsäure das Kupfer aus dem Erz „wächst". Doch dazu später mehr. Das längste dieser Bänder misst 1,6 Kilometer. Ganz gleich ob in den Baggern, Brechern, Fahrzeugen oder Transportbändern – überall begegnet man Antriebstechnik, die unter schwersten Bedingungen ohne Ausfälle funktionieren muss. Eine Hauptschwierigkeit liegt darin, die langen Gurtförderbänder konstant anzutreiben, um die große Menge Material über weite Strecken zu transportieren. Unterschiedliche Belastungen können den Gurt beschädigen, Brüche und Stillstände verursachen und somit Zwischenlagerungen erforderlich machen. Diesen Anforderungen hat man lange mit Elektromotoren und Steuerungen zu begegnen versucht, die jedoch nicht so flexibel sind wie hydrodynamische Turbokupplungen. Diese fangen Stöße ab und überführen die Maschine sanft vom Stillstand in den Nennbetrieb. Der Motor wird in der Anlaufphase entlastet. Die sanfte Einleitung des Drehmoments in den Fördergurt hilft so, den teuren Gurt zu schützen.

Eine Herausforderung für den gesamten Prozess ist die stetig steigende Produktionsmenge. Ausgelegt war die Anlage für eine jährliche Förderung von 17 000 Tonnen Kupfer. Man bedenke, der Kupferanteil pro Tonne Kupfererz liegt bei 0,5 bis zwei Prozent. Im Jahre 2008 lag die Fördermenge bereits bei 83 000 Tonnen Kupfer. Und das, obwohl der Kupfergehalt bei zunehmender Tiefe des gesprengten Gesteins (Erz) abnimmt. Um diese Produktionssteigerungen zu erreichen, wurde in den vergangenen Jahren die Maschinenleistung immer wieder erhöht. Statt 960 Tonnen durchlaufen heute 1300 Tonnen Gestein pro Stunde den Abbau- und Verarbeitungsprozess. Die nächste Steigerung sei bereits anvisiert, dann sollen nochmals 200 Tonnen mehr verarbeitet werden. Dazu sind in Zukunft schnellere Antriebe nötig. Zwar ließe sich die Zieltonnage auch mithilfe eines breiteren Förderbandes erreichen, doch dazu müsste zusätzlich die gesamte Stahlkonstruktion getauscht werden. Und das wäre deutlich teurer als ein Materialverschleiß aufgrund höherer Bandgeschwindigkeiten. Eine der Grundvoraussetzungen, um die geforderte Menge produzieren zu können, ist zuverlässige Antriebstechnik und deren regelmäßige Inspektion, Wartung und Schmierung. Alle 15 Tage stehen die

Bänder still für geplante Wartungsarbeiten. So bringt die Anlage trotz widriger Umweltbedingungen eine Verfügbarkeit von 92,3 Prozent.

Damit die Förderkette nicht abreißt, brauchen die Gurtförderer verschleißfreie Antriebe, die ohne Ausfälle laufen. Seit zehn Jahren verrichten in Quebrada Blanca Voith Turbokupplungen ihren Dienst an den Förderbändern, die mit einer Geschwindigkeit von drei Metern pro Sekunde laufen. 2008 kamen drei neue Anfahrkupplungen hinzu, die die bisherige Antriebslösung mit Frequenzumrichter an einem der Bänder ersetzen. Mit diesen neuen Kupplungen lässt sich zudem kostbare Energie sparen, und das ist auf 4500 Metern Höhe durchaus ein Thema. Konventionelle Kupplungen müssten für die gleiche Leistung überdimensioniert ausgelegt werden und bräuchten mehr Energie. Die Mine wird seit Jahren dank Überland-Stromleitungen mit Energie aus Iquique versorgt. Doch die so zur Verfügung stehenden 18 Megawatt reichen längst nicht aus, um den Kupferabbau, die Aufbereitung, Verwaltung und Unterkünfte sowie das tägliche Leben in der Wüste aufrechtzuerhalten – dafür bedarf es 38 Megawatt.

Der größte Teil der Energie wird deshalb direkt in der Mine erzeugt, von zehn großen Dieselmotoren mit einer Leistung von je 7380 Kilowatt. Dass auch diese Energieerzeugung von der geringeren Luftdichte im Atacama-Gebirge betroffen ist, zeigt der enorme Wirkungsgradverlust dieser Motoren. Ihre tatsächliche Leistung liegt gerade einmal bei 4700 Kilowatt. In der Mine hat man sich daran gewöhnt, dass hier alles größer und überdimensioniert ist, um die erforderlichen Leistungen zu erreichen. Für den erfolgreichen Kupferabbau der Compañia Minera Quebrada Blanca spielt jedoch nicht nur der Energiebedarf, sondern vor allem die Wasserversorgung in der Wüste eine wichtige Rolle. Das Wasser – 200 Liter pro Sekunde – wird einem in der Nähe gelegenen See entnommen, das ist die Kapazitätsgrenze. Diese Menge reicht als Prozesswasser für Quebrada Blanca und eine benachbarte Mine sowie als Brauchwasser für eine kleine Ortschaft. Für die Minen ist die staatlich festgelegte Kapazitätsgrenze ein Problem, denn solange die Wassermenge nicht erhöht wird, können diese Minen nicht expandieren. Als Trinkwasser lässt sich dieses Wasser, obwohl es aus einem Bergsee stammt, nicht verwenden.

→ Im Wüstensand verankerte Turbokupplungen treiben die mit Kupfererz beladenen Förderbänder an.

↘ Der reibungslose Transport des zerkleinerten Kupfererzes über die bis zu 1,6 Kilometer langen Gurtförderer wird ständig kontrolliert.

WEG
WEG
WEG
WEG

Es ist zu hoch mit Schadstoffen belastet. Deshalb versorgen sich die Kupferbergleute den ganzen Tag über mit Mineralwasser und anderen Getränken, die man mit dem LKW in die Mine geschafft hat.

Wie es zu dieser Schadstoffbelastung kommt, ist nicht geklärt. Klar ist aber, wofür die großen Mengen Wasser notwendig sind: Kupfer aus kupferarmen Erzen wird nicht im sogenannten trockenen, sondern im nassen Verfahren gewonnen. Während beim trockenen Verfahren ein Teil der sulfidischen Erze verbrannt („geröstet") und anschließend geschmolzen wird, löst beim nassen Verfahren verdünnte Schwefelsäure das Kupfer als Kupfersulfat heraus. In der Mine transportieren Förderbänder das in den Brechern zerkleinerte Erz für das nasse Verfahren etwa zwei Kilometer weit zu zwei großen Trommeln, die aussehen wie überdimensionierte Betonmischer. Etwa eine Minute lang durchläuft das Kupfererz diese langsam rotierenden und mit verdünnter Schwefelsäure gefüllten Trommeln. Förderbänder nehmen das schwefelsäurevermischte Gestein am Trommelende wieder auf und transportieren es zu großen Lagerbecken. Je 22 000 Tonnen kommen täglich in die fußballfeldergroßen Becken. Wasser und Schwefelsäure werden in die Becken eingeleitet und es beginnt der chemische Prozess, bei dem die Säure das Kupfer aus dem Gestein laugt. Etwa ein Jahr dauert es, bis der größte Teil – rund 85 Prozent – an Kupfer herausgelaugt ist. Um die Jahresmenge von rund 83 000 Tonnen Kupfer zu erreichen, werden bei einem Kupferanteil von 0,5 bis zwei Prozent rund acht Millionen Tonnen Kupfererz gefördert. Erst danach kann die schwache Kupferlösung zur Weiterverarbeitung mittels Drainagen abgepumpt werden. In dieser Phase enthält die Kupferlösung noch weitere Metalle, die bei der Laugung mit aus dem Gestein gelöst wurden und den weiteren Prozess störten. Mit einer sogenannten Solventextraktion lässt sich das Kupfer von diesen Metallen trennen. Dazu wird die schwefelsaure Lösung mit einer organischen vermischt, die das Kupfer aufnimmt. Anschließend kann dann die organische Lösung mittels Schwerkrafttrennung von der nun kupferarmen schwefelsauren Lösung getrennt werden. Die organische Lösung besteht jetzt nur noch aus dem ausgelaugten Kupfer ohne die störenden Begleitstoffe. Nach einer erneuten Mischung mit verdünnter Schwefelsäure und einem wiederholten Trennungsprozess wird die Lösung zur Elektro-

↖ 185 Tonnen schwere LKW bringen das Kupfererz zur Brecheranlage (Bildmitte vorne). Dort beginnt der Weg über die Förderbänder quer durch die Mine.

← Das aus dem Berg gesprengte Material wird in diesem Brecher zerkleinert.

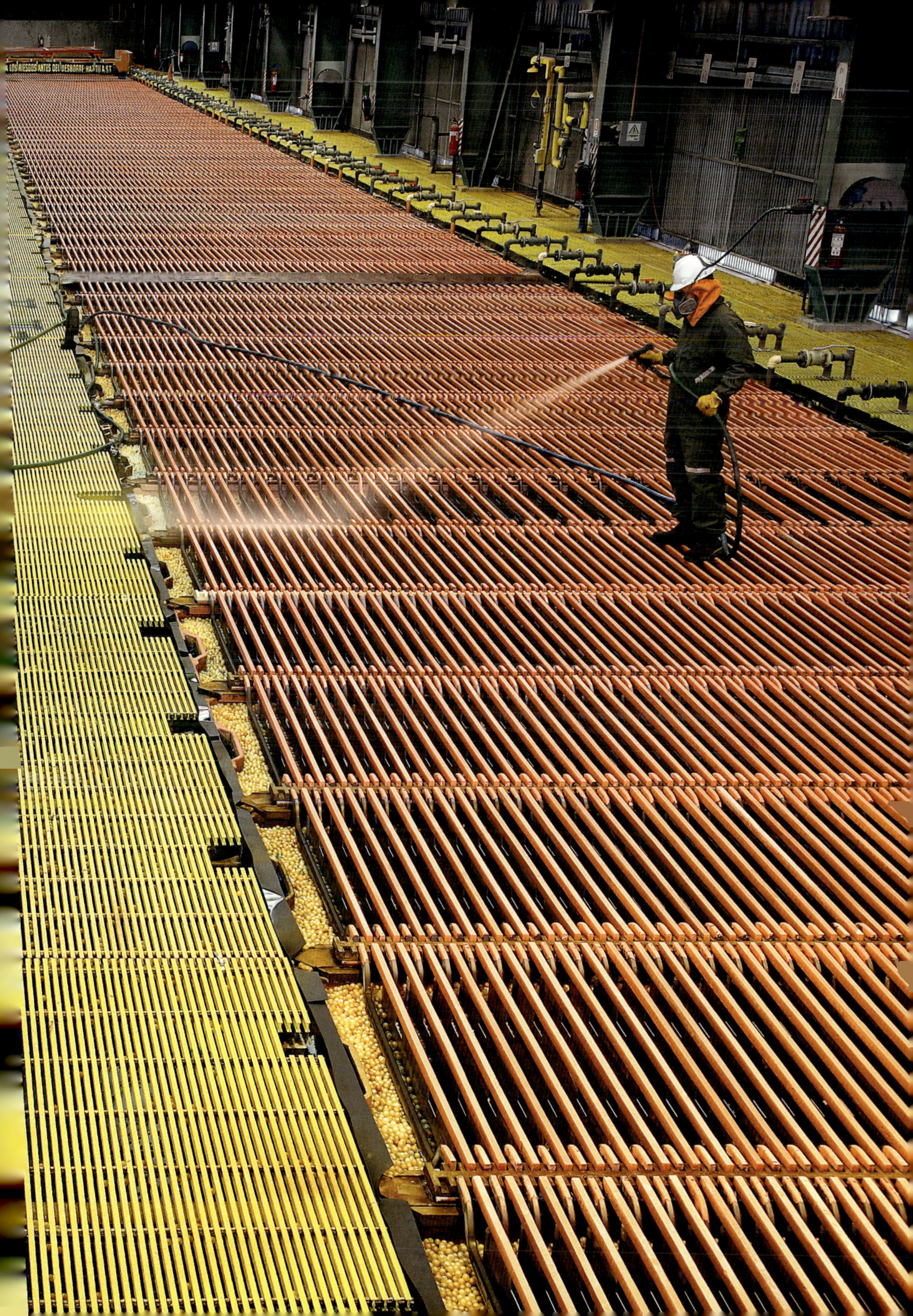
LOS RIESGOS ANTES DEL DESBORRE

lyse-Halle weitergeleitet. Die Produktionsreste, die immerhin noch 15 Prozent Kupfer enthalten, werden in der dünn besiedelten Wüste endgelagert und führen dort zu einer farbigen Berglandschaft mit gelben, grünen und blauen Streifen am Horizont.

Während das Atmen auf Quebrada Blanca ohnehin erschwert ist, müssen einige Minenarbeiter neben den obligatorischen Sicherheitsbrillen, -helmen und Handschuhen zusätzlich Atemschutzmasken tragen. Es sind die Mitarbeiter, die sich in unmittelbarer Nähe zu der schwefelsauren Flüssigkeit aufhalten – vor allem in der großen Elektrolyse-Halle, der letzten Station, bevor reine Kupferplatten die Mine verlassen. Für die Kupfer-Elektrolyse ist die Halle mit 264 kleineren Wannen ausgestattet, in denen sich 121 Metallplatten als Anode und Kathode befinden. Als Elektrolyt dient schwefelsaure Lösung. Werden Anode und Kathode an einen Stromkreis angeschlossen und durchfließen 36000 Ampere die Wannen, setzt sich das positiv geladene Reinkupfer an den Kathodenplatten ab. In einem fünftägigen Prozess wird die Schwefelsäure-Kupfer-Verbindung durch Elektrolyse (elektrolytische Raffination) getrennt. Das anfallende Reinkupfer ist sogenanntes Kathodenkupfer. Bis zu sechs Millimeter dick ist die Kupferschicht und weist nach dem Trennen von der Trägerplatte einen Reinheitsgrad von 99,99 Prozent auf.

Vor der Halle stapeln sich die ein Quadratmeter großen und 40 Kilogramm schweren Kupferplatten – fertig beschriftet zum Transport per LKW in den Hafen von Iquique, um von dort in alle Welt verschifft zu werden. Auf dem vierstündigen Weg nach unten kommen den mit Kupfer beladenen Lastern Tankwagen mit Nachschub an Schwefelsäure und Busse mit jenen Mitarbeitern entgegen, die nach einer Woche Pause wieder zur Mine hinauf fahren. Die anfangs kurvenreiche Straße zieht sich größtenteils ohne Fahrbahnmarkierung durch die Wüste, was die Fahrt nicht ganz ungefährlich macht. Sandverwehungen führen dazu, dass die Straße mitunter kaum mehr zu erkennen ist und eins wird mit der sandigen Wüstenlandschaft. Deshalb sind jene Schilder hilfreich, die dem Fahrer signalisieren, dass die Strecke auf den nächsten 30 Kilometern ohne Kurve verlaufen wird. Nur ab und an lassen sich Wüstenlamas, Füchse oder Nandus als natürliche Bewohner in der kargen Prärie sehen, die in der Ebene noch verlassener und eintöniger erscheint.

↖ In der Elektrolyse-Halle: Die 264 Wannen sind mit Metallplatten und mit der Schwefelsäure-Kupfer-Verbindung gefüllt. Sie wird bei der Elektrolyse getrennt.

→ Die gebündelten, ein Quadratmeter großen Kupferplatten sind transportfertig.

WWW.CARGOTRANS.CL
CARGO TRANS
SCHIAPPACASSE
06.11.08
2342
54
311
06.11.08
2380
53
2338
42

Auf die Fracht, die die LKW hier täglich transportieren, gehen auch die Bezeichnungen Schwefelstraße und Salzstraße zurück – auf Letzterer wird Salz aus den benachbarten Salzminen abtransportiert. Nach der Hälfte der Wegstrecke erreichen die Laster die Panamericana, das mit 25 750 Kilometern längste Schnellstraßensystem der Welt, das Alaska mit Feuerland verbindet. Weil auch diese Strecke monoton und die Landschaft links und rechts über Hunderte Kilometer unverändert sandfarben ist, ereignen sich auf der berühmten Transitstrecke im Atacama-Abschnitt immer wieder Unfälle mit Transportern. Seit der Erschließung der großen Minen in Nordchile hat der Verkehr deutlich zugenommen, und auch zur Quebrada Blanca besteht ein täglicher Pendelverkehr mit Betriebsstoffen sowie mit allem, was zur Versorgung der Mitarbeiter gebraucht wird.

Zu den Gewinnern des Kupferbergbaus gehört der einstmals kleine Ort Pozo Almonte, der gleichsam mit der zunehmenden Förderung des begehrten Metalls gewachsen ist. Hier lebt inzwischen ein Teil der Minenarbeiter, und das Dorf ist zu einer florierenden kleinen Stadt geworden. Noch deutlicher hat sich der Rohstoffabbau auf Iquique ausgewirkt. Die Universitätsstadt mit 164 000 Einwohnern hat sich zu einem wichtigen Wirtschaftszentrum im Norden von Chile entwickelt. Rote Autokennzeichen verraten, dass Iquique Zentrum einer Freihandelszone ist, die einen guten Lebensstandard sichert. Dafür sprechen nicht nur gehobene Wohnviertel am Stadtrand, sondern vor allem die Bildungseinrichtungen, die Energie- und Wasserversorgung sowie eine gut funktionierende Gesundheitsversorgung.

Neben Ärzten und Krankenhäusern verfügt Iquique über ein Gesundheitshaus (ACHS), das sich auf Arbeitsschutz und Arbeitsunfälle spezialisiert hat. Dieses muss jeder Mitarbeiter der Compañia Minera Quebrada Blanca einmal pro Jahr aufsuchen. Nicht etwa wegen einer Verletzung, sondern für eine Vorsorgeuntersuchung, bei der festgestellt wird, ob der aktuelle Gesundheitszustand eine Arbeit auf 4500 Metern Höhe weiterhin zulässt. Im Zentrum stehen dabei Lungenfunktion und Kreislaufstabilität. Ist alles in Ordnung, steht weiteren zwölf Monaten in der Mine nichts im Weg. Und sollte dort der Sauerstoffmangel einmal gesundheitsgefährdend werden, gibt es eine kleine Klinik auf dem Minenareal im Gebirge der chilenischen Atacama-Wüste.

Markus Rahner

← Das Abfallgestein der Mine führt zu einer farbigen Berglandschaft in der Wüste.

SAN JUAN MINE
SAN JUAN
SAN JUAN COAL CO.
bhpbilliton
NEW MEXICO COAL
SAFE PRODUCTION is the way we work

Kohle im Indianerland

Im Gespräch mit Scott Jones, Direktor der San Juan Mine in New Mexico

Fördertürme sind die Wahrzeichen des deutschen Bergbaus. Im Ruhrpott weiß jedes Kind, dass sie nötig sind, um die Kumpel tief in den Untergrund zu bringen. Denn die Kohle liegt rund 1000 Meter unter der Erde. Ganz anders in der San Juan Mine im Norden des amerikanischen Bundesstaats New Mexico. Hier gibt es weder einen Turm noch einen Förderschacht. Die Arbeiter fahren im Auto zur Kohle. Damit die Pick-ups keine Explosion verursachen, sind sie besonders präpariert. Ihre Dieselmotoren und alle Teile, die Funken schlagen könnten, sind gekapselt. Außerdem erstickt ein automatisches Feuerlöschsystem jeden Brand im Keim, sobald Sensoren Qualm oder Hitze erkennen.

In diesen Geländewagen passieren die Kumpel eines von drei nebeneinander liegenden Portalen am Fuß der einstigen Tagebaugrube. Dann geht es kilometerweit durch stockfinstere Stollen, die wenig mit einem Straßentunnel gemein haben: überall nackter Fels, hin und wieder eine Pfütze, Schlamm, Schlaglöcher, nur die Decke mit groben Stahlmatten gesichert. Ein Verkehrsschild, das die Geschwindigkeit auf 20 Meilen pro Stunde begrenzt, wirkt skurril. Dass die Wände aus Kohle bestehen, ist nicht zu erkennen. Sie leuchten weiß, weil sie mit Gesteinsmehl bestäubt sind, um Kohlenstaub und Gase zu binden. Das Stollensystem ist durchweg rechtwinklig angelegt, wie das Straßennetz amerikanischer Städte, und so weitläufig, dass ein Neuling die Orientierung verlieren könnte. Doch heraus findet er immer, dafür sorgen bunte Reflektoren, die überall herabhängen: Rot führt in den Berg hinein, Grün ins Freie.

In der San Juan Mine ist nichts wie im Ruhrgebiet. Während ein deutsches Bergwerk einem verschachtelten Gebäude gleicht, in dem auf unterschiedlichen Etagen Flöze schräg hinauf- oder hinabführen, spielt sich in New Mexico alles auf einer Ebene ab. Es gibt nur ein einziges Flöz, drei bis vier Meter mächtig, und es verläuft nahezu horizontal. Auch die Umgebung des Bergwerks in New Mexico hat wenig mit dem dicht besiedelten Gebiet um Dortmund und Essen gemein. Statt Großstadtdschungel ein Panorama wie aus dem Wildwest-Film mit schrof-

↑ Das Kraftwerk mit seinen dampfenden Schloten weist den Weg zum Bergwerk. Es steht direkt neben der Kohlelagerstätte. Rechts im Hintergrund ein Kohlehaufen als Treibstoffreserve.

fen Felsen und kargem Bewuchs. Die dünn besiedelte, ausgedörrte Region, auf einer fast 2000 Meter hohen Ebene der Rocky Mountains gelegen, ist Indianerland. Hier leben Navajos, Hopis, Apachen, viele in selbst verwalteten Gebieten. Die meisten Arbeitsplätze liefert der Bergbau, denn der Untergrund enthält neben Kohle auch Erdöl und Gas. Die Flöze liegen so hoch, dass sie im Tagebau ausgebeutet werden. Auch die San Juan Mine war zunächst eine offene Grube. Schon 1973 nahm sie ihren Betrieb auf, um ein Kraftwerk, das direkt daneben errichtet wurde, mit Kohle zu versorgen.

Ende der neunziger Jahre drohte der Abbau unrentabel zu werden, weil das Flöz tiefer abtauchte. Die auflagernde Gesteinsschicht hatte eine Mächtigkeit von rund 70 Metern erreicht – zu viel für den Tagebau. Der Betreiber entschloss sich dennoch zögernd zum Untertagebau. Die Risiken waren groß, weil jegliche Erfahrung fehlte. Die New-Mexico-Kohle enthält viel Schwefelwasserstoff. Das macht sie nicht nur leicht entflammbar, sondern auch giftig. Wer tief in das Bergwerk einfährt, dorthin, wo schwere Maschinen das schwarz glänzende Bröckelgestein herausfräsen, kann es riechen. Ein Gestank nach faulen Eiern schlägt ihm entgegen. Die gefährlichen Ausdünstungen können, in entsprechender Konzentration,

einen Menschen töten. Die Sicherheit der Arbeiter stand deshalb von Anfang an im Vordergrund. Entstanden ist schließlich eines der modernsten Bergwerke, das nicht nur über ein ausgeklügeltes Sicherheitssystem verfügt, sondern auch über einen hohen Automatisierungsgrad.

Scott Jones, der Direktor der Mine, war von Anfang an dabei. „Die erste Zeit war schwierig", erinnert er sich. Er ist ein Mann der Praxis, offen und bodenständig, der den Bergbau von der Pike auf gelernt hat. Er bedauert, dass ihm die Büroarbeit kaum Zeit lässt, in das Bergwerk einzufahren. „Nur noch einmal in der Woche", wie er sagt. Um das Verhalten des Untergrunds zu studieren, trieb er damals, kurz nach der Jahrtausendwende, zunächst eine kleine Pilotmine ins Gestein und arbeitete mit einer Handvoll Experten, die aus vielen Teilen der USA kamen, ein Konzept aus. Dann rückten die Maschinen an. Knapp zwei Jahre hat die Einrichtung des Bergwerks gedauert und 150 Millionen Dollar verschlungen. Im Herbst 2002 lief die Förderung an.

Dass in ganz New Mexico bislang kein Untertagebergbau betrieben wurde, stellte Jones nicht nur vor technische Probleme. Er hatte auch große Mühe, erfahrene Arbeiter zu finden. Selbst eine überregionale Suche brachte nicht den er-

„Von den ersten 40 Leuten, die hier anheuerten, hatten nur sieben Erfahrung mit dieser Art Bergbau."

Scott Jones

hofften Erfolg. In den Kohlerevieren von Colorado, Utah oder Wyoming ließ sich kaum jemand zum Umzug in den entlegenen 40 000-Einwohner-Ort Farmington bewegen, den die Navajos „Totah" nennen, Treffpunkt des Wassers. „Von den ersten 40 Leuten, die hier anheuerten, hatten nur sieben Erfahrung mit dieser Art Bergbau", sagt Jones. Einige der Greenhorns waren noch nie unter Tage gewesen, viele mussten angelernt werden. Jones stellte bevorzugt Indianer ein, denn die Mine grenzt an ein Reservat. Außerdem besitzt der Betreiber, das australische Unternehmen BHP Billiton, in der Nähe eine Tagebaugrube auf Navajo-Gelände. Inzwischen beschäftigt die San Juan Mine 240 Bergleute unter Tage, die Hälfte davon Indianer. „Sechs von ihnen haben sich in leitende Positionen vorgearbeitet", sagt Jones.

Der 49-jährige Mann aus Colorado ist ein ausgewiesener Spezialist für die „Longwall", eine Kombination aus gewaltiger Abbaumaschine und Schutzschild gegen herunterbrechendes Gestein. Die Longwall ist das Herzstück des Bergwerks und misst in der San Juan Mine 300 Meter. „Viel zu groß, haben manche Leute zuerst gesagt", schmunzelt Jones. Doch das Gerät hat sich bewährt. Sein Schild besteht aus 176 Segmenten, die akkurat nebeneinander stehen. Jedes wiegt 26 Tonnen und presst mit starken Hydraulikpressen eine Strahlplatte gegen die Decke – das „Hangende", wie die Bergleute sagen. So entsteht ein durchgehendes, 300 Meter langes Dach. Unter seinem Schutz erfolgt die eigentliche Arbeit: Zwei schnell rotierende Schneidwalzen fahren auf einer Art Schlitten ständig 300 Meter hin und her und brechen dabei die Kohle heraus. Die Brocken fallen auf ein Förderband, das sie aus dem Berg bringt.

↖ Drei Schlünde lassen die Bergleute ein – mit dem Auto. Das Flöz liegt auf Höhe der Zugänge und verläuft nahezu horizontal.

→ Die Ausrüstung hängt griffbereit an der Wand, doch die Schreibtischarbeit lässt Direktor Scott Jones nur noch wenig Zeit, in den Berg zu fahren.

HARLEY-DAVIDSON
AN AMERICAN LEGEND
ENGINEERING
THE NORTH FACE

Der Clou: Die gewaltige Maschinerie ist mobil und arbeitet sich aus eigener Kraft auf breiter Front durch das Flöz. Bevor sie loslegen kann, muss man sie in den Stollen bringen. Dazu werden zunächst vom vier Kilometer langen Hauptstollen aus, der ins Bergwerk führt, im Abstand von 300 Metern Seitenstollen ins Gestein getrieben. Ein weiterer Stollen, Bergleute sprechen von Querstreb, verbindet deren Enden miteinander. Dort in diesem Querstreb setzt die Longwall an und arbeitet sich dann bis zum Hauptstollen zurück. Dabei kommt sie nur langsam voran, nicht viel weiter als ein Dutzend Meter pro Tag, denn sie muss ja einen 300 Meter breiten Streifen aus dem Flöz fräsen. Seitenstollen gibt es im Übrigen beiderseits des Hauptstollens.

Sobald die Schneidwalzen etwa einen halben Meter Kohle herausgefräst haben, rückt das Schutzdach nach, Segment für Segment. Das erspart einen aufwendigen Grubenausbau, wie er früher notwendig war. Hinter dem Schild, wo der Schutz nun fehlt, bricht das Gestein herunter. Deutsche Bergleute bezeichnen den nutzlosen Hohlraum in ihrer blumigen Sprache als „alten Mann". Dass er sich mit Gestein füllt, macht sich über kurz oder lang sogar an der Erdoberfläche bemerkbar: Das Gelände setzt sich. Im Ruhrgebiet kommt es dabei immer wieder zu Gebäudeschäden, in New Mexico kann nichts passieren, weil niemand auf dem Minengelände wohnt.

Nach einem knappen Jahr hat sich der schildbewehrte Gigant in seinem behäbigen Seitwärtsgang fast vier Kilometer vorgearbeitet und den Hauptstollen erreicht. Er hat dabei eine breite Schneise von 4000 mal 300 Meter Grundfläche aus dem Flöz gekratzt. Jetzt muss er in den Querstreb auf der gegenüberliegenden Seite des Hauptstollens versetzt werden, um die nächste Parzelle anzupacken: eine wochenlange Knochenarbeit. So frisst er sich, Schneise für Schneise, immer tiefer in den Berg hinein. Da die Longwall computergesteuert und weitgehend automatisch arbeitet, müssen die Arbeiter immer auf der Hut sein. Ein rotes Lämpchen signalisiert ihnen, wenn sich ein Schildsegment in Bewegung setzt.

↖ Von Stahlplatten gegen herunterbrechendes Gestein geschützt, nagt die rotierende Schneidwalze einen Streifen Kohle aus dem Flöz.

← Mächtige Hydraulikzylinder pressen Stahlplatten gegen die Decke, um sie zu stützen. Die „Longwall" ist 300 Meter lang.

Um die Longwall überhaupt einsetzen zu können, braucht es Zugangsstollen. Ihr Bau liefert ebenfalls Kohle, denn sie führen alle durchs Flöz. An ihrer Höhe von drei bis vier Metern kann man die Mächtigkeit der Kohleschicht erkennen. Bis zu 100 Meter Stollen entstehen an einem Tag. Als wäre es Butter, fressen sich die rotierenden Schneidwalzen einer LKW-großen Abbaumaschine in die Kohle. In Sekundenschnelle ist die Ladefläche voll, und ein Schieber drückt 13 Tonnen Kohle auf einen batteriebetriebenen Laster, der seine Fracht kaum 100 Meter entfernt auf einem Förderband ablädt. Nach rund 15 Metern Ausbruch rückt ein anderes Gerät an und pinnt Stahlmatten mit zwei bis vier Meter langen Felsankern an die Decke, um sie zu stützen – der Stollen ist fertig.

Für den Transport der gesamten Kohle sorgen Förderbänder. Mit ihrem monotonen Vorwärtsdrang machen sie nicht viel her, doch auch sie sind Hightech-Geräte. Das längste Band – es führt ins Freie hinaus – überbrückt rund 2,5 Kilometer. Es ist daumendick, zwei Meter breit und erreicht eine Geschwindigkeit von 15 Stundenkilometern. Für die nötige Spannung sorgt eine Zugvorrichtung, die einen Panzer hochziehen könnte. Angetrieben wird es an zwei über die Bandlänge verteilten Stellen, wo jeweils drei 750-PS-Elektromotoren computergesteuert zusammenarbeiten. Heikel ist das Anfahren, das sowohl im unbeladenen als auch im beladenen Zustand des Bandes möglich sein muss. Würde das leere Band zu schnell beschleunigen, würde es aus den Rollen springen und an die Decke klatschen. Außerdem treten durch Lastschwankungen Stöße auf, die verarbeitet werden müssen, ohne dass das Band reißt. Hydrodynamische (Turbo-) Kupplungen verhindern beides durch ihre sanfte Drehmomentübertragung.

Eine Flüssigkeit (Öl oder Wasser) übernimmt dabei die Kraftübertragung von dem am Elektromotor angeflanschten Pumpenrad auf das Turbinenrad an der Bandantriebswelle und fließt anschließend wieder in das Pumpenlaufrad zurück. Erst wenn dieser Kreislauf einen gleichmäßigen stationären Zustand erreicht hat, gibt die Flüssigkeit die volle Kraft an das Turbinenrad und damit an die Bandantriebsrolle weiter. Seine Drehzahl bleibt dabei immer etwas unterhalb derer des angetriebenen Pumpenrades (Schlupf). Ruckartige Drehmomentstöße werden durch kurzzeitige Vergrößerung des Schlupfes sanft aufgefangen.

Die Betriebsflüssig dieser Kupplung ist üblicherweise Öl, das sich wegen seiner Viskosität und fehlender Korrosionsgefahr am besten eignet. Nur an der Longwall, wo wegen der Explosionsgefahr besonders strenge Sicherheitsvorschriften gelten, steckt Wasser in den Kupplungen.

Die Bänder schaffen Jahr für Jahr rund sieben Millionen Tonnen Kohle aus dem Berg. Die schwarzen Brocken kommen, so wie sie sind, zum Kraftwerk.

↑ Förderbänder bringen die Kohle hinaus ins Freie. Das längste misst 2,5 Kilometer und wird von sechs Motoren, jeder 750 PS stark, angetrieben.

↖ Kohlebergbau ist heute Maschinenarbeit. Die zahnbewehrte Walze hinter den beiden Kumpeln fräst die Stollen aus dem Gestein.

„Sie werden weder gewaschen noch aufgearbeitet, sondern nur grob zerkleinert", erklärt Jones. Allein wenn der Abbau auf eine Verwerfung trifft, wenn das Flöz also verspringt, fällt Nebengestein an, das aussortiert werden muss. Die geförderte Kohle genügt, um den 1620-Megawatt-Meiler mit dem nötigen Brennstoff zu versorgen. Welche gewaltigen Mengen da zusammenkommen, kann man draußen bestaunen. Dort hat der Kraftwerksbetreiber eine Sicherheitsreserve an

Kohle aufgehäuft, die für neun Monate reicht: 5,5 Millionen Tonnen. Der schwarze Berg, der neben den qualmenden Schloten in der gleißenden New-Mexico-Sonne leuchtet, hat die Größe einer stattlichen Mülldeponie. Selbst Superlaster wirken daneben wie Spielzeug.

Das Bergwerk hat unter Tage inzwischen die Ausdehnung einer Kleinstadt erreicht. Wie lässt sich ein so großes Areal vor den Gefahren schützen, die in der Kohle lauern, vor allem vor dem tückischen Schwefelwasserstoff? Die Betreiber haben ein ganzes Netz von Sicherungsmaßnahmen geknüpft, an dem sie ständig nachbessern. „Für die Sicherheit tun wir mehr als die meisten anderen Bergwerke in den USA", erklärt Jones. Im Kontrollraum über der Erde kann man sich ein Bild von den Anstrengungen machen. Der Raum unterscheidet sich kaum von einem üblichen Büro, nur dass nebenan schrankhohe Computer surren. Eine Wand ist gespickt mit Monitoren. Tom Warner, der gerade Wache schiebt, hat darauf das ganze Bergwerk im Blick. Mit ein paar Mausklicks kann er jedes Detail auf den Schirm holen, sei es die Geschwindigkeit eines Förderbands, den Methangehalt der Grubenluft oder die abgepumpte Wassermenge. Im Notfall kann er eingreifen und Maschinen stoppen oder die Belüftung verändern.

Einer der Schirme zeigt, wer sich gerade im Bergwerk aufhält – und wo. Denn jeder Arbeiter trägt einen Chip am Helm, der an mehreren Orten mit entsprechenden Empfängern ausgelesen wird. Gleich zwei Systeme analysieren unabhängig voneinander die Grubenluft. Sensoren, die im Stollenlabyrinth angebracht sind, messen ständig den Gehalt an Methan, Schwefelwasserstoff, Sauerstoff, Kohlenmonoxid, Kohlendioxid und Wasserstoff und schicken die Werte unverzüglich in den Kontrollraum. Außerdem wird an vielen Stellen Luft abgesaugt und über der Erde analysiert. Diese Ergebnisse liegen zwar erst nach 20 Minuten vor, doch sie sind auch dann noch verfügbar, wenn im Bergwerk der Strom ausfällt oder aus irgendeinem Grund das Chaos ausbricht.

Das wichtigste Element im Sicherheitsnetz ist natürlich die Belüftung. Sie ist so konzipiert, dass der Grubenwind niemals von der Abbaustelle zu den Arbeitern weht, sondern immer umgekehrt. Überall, wo Kohle herausgebrochen wird, saugen Ventilatoren die Luft ab, sodass Frischluft nachströmt. „Das hat

---

↖ Um die Stollendecke zu sichern, werden Stahlmatten mit Felsankern angebracht.

→ Sicherheit ist oberstes Gebot in der San Juan Mine. Notrufanlagen sind überall installiert.

Comtrol PERMISSIBLE
LOUDMOUTH
MSHA

DANGER
HANDLE LIKE EGGS
DANGER
HIGH PRESSURE
OXYGEN CYLINDERS
INSIDE
NON-FLAMMAB
GAS
2
WARNING
WARNING
JK
JK

noch niemand vorher gemacht", sagt Jones. Zudem ist jedes Grubenareal, in dem mit frischer Kohle hantiert wird, gegen das übrige Bergwerk abgeschottet. Zum Beispiel sind manche Tunnel mit schweren Plastikvorhängen verhängt, durch die ein Auto fahren kann. Die Förderbänder führen sogar durch einen eigenen Stollen, den man nur durch schwere, schleusenartige Doppeltüren betreten kann.

Auch für den Notfall ist vorgesorgt. Falls ein Feuer ausbricht, können die Verantwortlichen Stickstoff in den Brandherd blasen, um die Flammen zu ersticken – eine innovative Methode. „So etwas gibt es sonst nur noch in Australien", sagt Grubendirektor Jones. Allerdings könnten Menschen in einer Stickstoff-Atmosphäre nicht überleben. Damit die Arbeiter unbeschadet aus dem Bergwerk finden, haben sie ein Atemgerät am Gürtel hängen, das für eine Stunde Sauerstoff liefert. Zudem lagern in regelmäßigen Abständen Sauerstoffflaschen und große Sauerstoffbehälter zum Nachtanken in den Stollen. Und selbst wenn alles versagt, sogar Autos und Stirnlampen, sind die Kumpel nicht hilflos in der Finsternis gefangen. Dann können sie nach einer Sicherheitsleine greifen, die überall gespannt ist, und sich an ihr ins Freie hangeln. Kleine Kegel, die daran angebracht sind, weisen die Richtung. Wenn die Hand zwei Tennisbälle ertastet, ist einer der insgesamt fünf Rettungsbunker erreicht. Er bietet genug Platz, Nahrung und Wasser, um 20 Menschen drei Tage lang zu versorgen. Außerdem verfügt er über eine Überdruckschleuse, damit niemand giftige Gase einschleppt.

„Die Rettungsbunker mussten noch nie benutzt werden", sagt Todd Cheney, der für die Förderbänder zuständig ist. Zum Glück habe es noch nie ein schlimmes Unglück gegeben – nur einen Beinbruch oder eine gequetschte Hand. Das soll auch so bleiben, damit das Bergwerk weiter Kohle liefern kann. Denn mit der Förderung ist hier – anders als in Deutschland – noch lange nicht Schluss. „Der Vertrag mit dem Kraftwerk läuft vorerst bis 2017", sagt Jones. „Die Reserven reichen mindesten bis 2035, wahrscheinlich länger."

Aufgezeichnet von Klaus Jacob

↖ 20 Bergleute finden in dem hermetisch abgeschotteten Container Schutz. Er enthält alles Nötige, um sie drei Tage zu versorgen.

← Die Kleidung der Bergleute hängt unter der Decke der Umkleidekabine – in New Mexico nicht anders als in Deutschland.

محطة جبال "بي"
Yibal 'B' Station

Hightech für hohe Ausbeute

Vorecon-Getriebe sorgt für optimale Drehzahl

Der August ist im Oman ein heißer Monat. 42 Grad Celsius zeigt das Thermometer im Schatten. Jeder Aufenthalt außerhalb des klimatisierten Geländewagens wird zur Qual und erinnert an den Besuch in einer überhitzten Waschküche. Wir sind auf dem Weg von Muscat, der an der Küste gelegenen Hauptstadt des Oman, in Richtung Saudi-Arabien. Rund 80 Kilometer vor der Grenze zum Riesenreich der Riad-Herrscher liegt das Öl- und Gasfeld Yibal.

خطر
مواد بترولية سائلة سريعة الإشتعال
HK.947
ممنوع التدخين
ELCO

Hier, am Rand der gigantischen Wüste Rub al-Khali, wollen wir eine sogenannte Gasverdichterstation besuchen, das Hightech-Herzstück der dortigen Erdölförderanlage. Knapp fünf Stunden dauert die Fahrt. Parallel zur Straße verlaufen unterirdische Pipelines. In regelmäßigen Abständen ragen Markierungen aus dem Sand und zeugen von der Lage der Röhren. Durch diese Pipelines fließt das Öl, das im Westen und im Süden des Oman gefördert und dann über mehrere Hundert Kilometer durch Wüsten und über Berge zum Hafen von Mina al-Fahal gepumpt wird. Dort landet das schwarze Gold entweder in der 1982 in Betrieb gegangenen Raffinerie und wird zu Treibstoff verarbeitet oder es wird als unbehandeltes Rohöl direkt verschifft – vor allem nach Japan und Korea.

Parallel zur Ölpipeline versenken die Omaner gerade eine neue Rohrleitung im Wüstensand. Sie wird aber nicht Öl oder Gas transportieren, sondern soll als Lebensader für die Bevölkerung im Hinterland fungieren: Denn sie wird in nicht allzu ferner Zukunft aus dem Meer gewonnenes Süßwasser ins Landesinnere fördern und dabei helfen, den Lebensstandard der dort lebenden Menschen weiter zu verbessern.

Unser Jeep passiert mehrere Trockenflusstäler, sogenannte Wadis, die mit ihren natürlichen unterirdischen Wasserreservoirs den Menschen ein Ansiedeln überhaupt erst ermöglicht haben. Üppig sprießt die Flora: Neben Dattelpalmen und Sträuchern wachsen Gräser und Schilf sowie verschiedene Akazienarten und Oleander. In der Landschaft scheinbar planlos verstreut stehen ein- und zweigeschossige Häuser mit Flachdächern und umgeben von einer auffälligen Mauer. Diese „Zersiedelung“ hat ihren Grund: Überall dort, wo Brunnen die Wasserversorgung sicherstellen, wurden Häuser gebaut. Etliche dieser Bauten liegen jedoch in Gebieten, die in der Monsunzeit von den herabtosenden Wassermassen weggespült zu werden drohen. Durch das Geld aus dem Öl- und Gasverkauf reich geworden, können es sich die Omaner nun leisten, ihre Häuser vor den Naturgewalten mit mächtigen, aufwendig konstruierten und teuren Mauerdämmen aus Beton und Natursteinen zu schützen.

↖ Endlose Weite: auf der Fahrt zum Öl- und Gasfeld Yibal begegnet man immer wieder Tanklastern.

← Leitungsgewirr: jeder Förderbrunnen ist über eine eigene Rohrleitung mit der zentralen Sammelstation verbunden.

Beim Aufbau einer modernen Infrastruktur überlässt das Sultanat Oman nichts dem Zufall. In nur 39 Jahren hat der Herrscher Sultan Qaboos bin Said sein Land zu großem Wohlstand geführt. Bis 1970 war der Oman abgeschottet. Kein Ausländer durfte das Land betreten, Einheimischen war das Auswandern verboten. Errungenschaften der Moderne wie Radios und Sonnenbrillen waren verpönt. Erst als der junge Kabus, in London ausgebildet, seinen Vater in einem unblutigen Putsch aus dem Amt hob, begann im Oman die Fahrt in die Moderne. Damals gab es im ganzen Land nur zehn Kilometer asphaltierte Straßen und nur eine Handvoll Schulen. Heute ist der Wüstenstaat großzügig von zum Teil vierspurig ausgebauten Straßen durchzogen. Selbst kleinste Oasen sind gut zu erreichen und haben ihre eigenen Schulen. Das Land verfügt über ein funktionierendes Gesundheitssystem. Fast alle Ärzte haben im Ausland studiert, und für die Omaner – wie für die im Auftrag der Regierung arbeitenden Ausländer – ist die Versorgung in den staatlichen Krankenstationen und Krankenhäusern kostenlos.

Dies alles zu finanzieren ist teuer. Das erforderliche Geld stammt heute noch vor allem aus dem Verkauf von Öl und Gas. Dabei gehört der nicht der OPEC angeschlossene Oman nicht zu den großen Ölproduzenten in der Region: Derzeit liegt die durchschnittliche Tagesproduktion aufgrund der gesunkenen Produktivität einzelner Ölfelder bei lediglich 710 000 Barrel am Tag (2007). Für die kommenden Jahre strebt der Oman ein Fördervolumen von etwa einer Million Barrel pro Tag an.

Ein ambitioniertes Ziel, das aber nicht unrealistisch erscheint. Die verfügbaren Ölreserven werden auf 5,6 Milliarden Barrel taxiert. Das dürfte, so schätzt der staatliche Fördermonopolist, die Petroleum Development Oman (PDO), noch für mindestens 30 weitere Jahre sprudelnder Einnahmen sorgen. Gleichwohl werden in die Entwicklung verfeinerter Fördertechniken Forschungsgelder in Millionenhöhe gesteckt werden. Denn die Ölvorkommen müssen der Erde mit immer größerem technischem und finanziellem Aufwand entlockt werden. Große Erwartungen knüpfen sich derzeit vor allem an die Methoden der sogenannten tertiären Ölgewinnung, des Enhanced Oil Recovery (EOR).

Diese Technik kommt auch in dem vergleichsweise ausgebeuteten Ölfeld Yibal zum Einsatz, dem Ziel unserer Reise. Hier wird ein recht dünnflüssiges Öl

---

→ Die Masjid al-Khor Moschee in Muscat: Mit ihrer blauen Kuppel und den blauen Kacheln strahlt sie hell in der Mittagssonne.

↑ Blick über das Öl- und Gasfeld Yibal: In Separierungsstationen werden Förderwasser, Gas und Rohöl getrennt.

gewonnen. Etwas mehr als 50 Prozent der Vorkommen können den hiesigen Lagerstätten durch konventionelles Pumpen entnommen werden. Um diese Marge noch weiter zu steigern, bedienen sich die Fördermannschaften auf dem Ölfeld Yibal der EOR-Technik: Ein Teil des zusammen mit dem Öl der Erde entlockten Erdgases wird wieder in den Boden zurückgepresst. Dadurch erhöht sich der Druck in den zerklüfteten Lagerstätten und das schwarze Gold kann leichter und vollständiger abgepumpt werden. Um bis zu 20 Prozent lässt sich mit der EOR-Technik die Ausbeute erhöhen.

Den für das Einpressen in die Öl-Lagerstätte erforderlichen Gasdruck erzeugt eine Verdichterstation, die aus zwei nahe gelegenen, jedoch separat arbeitenden Anlagen besteht: einer Niederdruck- und einer Hochdruckstufe. Vor allem auf der Niederdruckseite ist einiger Aufwand erforderlich. Schließlich muss hier das mit schwankendem Vordruck und sich ständig ändernder Dichte aus dem Boden kommende Erdgas auf einen konstanten Ausgangsdruck gebracht werden. Nur dann arbeitet der Hochdruckverdichter, der auf einen konstanten Eingangsdruck angewiesen ist, zufriedenstellend. Damit der Niederdruckkompressor die ihm zuge-

dachte Aufgabe erfüllt, muss er stufenlos regelbar sein: Je nach Mengenfluss und Dichte des Gases variiert seine Antriebsdrehzahl zwischen 5700 und 9269 Umdrehungen pro Minute. Dabei wird jedoch nicht die Drehzahl des Elektromotors verändert. Vielmehr läuft der Elektromotor mit konstanter Drehzahl, und die Varianz in der Antriebsdrehzahl wird durch ein stufenlos verstellbares Getriebe erreicht, das mit der Abtriebswelle des E-Motors verbunden ist: Dieses Getriebe mit dem einprägsamen Namen Vorecon (Voith Regelbar Economic) wurde erstmals 1989 kommerziell im finnischen Kraftwerk Haapavesi als Regeleinheit einer Kesselspeisepumpe eingesetzt. Seine Aufgabe war und ist es, den Pumpendruck stets so zu regeln, dass genau so viel Wasser in den Kessel des Kraftwerks gefördert wird, wie die Turbine Dampf benötigt, um die jeweils gewünschte Strommenge zu erzeugen.

Bis heute konnte Voith über 300 Vorecons verkaufen. Außer in Kraftwerken zum Regeln der Speisewasserpumpen und auf Öl- und Gasfeldern im Zusammenwirken mit Kompressoren und Pumpen kommen diese Getriebe in Gasverflüssigungsstationen und zum Steuern der Kohlemühlen in Braunkohlekraftwerken zum Einsatz.

VOITH
Protected against corrosion

VORECON

Zurück in den Oman: Mit einer bis heute erzielten Abbauquote von rund 60 Prozent steht Yibal im landesweiten Vergleich mit an der Spitze. In den meisten Ölfeldern liegt die Ausbeute deutlich niedriger. So auch im rund 80 Kilometer weiter östlich gelegenen Fahud-Feld, wo vor knapp 40 Jahren das kommerzielle Ölzeitalter des Oman begann. Hier schaffen die herkömmlichen Fördermethoden gerade mal ein knappes Drittel der gesamten vorhandenen Ölmenge ans Tageslicht. Der Rest schlummert noch unter der Erde, weil seine Förderung zu aufwendig und damit zu teuer erschien. Doch die global steigende Nachfrage nach dem schwarzen Gold macht die Ölindustrie zunehmend zum Avantgardisten für innovative Fördertechniken. Das Ziel ist klar: bereits weitgehend ausgebeuteten Ölfeldern – wie dem in Fahud – noch weitere Barrels zu entlocken. Diese „Resteverwertung", so zeigen Hochrechnungen, verspricht einen enormen Ertrag: Ließe sich auf diesem Wege die weltweit einer Förderung zugängliche Lagermenge um nur ein Prozent steigern, so wären das 20 bis 30 Milliarden Barrel Öl zusätzlich. Eine Menge, die in etwa den gesamten nachgewiesenen Ölreserven der USA entspricht.

Auf den Ölfeldern des Oman kommen derzeit vor allem drei dieser neuartigen Fördertechniken zum Einsatz: So kann man wie in Yibal einen Gascocktail in das Ölfeld pressen. Das Gas vermischt sich mit dem Öl und begünstigt dadurch die Strömung zum Bohrloch. Daneben wird bei einem zweiten Verfahren Wasser durch den Zusatz von Chemikalien dickflüssig gemacht und in das Ölfeld injiziert. Mit diesem „Sirup" wird das Öl herausgepresst.

Am wirkungsvollsten – und deshalb ist es auch die am häufigsten eingesetzte Methode – ist das druckvolle Einpressen von Dampf in das Erdreich. Dieses sogenannte Dampffluten erhitzt das Öl und macht es dünnflüssiger. Gleichzeit erhöht sich der Druck in der Lagerstätte und treibt das Öl zu den Bohrlöchern, wo es zutage gefördert werden kann. Selbst sehr dickflüssige Öle, wie sie etwa im östlich von Fahud gelegenen Natih-Feld anzutreffen sind, lassen sich mithilfe dieser Dampfinjektionen „ernten".

↖ Das Vorecon-Getriebe sorgt für die richtige Drehzahl des Gasverdichters. Es reagiert auf sich ändernde Drücke und Dichten des geförderten Erdgases.

→ Die Antriebsseite eines Vorecons: In der Mitte liegt das sogenannte Sonnenrad eines Planetengetriebes – mit fünf „Planeten", die an jeweils vier nach innen ragenden Zähnen zu erkennen sind.

2060005328

Die für diese Technik nötigen Dampfschwaden liefern Kraftwerke, die im Interesse einer hohen Energieeffizienz und geringer Transportverluste möglichst nahe den Ölfeldern errichtet werden. Sie versorgen benachbarte Siedlungen mit elektrischem Strom, während ihre Abwärme zum Erzeugen des auf den Ölfeldern benötigten Dampfs dient. Die Energieausbeute steigt durch diesen Doppelnutzen deutlich – und der Ausstoß von Kohlendioxid sinkt.

Die mineralogischen Eigenheiten in Fahud und Natih sind nur zwei Beispiele für die insgesamt nicht einfache Ölförderung im Oman. Jedes der zahlreichen, mitunter recht kleinen Ölfelder hat seine einzigartige Struktur und erfordert den Einsatz spezifischer Fördertechniken. So ist es im Oman nicht unüblich, gleich von Anfang an tertiäre Gewinnungsverfahren einzusetzen. Ein weiteres Beispiel dafür ist das Harweel-Feld im Süden des Landes, wo man in einer Tiefe von 4000 Metern mehrere in Salz eingeschlossene Ölvorräte gefunden hat. Wenn die Geologen recht haben, handelt es sich hier um das älteste jemals gefundene Ölvorkommen der Welt. Vor rund 500 Millionen Jahren entstanden, stammt es aus der Anfangszeit des Lebens auf der Erde. Vermutlich hat sich das Öl aus mehreren Schichten abgestorbener Algen am Boden eines Meeres gebildet und wurde anschließend von Salz umschlossen.

Diese Formation ist ungewöhnlich – und nicht ungefährlich. Da das Erdöl und das Erdgas durch den Salzmantel nicht in umgebende Schichten entweichen konnten, sind sie mit Kohlendioxid und hochgiftigem Schwefelwasserstoff angereichert und stehen unter hohem Druck. Ginge man mit herkömmlichen Verfahren an diese Lagerstätte heran, würde der Druck zu rapide absacken, und nur wenig Öl könnte gefördert werden. Die Geologen von PDO entschieden sich daher von Anfang an für den Einsatz von EOR-Technik. Sie entwickelten ein Konzept, bei dem sie die giftigen Gase aus den Kavernen für ihre Zwecke nutzen konnten: Sowohl das Kohlendioxid als auch der Schwefelwasserstoff werden zurück in die Reservoirs gepumpt. Der Gascocktail vermischt sich mit dem Öl, dessen Viskosität sinkt, und erlaubt so ein leichteres Abpumpen. Bei PDO hofft man, auf diesem Wege bis zu 30 Prozent des in der Lagerstätte vorhandenen Öls gewinnen zu können. Ohne die tertiäre Ölgewinnung betrüge die Ausbeute nur zehn Prozent.

→ Die Arbeitsplätze in der Öl- und Gasindustrie des Oman sind begehrt. Die Jobs sind krisensicher, die Bezahlung attraktiv.

V-9330

Dabei ist der Umgang mit der in die Lagerstätte zurückgepumpten Gasmischung keineswegs unkompliziert. Die Konzentration des geförderten Schwefelwasserstoffs liegt bei 50000 Parts per million. Damit ist das Gas hochgradig giftig. Bereits das Einatmen einer Konzentration von 600 Parts per million kann tödlich sein. Der Sicherheit aller am Förderprozess Beteiligten galt bei diesem Projekt daher höchste Priorität. Und da Schwefelwasserstoff auch aggressiv korrodiert, bestehen alle Rohre, Ventile und Pumpen der Förderanlage vom Harweel-Feld aus hochwertigen, korrosionsbeständigen Spezialwerkstoffen.

Wichtige Fortschritte verdankt die Ölindustrie auch ständigen Weiterentwicklungen der Bohrtechnik. So ist heute das Um-die-Ecke-Bohren Standard: Von einem Angriffspunkt aus können fächerförmig die rund um das Bohrloch ausgemachten und auf unterschiedlichen Ebenen liegenden „Ölpockets" erreicht werden. Dabei wird eine kaum vorstellbare Präzision erreicht, die am besten ein Vergleich verdeutlicht. So entspricht die Genauigkeit heutiger Bohrtechnik dem millimetergenauen Ansteuern eines beliebigen Punktes in einem turnhallengroßen Saal mit einer haardünnen Rohrleitung.

Georg Küffner

↖ Die Gasverdichterstation: Das geförderte Erdgas wird in einer zweistufigen Anlage (Niederdruck-, Hochdruckstufe) auf den erforderlichen konstanten Betriebsdruck gebracht.

← Fort Mirani in Muscat: Die Lage der Wehranlage erlaubte es, sowohl die Bucht als auch das Gebiet vor den Stadttoren unter Beschuss zu nehmen.

Vorecon

Ein Überlagerungsgetriebe zur stufenlosen Drehzahlregelung

Das Vorecon-Getriebe dient zur stufenlosen Drehzahlregelung unterschiedlichster Arbeitsmaschinen (etwa Pumpen), die große Massenströme (etwa Wasser) „bedarfsgerecht" einem Prozess (etwa dem Dampfkessel eines Kraftwerks) zuführen. Bedarfsgerecht bedeutet dabei, dass stets die Wassermenge in den Dampfkessel gepumpt wird, die exakt der Dampfmenge entspricht, die für die Erzeugung einer bestimmten Strommenge benötigt wird. Ändert sich durch das Zu- bzw. Abschalten von Verbrauchern die zu erzeugende Strommenge, muss mehr oder weniger Wasser in den Dampfkessel gepumpt werden, was durch eine höhere oder niedrigere Pumpendrehzahl erreicht wird.

Die (Speisewasser-)Pumpenleistung eines Kraftwerks muss demnach ständig variiert werden. Diese Aufgabe übernimmt der Vorecon. Er ist auf diese stufenlose Drehzahlregelung spezialisiert, ist sein Wirkungsgrad doch besonders hoch – und damit der Leistungsverlust gering.

Rein technisch betrachtet handelt es sich beim Vorecon-Getriebe um ein Überlagerungsgetriebe, das aus einem hydrodynamischen Getriebe (hydrodynamischer Drehmomentwandler) und zwei mechanischen Getrieben (Planetenstandgetriebe und Planetenumlaufgetriebe) zusammengesetzt ist.

Der hydrodynamische Drehmomentwandler zweigt von der Antriebswelle einen relativ kleinen, aber regelbaren Anteil der Leistung ab. Sie dient der Drehzahlregelung, weshalb man sie auch Regelleistung nennt. Die Regelfunktion übernimmt der Wandler mittels seiner verstellbaren Leitschaufeln. Der größere Leistungsanteil (Hauptleistung) wird direkt auf das Planetenumlaufgetriebe geschickt. Die Regelleistung hingegen geht vom hydrodynamischen Wandler zunächst weiter auf ein Planetenstandgetriebe, welches die Drehzahl und das Moment der Regelleistung wandelt, also neu einstellt. Vom Planetenstandgetriebe wird die Regelleistung weiter auf das Planetenumlaufgetriebe geleitet und dort wieder mit der Hauptleistung zusammengeführt (überlagert). Je nach Verhältnis von Regelleistung zur Hauptleistung stellt sich eine entsprechende Abtriebsdrehzahl ein. Die Leistungsanteile mit ihren unterschiedlichen Drehzahlen und Momenten werden also je nach Bedarf des Prozesses ständig verändert.

Prinzipbild

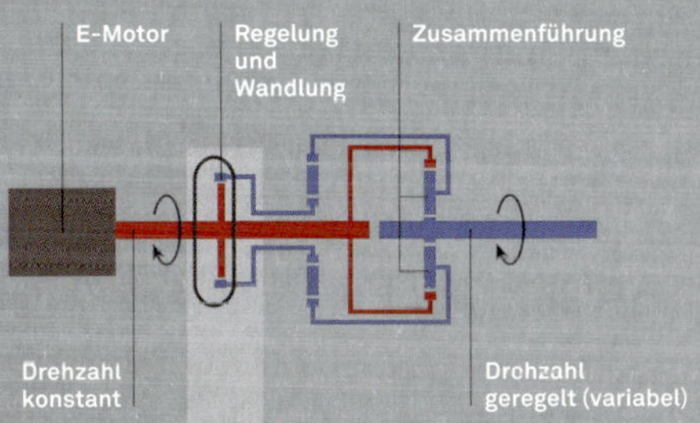

Leistungsfluss

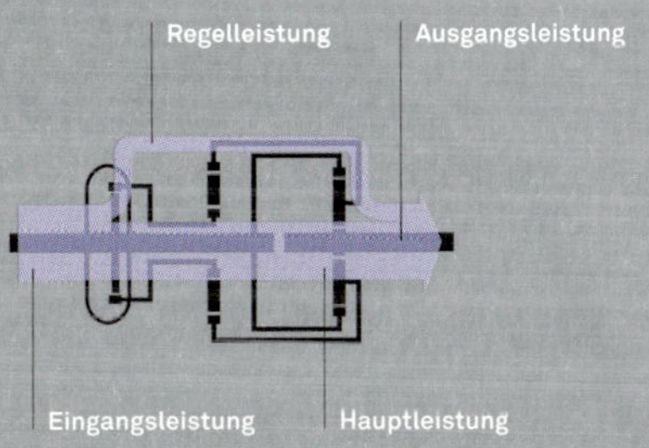

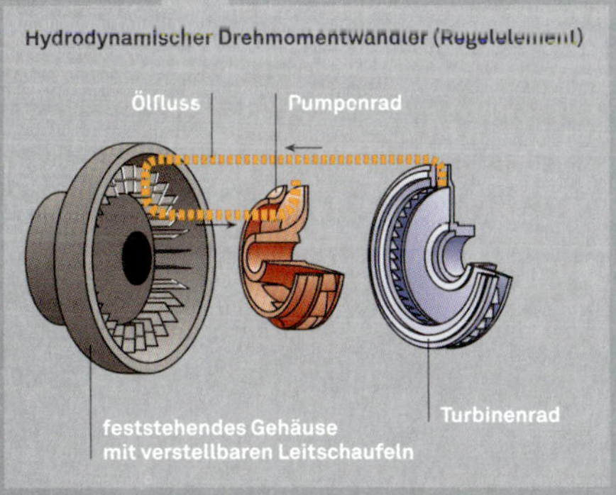

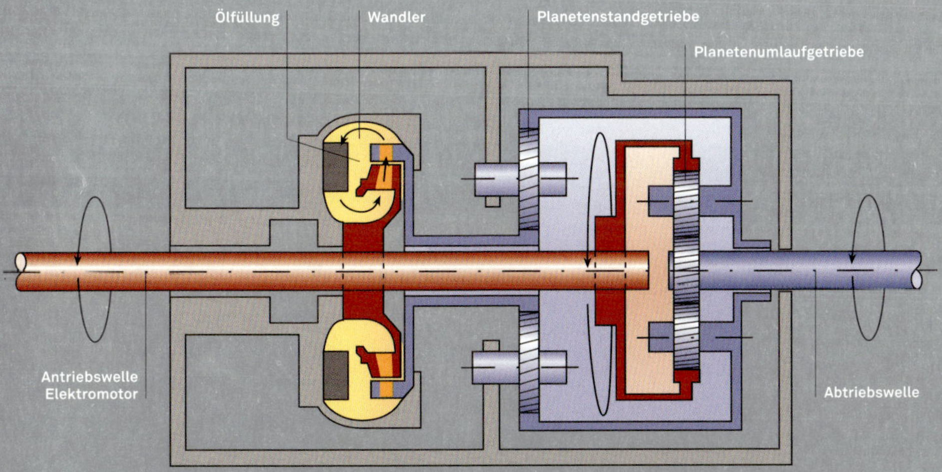

● konstante Drehzahl (Motor) ● variable Drehzahl (Arbeitsmaschine)

CATERPILL
797B
FINNING

Es herrscht Goldgräberstimmung

Im Gespräch mit Bernie Billingsley, Ölmuckel bei Albian Sands Energy

„Kinder hätten ihre wahre Freude an diesem Zeug", schwärmt Bernie Billingsley und hebt einen klebrigen schwarzen Klumpen auf. Mit seinen in dicken Lederhandschuhen steckenden kräftigen Händen knetet er die Masse zu einer Kugel – auf die gleiche Art und Weise, wie man mit den Handflächen einen Schneeball formt. Mit Schwung wirft der stämmige Mann den schwarzen Ball auf ein hinter ihm laufendes Fließband, das vollständig mit diesem zähen Zeug beladen ist. Kurze Zeit später führt Billingsley den Besucher zu einem hoch über dem Förderband gelegenen Aussichtspunkt. Mit einer ausladenden Handbewegung zeigt er auf die mehr als 20 Quadratkilometer große Grube unter ihm und spielt wieder auf Kinder an. „Sieht mein Arbeitsplatz nicht wie ein riesiger Sandkasten aus?", fragt er mit einem breiten Grinsen. In der Tat ist dieser Vergleich nicht weit hergeholt. Das nahezu ein Kilometer lange Förderband, auf das Billingsley kurz zuvor den Klumpen geworfen hat, erscheint als ein kurzer Strich in einer von grauen und braunen Farbtönen dominierten Mondlandschaft. Einige unscheinbare Lastwagen fahren in dem Loch herum, Erdschieber planieren große Flächen und ziehen dabei braune Staubfahnen hinter sich her. An manchen Stellen graben sich Bagger durch das dunkelbraune, fast schwarze Erdreich. Vom Aussichtspunkt betrachtet, sehen alle diese schweren Maschinen tatsächlich aus wie Spielzeug.

Aber spätestens hier muss die Analogie zu den Kinderträumen aufhören. Denn in dem riesigen Loch, in das Billingsley seinen Besucher geführt hat, geht es um Geld, sehr viel Geld sogar und – was in der gegenwärtigen weltpolitischen Lage fast noch wichtiger ist – um Energie. Bei der klebrigen Masse handelt es sich nämlich um Ölsand, und das riesige Loch ist ein Tagebau, ein Bergwerk unter freiem Himmel. Aus der Muskeg River Mine werden derzeit täglich bis zu 165 000 Barrel (Fass) Kohlenwasserstoffe gefördert. Ein Barrel entspricht dabei einem Volumen von 159 Litern. Die Lagerstätte gehört zur Athabasca-Formation und macht zusammen mit zwei ähnlichen Schichten die kanadische Provinz

CAT

„Kinder hätten ihre wahre Freude an diesem Zeug."

Bernie Billingsley

Alberta zu einer der ölreichsten Gegenden der Erde. In den kanadischen Ölsanden steckt nämlich mehr schwarzes Gold, als unter ganz Saudi-Arabien nachgewiesen wurde. Billingsley gehört einem umfangreichen Expertenteam an, das sich auf den Abbau von Ölsand spezialisiert hat. Das ehemalige Mitglied der kanadischen Marine sorgt dafür, dass aus dem klebrigen Brei wertvolles Rohöl wird und dass dieser Umwandlungsprozess in seiner Grube ohne Unterbrechung läuft.

Rohöl, so stellt man es sich oft laienhaft vor, sprudelt aus Bohrlöchern. Irgendwo tief in der Erdkruste gibt es Lagerstätten des flüssigen Goldes, die man lediglich mit einer Bohrkrone anzupiksen braucht und schon strömt das Öl an die Erdoberfläche. Obwohl diese Beschreibung prinzipiell stimmt, ist die technische Gewinnung freilich nicht ganz so einfach. Die wenigsten Erdöllagerstätten der Welt stehen nämlich unter einem so hohen natürlichen Überdruck, dass aus ihnen ohne technische Hilfsmittel Rohöl wie von allein sprudeln würde. Oft muss mit Pumpen, Hochdruck oder sogar der Injektion von Dampf nachgeholfen werden.

↖ Wie Spielzeuge erscheinen die schweren Fahrzeuge im riesigen Tagebau im Ölsandrevier der kanadischen Provinz Alberta.

→ Klebrige Masse: Bernie Billingsley prüft den Anteil an Bitumen im Ölsand.

AlbianSANDS
BERNIE BILLINGSLEY
AlbianSANDS
BERNIE BILLINGSLEY
ORE PREP

Ebenso trennt sich Mutter Erde auch nicht so ohne Weiteres von ihren Ölsanden. Unter Alberta ist das Öl nämlich nicht flüssig, sondern es steckt als zähes Bitumen in einer viele Dutzend Meter dicken Schicht aus Sand. Im Verhältnis acht zu eins, mit zusätzlich etwas Lehm und Wasser, haben sich Sand und Bitumen zu jener braunschwarzen, klebrigen Masse vermengt, die in mehreren Tagebauen nördlich der an den Ufern des Athabasca River gelegenen Stadt Fort McMurray abgebaut wird.

Sand und Öl sind dabei mindestens 125 Millionen Jahre alt. Sie stammen aus einer Zeit, in der die Saurier und andere Reptilien noch die Welt beherrschten und die von Geologen „oberste Unterkreide" genannt wird. Damals lag ein großer Teil des heutigen Kanadas östlich der Rocky Mountains unter einem flachen tropischen Randmeer, der Albian Sea. Die Überreste der vielen in dem warmen Wasser lebenden Meerestiere lagerten sich als Biomasse auf dem Meeresboden ab. Ohne den Einfluss von Sauerstoff verwesten sie anaerobisch und wurden allmählich zu Kohlenwasserstoffen. Ähnliche Vorgänge spielten sich im Laufe der Erdgeschichte Hunderte Mal an anderen Stellen ab, so in Texas, unter der Arabischen Halbinsel oder unter der Nordsee. Doch während die Biomasse dort überall langsam zu Rohöl wurde, blieb dieser von Fachleuten „Kerogenese" genannte Vorgang unter Alberta irgendwann stecken. Statt Rohöl entstand in Kanada lediglich Bitumen, das sich mit dem Sand zu einem klebrigen Brei vermengte.

Kanada ist keineswegs das einzige Land, in dem es im Laufe der Erdgeschichte mit der Ölentstehung nicht so richtig voranging. Ölsande gibt es nämlich in mindestens 70 Ländern der Erde, vor allem im Orinoco-Becken in Venezuela. Aber auch unter der Lüneburger Heide ist man schon vor mehr als 150 Jahren auf diesen Stoff gestoßen. In der Nähe der Ortschaft Wietze gibt es ein Bergwerk, in dem zwischen 1918 und 1964 untertägig so viel Ölsand abgebaut wurde, dass man daraus insgesamt eine Million Tonnen Rohöl gewinnen konnte. Nirgendwo sonst steckt aber derart viel Öl im Sand wie in der kanadischen Provinz Alberta. Unter einer Fläche, die etwa eineinhalbmal so groß wie Niedersachsen ist, liegen dort mehr als 60 Prozent aller bisher bekannten Ölsandreserven der Welt.

→ Zäher Stoff: An warmen Sommertagen wird das Bitumen im Ölsand so flüssig, dass es langsam aus dem Gestein läuft.

Nirgendwo sonst sind diese Reserven auch so leicht zugänglich wie in der Athabasca-Formation. Billingsley zeigt auf den Rand seiner Grube. Dort ist die Humusschicht nur wenige Meter dick. An den meisten Stellen, so erklärt er, beginne die bitumenhaltige Schicht lediglich sechs Meter unter der Erdoberfläche. An manchen tritt das Bitumen sogar als zähflüssige klebrige Masse in natürlichen Quellen zutage. Ohne seine Herkunft zu kennen, versorgten die Medizinmänner der ursprünglich in der Gegend lebenden Cree-Indianer damit eitrige Wunden der Kämpfer ihres Stammes. Viel häufiger dichteten die Indianer mit dem Bitumen aber ihre Kanus ab. Obwohl Billingsley in seiner Freizeit gerne angeln geht, hat er bisher noch nicht auf das Bitumen zurückgegriffen, um Leckagen in seinem Boot abzudichten. Vielmehr sorgt er dafür, dass der Ölsand, den er gerne das „Ölerz" nennt, so aufbereitet wird, dass aus ihm Rohöl gewonnen werden kann.

Mit Baggern, deren Schaufeln jeweils 100 Tonnen aufnehmen, wird der Ölsand im Tagebau abgebaut. In riesigen, bis zu 400 Tonnen fassenden Muldenkippern wird das Material dann zu einer Erzmühle gebracht, in der es zerkleinert wird. Bei unserem Besuch im warmen Spätsommer erscheint dieser Schritt vollkommen überflüssig. Sobald das Material nämlich von den Kippern rutscht, hat es bereits die Konsistenz von Brei. Im Winter aber, wenn die Temperatur im Tagebau auf minus 50 Grad Celsius sinken kann, ist alles zu steinharten Brocken gefroren. Die Erzmühlen müssen dann besonders hart arbeiten, erklärt Billingsley, um die gefrorenen Blöcke von Ölerz in jene kleinen Stücke zu zertrümmern, aus denen dann mit Warmwasser das Bitumen gelöst werden kann.

In den Wintermonaten laufen die zwei von ThyssenKrupp gelieferten Walzenbrecher mit einer Kapazität von je 14 000 Tonnen pro Stunde, also unter Volllast. Gerade dann muss sich jene hydrodynamische Kupplung von Voith besonders bewähren. Sie überträgt die Kraft eines 1500 PS leistenden Elektromotors auf die Brechwalzen, ohne dabei die Umdrehungen der Motorwelle zu beeinflussen. In der Grube arbeiten zwei dieser Brecher, und die Muldenkipper liefern den Ölsand nahezu ununterbrochen an. Dass am Steuer dieser haushohen, von je-

---

← Fest wie Teer: Wenn die Temperaturen sinken, wird auch das Bitumen im Ölsand fest wie ein Straßenbelag.

↘ 100 Tonnen mit einem Hub: So viel Ölsand können die elektrisch angetriebenen Bagger in der Grube jeweils in ihre Schaufeln laden.

BUCYRUS

BUCYRUS
01
01
AlbianSANDS
BUCYRUS

weils zwei Zwölfzylindermotoren angetriebenen Gefährte vielfach Frauen sitzen, erwähnt Billingsley nicht ohne Stolz. „Unsere Fahrerinnen haben einfach ein besseres Gefühl für diese Laster", lobt er sie. Denn so mancher forsche Brummifahrer hätte wohl Zweifel, einen solchen Muldenkipper mit mehr als 600 Tonnen zulässigem Gesamtgewicht ohne Karambolagen chauffieren zu können.

Nachdem das Erz zerkleinert ist, wird es auf dem 96-Zoll-Förderband zur Aufbereitung transportiert. Dort mischt man den Ölsand mit heißem Wasser und schickt das dabei entstehende Material per Pipeline in geheizte Absetzbecken. Dort trennt sich das Bitumen vom eigentlichen Sand. Mit diesem Schritt gelingt es, etwa 50 Prozent der im Ölsand enthaltenen Kohlenwasserstoffe zu lösen. Man wolle aber, so Billingsley, mehr als 95 Prozent des Öls gewinnen. Um das zu erreichen, wird der Sand in zwei weiteren Verfahrensschritten unter anderem mit Luft durchblasen. Dabei löst sich das Öl zu einem Schaum, ähnlich wie aufgeschäumte Milch in einem Cappuccino. Sobald dieser Schaum entlüftet wird, sammelt sich das Bitumen. Auf diese Weise werden pro Arbeitsschicht fast 7000 Fass reines Bitumen gewonnen. Dieser Rohstoff wird dann mit Naphthalin vermischt, was seine Viskosität so stark reduziert, dass es in einer Pipeline zu einer Raffinerie im 450 Kilometer entfernten Fort Sasketchewan gepumpt werden kann. Erst dort kann der Stoff zu den typischen Folgeprodukten des Rohöls, also Propan, Benzin, Diesel und Schweröl, verarbeitet werden.

Albian Sands Energy, so der Name des Konsortiums, das den Tagebau betreibt, ist ein „Newcomer" auf dem Gebiet der kanadischen Ölsande. Erst im August 2002 wurde das erste Bitumen aus dem von Shell, Chevron und Marathon Oil finanzierten Bergwerk gefördert. Billingsley war einer der ersten Angestellten und trägt mit Stolz seine Dienstmarke, die ihn als einen echten Oldtimer in der Firma ausweist. Andere Unternehmen allerdings, wie beispielsweise die kanadische Firma Suncor, bauen schon seit mehr als vier Jahrzehnten Ölsande in der Gegend um Fort McMurray ab.

In dieser Stadt, die an einem grau verhangenen Sommertag nicht viel hermacht, herrscht schon seit einigen Jahren Goldgräberstimmung. Das liegt nicht

→ Mit Schwung in die Mühle: Mehrmals in der Minute liefern Muldenkipper den schwarzen Sand zur Aufbereitung.

CATERPI
797B

FINNING
797B
9

CATERPILLAR
901
CAT

nur am äußerst produktiven Muskeg-Tagebau. Vielmehr wird hier mit mehreren Dutzend Milliarden Dollar pro Jahr in die Zukunft investiert. Neue Tagebaue sind zwar nicht geplant, dafür aber soll es bald Bergwerke geben, in denen das Bitumen in situ gelöst wird. Anstatt es in einem riesigen Loch abzubauen, werden Heißdampf oder andere Lösungsmittel durch die Lagerstätte gepumpt. Dadurch trennt sich der Kohlenwasserstoff „vor Ort" vom Sand und kann danach zutage gepumpt werden.

Bernie Billingsley hält diese Fördermethoden zwar für technisch interessant, als Ölmuckel zieht es ihn aber jeden Tag zu Schichtbeginn um sechs Uhr morgens in sein Bergwerk. Vor der Erzmühle stehend, verrät er dem Besucher in dieser frühen Morgenstunde auch das Geheimnis seines Erfolges. „Auf die richtige Mischung kommt es an", sagt er und erklärt unmittelbar danach, was er damit meint. Die Verfahren zum Trennen von Bitumen und Sand seien so eingestellt, dass im Erz nicht mehr, aber auch nicht weniger als 10,5 Prozent Bitumen enthalten sein dürfen. Der Ölgehalt der Lagerstätte in der Muskeg-Mine schwankt aber erheblich. Billingsley erzählt, dass die Bergbaugesellschaft die Ladungen der Muldenkipper deshalb geschickt steuern muss, damit das Erz im Durchschnitt immer den Idealwert an Bitumen enthält. Um das zu erreichen, müsse man gelegentlich auch schon mal einen Laster kommen lassen, der minderwertiges Material geladen hat, sagt er. Dabei winkt er verschmitzt einer Fahrerin zu, die gerade die 400 Tonnen ihrer schweren Fracht in die Brechanlage schwappen lässt.

Aufgezeichnet von Horst Rademacher

↖ Gigantisch: Haushohe Caterpillar-Trucks fahren den Ölsand aus den Tagebaugruben. Sie fassen 400 Tonnen, was vier Baggerschaufeln entspricht.

← Auf einem Förderband wird der Ölsand zu einem Silo transportiert. Mit heißem Wasser vermischt, beginnt sich dort das Bitumen vom Sand zu lösen.

Gegen die Schwankungen des Windes

WinDrive erzeugt Strom in Kraftwerksqualität

An der Notwendigkeit, fossile Energieträger einzusparen und die Stellung erneuerbarer Energien zu stärken, führt kein Weg vorbei. Weltweit hat sich diese Erkenntnis mittlerweile durchgesetzt. Denn zum einen gehen Erdöl und Erdgas in absehbarer Zeit zur Neige, zum anderen müssen die Emissionen der Treibhausgase – allen voran Kohlendioxid – reduziert werden, soll eine globale Klimakatastrophe verhindert werden. So empfiehlt der Weltklimarat IPCC die Erderwärmung auf maximal zwei Grad Celsius über dem vorindustriellen Niveau zu begrenzen. Dazu müssen die Kohlendioxid-Emissionen gegenüber 1990 bis 2050 halbiert werden. Das ist bis heute nicht einmal ansatzweise gelungen. Die Emissionen des Klimagases sind nicht zurückgegangen. Ganz im Gegenteil, die Menge des jährlich freigesetzten Kohlendioxids steigt kontinuierlich an.

Um hier gegenzusteuern, müssen die erneuerbaren Energietechniken ausgebaut werden. Das sind die Wasserkraft, die solarthermischen Verfahren, die Biomassenutzung und die Windkraft. Vor allem die Windkraft boomt. Monat für Monat werden weltweit immer mehr Windturbinen aufgestellt. So erhöhte sich 2007 ihre Nennleistung um rund 20000 auf 94000 Megawatt. Lange war Deutschland Vorreiter bei der Nutzung der Windenergie. Das hat sich verändert. Mit deutlichem Abstand sind 2007 in den USA die meisten Anlagen ans Netz gegangen, gefolgt von Spanien, China und Indien.

Längst werden Windturbinen nicht mehr nur entlang der Küste und in windreichen Binnenlandregionen installiert. Um höhere Ausbeuten zu erzielen, errichtet man immer mehr Windkraftanlagen auch auf See, was nicht nur für die Gründung der einschließlich ihrer Rotoren bis zu 180 Meter hohen Anlagen große Herausforderungen bedeutet, auch müssen die Windturbinen dauerhaft den raueren Bedingungen weit vor der Küste, aufgestellt in Wassertiefen bis 40 Meter, widerstehen können. Dazu werden die Maschinenhäuser (Gondeln) vor der aggressiven, salzhaltigen Luft geschützt. Sie werden entweder hermetisch gekapselt oder man setzt ihr Inneres unter einen geringen Überdruck, sodass Einflüsse von außen erst gar nicht bis zu sensiblen Einbauten vordringen können.

Doch bei Windturbinen unterscheidet man nicht nur zwischen Onshore- und Offshore-Anlagen, ein weiteres wichtiges Differenzierungskriterium ist die jeweils verwendete Technik der Stromerzeugung. So wird diese Aufgabe bei rund drei Viertel der auf der Welt aufgestellten Windturbinen von Asynchrongeneratoren erledigt. Dieses Konzept wurde gewählt, als man in den achtziger Jahren damit begonnen hat, vor allem in Dänemark und in den windreichen Gegenden Kaliforniens die ersten Windparks zu installieren. Die damals aufgestellten Anlagen waren vor allem robust, hatten aber den Nachteil, nur eine recht bescheidene Windkraftausbeute zu erreichen. Der Grund: Ihre Rotorblätter waren starr mit den Naben der Windräder und drehzahlstarr zum Generator verbunden und ihre direkt in das Netz gekoppelten Generatoren konnten nur mit der Netzfrequenz (50 Hertz oder 60 Hertz) und damit nur mit einer festen Drehzahl betrieben werden.

← Offshore: Weit vor der Küste aufgestellte Windkraftanlagen müssen störungsfrei arbeiten. Denn Wartungsarbeiten sind teuer und nicht bei jedem Wetter möglich.

Anlagen dieses Typs sind nicht regelbar. Sie erreichen lediglich bei einer genau definierten Windgeschwindigkeit ihr Leistungsoptimum. Geringfügig besser schneiden polumschaltbare Anlagen ab, die über zwei Leistungsspitzen verfügen. Doch beide Typen haben gemeinsam, dass sie zu ihrem eigenen Schutz ihre Flügel nicht aus dem Wind drehen können, wenn der Wind orkanartige Geschwindigkeiten erreicht. Vielmehr schützen sich diese starren, „stall"-geregelten Anlagen durch den sogenannten Strömungsabriss. Der Wind umströmt bei sehr hohen Windgeschwindigkeiten die Flügel, ohne sie in Rotation zu versetzen. Die Rotorblätter bleiben dem Wind ausgesetzt; die mechanische Belastung auf den Windrotor ist groß.

Diese „dänischen" Windturbinen wurden vor rund 20 Jahren von drehzahlvariablen Asynchronmaschinen abgelöst. Bei ihnen ist, wie bei den „starren" Vorläufern, der Ständer des Generators direkt mit dem Netz gekoppelt, während dem Generatorläufer durch einen Frequenzumrichter genau die (Delta-)Erregerfrequenz zwischen Netzfrequenz und Eingangsdrehzahlfrequenz am Generatorläufer aufgeprägt oder entnommen wird, die zum Einstellen der gewünschten Drehzahl der Windrotoren erforderlich ist. Das heißt: Liegt beispielsweise die Eingangsdrehzahl am Generatorläufer bei 40 Hertz, so fehlen zur 50-Hertz-Netzfrequenz genau 10 Hertz, die dann durch den Frequenzumrichter und über Schleifkontakte auf den Generatorläufer aufgeprägt werden. Damit wird erreicht, dass am Generatorständer die geforderte 50-Hertz-Frequenz vorliegt. Das Gleiche passiert – nur umgekehrt – bei Überdrehzahl. Beträgt die Eingangsdrehzahl am Generatorläufer 55 Hertz, dann wird vom Umrichter eine Frequenz von minus fünf Hertz auf den Generatorläufer aufgeprägt.

Bei derartigen doppelt gespeisten Asynchronanlagen arbeitet der Rotor nahe an seinem aerodynamischen Optimum. Sie haben aber den Nachteil, auf ein Getriebe angewiesen zu sein – eine der Schwachstellen von Windturbinen, wie Ausfälle dieser mechanisch hoch beanspruchten Aggregate immer wieder zeigen. Zudem kosten Getriebe Geld, produzieren Verluste und Wärme und verlangen in regelmäßigen Abständen nach einem Ölwechsel.

Völlig anders funktioniert ein von dem deutschen Marktführer unter den Windturbinenherstellern, dem Auricher Unternehmen Enercon, entwickeltes Konzept. Mitte der neunziger Jahre hat Enercon die mechanische Drehzahl- und Momentenwandlung aus ihren Windmühlen vertrieben und durch den getriebelosen Antrieb mit einem Synchrongenerator ersetzt. Im Gegensatz zum Asynchrongenerator wird hier nicht nur ein Teil, sondern die gesamte Leistung durch den Frequenzumrichter geführt. Indem man die Erregung im Läufer des Generators verändert, lässt sich die Drehzahl verändern.

Wie bei den doppelt gespeisten Asynchronmaschinen übernimmt die Leistungsregelung die Blattwinkelverstellung an den Rotorblättern: Ganz in Abhängigkeit von der Windgeschwindigkeit werden die Flügel mehr oder weniger „aufgedreht". Hat der Windrotor seine Soll-Drehzahl erreicht und gibt damit Nennleistung ab, findet ein ständiges (mechanisches) Nachregeln statt. Immer dann, wenn es zu kleinen Leistungsspitzen kommt, werden die Anstellwinkel der Blätter korrigiert. Zudem ist der Frequenzumrichter dazu in der Lage, sich an der Drehzahlregelung zu beteiligen. Der Frequenzumrichter prägt dem Generator eine Frequenz auf, die mit der Windrotordrehzahl korreliert. Dieses Konzept hat aber den Nachteil, dass Frequenzumrichter Geld kosten und Verluste und damit Wärme produzieren. Zudem bestehen sie aus mehr Einzelteilen als Getriebe und reagieren empfindlicher auf Umgebungsbedingungen als mechanische Wandler.

Die „Pitch"-Regelung ist auch Teil zweier anderer, getriebeloser Windturbinenkonzepte. Ähnlich den Enercon-Maschinen arbeitet eine vom japanischen Windturbinenhersteller Harakosan übernommene, ursprünglich von dem niederländischen Unternehmen Lagerwey entwickelte Technik, mit dem Unterschied, dass Stator und Rotor ihre Positionen getauscht haben. So kann der Platz beanspruchende Ständer mit seinen Wicklungen und den sich anschließenden Kühlrippen nach innen auf die Nabe zu gebaut werden, wodurch der Antrieb deutlich kompakter ausfällt als bei den Enercon-Maschinen. Und ein weiterer Unterschied: Der Rotor ist mit Permanentmagneten bestückt, sodass keine Erregerverluste die Windstromausbeute schmälern, was vor allem den Teillastbetrieb verbessert.

Eine andere Idee dagegen verfolgen die Ingenieure des schwäbischen Maschinenbauunternehmens Voith. Die Entwickler des WinDrive-Konzepts haben das ungeschriebene Gesetz über den Haufen geworfen, dass Windturbinen einen (Frequenz-)Umrichter benötigen. Seit Windturbinen drehzahlvariabel betrieben werden, ist dieses zwischen Generator und Netz geschaltete elektronische Bauteil dafür zuständig, dass Windstrom den Qualitätsansprüchen der Netzbetreiber entspricht.

↘ Immer größer: Um höhere Stromausbeuten zu erzielen, werden Windkraftanlagen immer größer. Einschließlich der Rotoren werden heute Höhen von bis zu 180 Meter erreicht.

Doch es geht auch anders. Dabei ist der Verzicht auf den Umrichter quasi nur Abfallprodukt und nicht Ziel der Entwicklung gewesen. Maßgeblich war vielmehr die Überlegung, eine Windturbine zu bauen, bei der, wie bei jedem konventionellen (Wärme-)Kraftwerk, ein netzgekoppelter Synchrongenerator die Elektrizitätserzeugung übernimmt und – systembedingt – hochwertigen Kraftwerksstrom erzeugt. Benötigt wurde also eine Apparatur, mit der sowohl die Drehzahl des Rotors als auch sein Drehmoment, die sich beide ständig verändern, ohne einen „Filter" (Umrichter) mit dem frequenzstarren Netz verbunden werden können: eine klassische Aufgabe für ein stufenloses Automatikgetriebe, das aus variablen Rotordrehzahlen konstante Ausgangsdrehzahlen machen kann.

Das ist keine einfache Aufgabe, und es erstaunt nicht, dass der Aufbau des WinDrive nicht trivial ist. Zwei Elemente sind hier zum harmonischen Zusammenspiel verdammt: ein hydrodynamischer Drehmomentwandler und ein als Überlagerungsgetriebe ausgelegtes Planetengetriebe. Diese Kombination war für die Voith-Entwickler grundsätzlich nichts Neues, hatten sie doch mit dem drehzahlvariablen Vorecon-Getriebe oder dem DIWA-Getriebe Vorbilder im Haus. Nur mit dem nicht unwichtigen Unterschied, dass die wesentlichen Bauteile beim Vorecon gerade anders herum als beim WinDrive angeordnet sind. Der Vorecon wandelt eine konstante (Antriebs-)Drehzahl in eine geforderte, variable Abtriebsdrehzahl – und das stufenlos. Dies ist beim WinDrive genau andersherum – die variable Eingangsdrehzahl wird in eine konstante Ausgangsdrehzahl überführt.

Und so arbeitet der WinDrive: Um die geforderte konstante Ausgangsdrehzahl zu erreichen, addiert das Überlagerungsgetriebe zwei variable Drehzahlen. Das ist zum einen die des Rotors und zum anderen eine vom hydrodynamischen Drehmomentwandler erzeugte Korrekturdrehzahl (ähnlich dem Vorgehen der Asynchronmaschine mit Frequenzumrichter). Sie schnell und präzise zu ermitteln ist das Geheimnis dieses Antriebs. Reaktionszeiten von 20 Millisekunden sind möglich, aber nicht bei jeder Änderung der Windgeschwindigkeit (und damit Leistungsschwankung) erforderlich. Der Grund: Die Leistungscharakteristik des

← Präzisionsarbeit: Damit das WinDrive-Getriebe zuverlässig seine Aufgabe erfüllt, müssen alle Bauteile nicht nur präzise gearbeitet, sondern auch sorgfältig zusammengebaut werden.

↘ Nach dem Zusammenbau werden alle Funktionen des WinDrive getestet und die Ergebnisse dokumentiert.

VOITH

Versand
Versand
KTR
KTR

Rotors entspricht weitgehend der des von Öl durchfluteten und mit verstellbaren Leitschaufeln ausgestatteten Wandlers.

Der WinDrive profitiert also davon, dass hier zwei „Strömungsmaschinen" mit gleicher Leistungscharakteristik verbunden sind: Im Teillastbereich folgt der hydrodynamische Wandler „selbstständig" dem Rotor und passt Drehzahl und Leistungsfluss an, ohne dass regelnd eingegriffen werden muss. In dieser Phase sind, vereinfacht ausgedrückt, die Leitschaufel und das Regelsystem der Windturbine „arbeitslos". Erst wenn der Windrotor seine Nenndrehzahl und damit die Nennleistung erreicht hat, schlägt die Stunde der WinDrive-Regelung mit ihren Leitschaufeln. Denn jetzt gilt es, die durch Veränderungen der Windgeschwindigkeit induzierten Lastspitzen über Drehzahländerungen am Windrotor (und der damit verbundenen kurzzeitigen Speicherung kinetischer Energie) zu glätten. Das schafft der WinDrive schnell und schonend. Mit dem großen Vorteil, dass der Antriebsstrang entlastet wird.

WinDrive-Windturbinen arbeiten wie konventionelle Kraftwerke – vorausgesetzt, der Wind weht. Das schafft das Gros der Windmühlen nicht, und zwar wegen zweier Besonderheiten: Sie schalten sich bei größeren Spannungsänderungen im Netz ab. Das war in Ordnung, als Windturbinen nur kleinere Zugaben zur Stromversorgung lieferten. Im Zuge der gestiegenen Windleistung gelten jedoch andere Voraussetzungen. Windturbinen müssen künftig bei Spannungseinbrüchen etwa als Folge eines Kurzschlusses am Netz bleiben, und sobald dieser überstanden ist, sofort wieder Leistung einspeisen. Damit sie das schaffen, müssen sie während des Durchfahrens des Kurzschlusses weiterdrehen, um in dieser Phase Energie in Form von Blindleistung und erhöhtem Strom abzugeben.

Deutlich mehr Aufwand erfordert die Beseitigung der zweiten Besonderheit: Windturbinen müssen wie konventionelle Kraftwerke außer Wirkleistung auch Blindleistung zur Verfügung stellen und zudem erkennen, wann wie viel davon im Netz gebraucht wird. Blindleistung ist wichtiger, als der Name vermuten lässt. Sie wird benötigt, um die Spannung im Netz stabil zu halten, kann aber nur über kurze Entfernungen transportiert werden, was ihre dezentrale Produktion erforderlich macht. Und ohne Blindleistung lassen sich keine elektrischen und magnetischen

---

→ ↘ Kompakt: Der WinDrive baut extrem klein. Und da auf einen Frequenzumrichter verzichtet werden kann, reduziert sich das Gondelgewicht zusätzlich.

VOITH
WinDrive®

ACHTUNG
CAUTION
WARNUNG
WARNING
ACHTUNG
CAUTION

Felder aufbauen. Damit wird klar: Windstrom ist nicht gleich Windstrom. Das wird auch vom deutschen Erneuerbare-Energien-Gesetz (EEG) berücksichtigt, das allen Windmüllern, die Strom in Kraftwerksqualität liefern, einen Aufschlag auf die Vergütung gewährt. Systemdienstleistungs-Bonus nennt sich dieser Zuschlag, und er bringt je Kilowattstunde zusätzliche 0,5 Cent.

Der WinDrive wiegt in der gegenwärtigen Standardversion für eine maximale Nennleistung von 2,5 Megawatt stattliche 5,2 Tonnen. Dennoch kann der Einsatz dieser Technik im Vergleich zu dem Konzept herkömmlicher Anlagen durch den Wegfall der Umrichtertechnik das Gondelgewicht bei Großanlagen deutlich mindern. Bei Offshore-Anwendungen und damit Windturbinen mit Leistungen bis sieben Megawatt und Gewichten der Maschinenhäuser von zum Teil über 500 Tonnen bedeutet diese Möglichkeit der Gewichtsreduzierung einen erheblichen Kostenvorteil bei den Fundamenten, dem Mast und der Gondel selbst.

2009 wurden 22 Maschinen der Vorserie in den amerikanischen Bundesstaaten Texas und New Mexico aufgestellt. Eine erste WinDrive-Pilotanlage läuft seit Januar 2007 problemlos in der Nähe von Cuxhaven in der Gondel der „D8.2-Windkraftanlage" des Voith-Systempartners DeWind, der zum US-Energietechnik-Unternehmen Composite Technology Corporation CTC gehört. Dieser Verbindung nach Amerika ist auch zu verdanken, dass sich in der weltweit höchstgelegenen Windkraftanlage ein WinDrive dreht: In den argentinischen Anden in der Provinz San Juan auf 4300 Metern versorgt seit Anfang 2008 eine Zwei-Megawatt-Anlage die Goldmine Veladero mit Strom. Und das absolut zufriedenstellend, wobei bei dieser Höhe die WinDrive-Technik ohne Konkurrenz bleibt: Denn herkömmliche Windturbinen mit Frequenzumrichter können bei geringem Luftdruck und den extremen Witterungsbedingungen dieser Höhenlage ohne zusätzliche Vorkehrungen gar nicht arbeiten.

Georg Küffner

↖ Weltrekord: Dieses WinDrive-Windrad in den argentinischen Anden auf 4300 Metern ist die höchstgelegene Windkraftanlage der Welt.

← Entwicklungsarbeit: Heutige WinDrive-Getriebe sind auf eine maximale Nennleistung von 2,5 Megawatt begrenzt. An größeren und damit leistungsstärkeren wird gearbeitet.

WinDrive

Windstrom mit Kraftwerksqualität

Das WinDrive-Getriebe wird in den Antriebsstrang von Windkraftanlagen zwischen Rotor und einem netzgekoppelten Synchrongenerator eingebaut, sodass – wie bei konventionellen (Wärme-)Kraftwerken – systembedingt hochwertiger Kraftwerksstrom produziert wird. Das wird möglich, da der WinDrive sowohl die sich mit dem Wind ständig ändernde Drehzahl des Rotors als auch sein Drehmoment mit dem frequenzstarren Netz „intelligent“ verbindet.

Herzstück des WinDrive ist ein stufenloses Automatikgetriebe, das aus variablen Rotordrehzahlen eine konstante Drehzahl für den Generator macht. Er bedient sich dazu eines hydrodynamischen Drehmomentwandlers und eines als Überlagerungsgetriebe ausgelegten Planetengetriebes. Damit arbeitet der WinDrive ähnlich dem drehzahlvariablen Vorecon-Getriebe. Nur mit dem Unterschied, dass die wesentlichen Bauteile beim Vorecon gerade anders herum als beim WinDrive angeordnet sind: Der Vorecon ermöglicht bei konstanter (Antriebs-)Drehzahl variable Abtriebsdrehzahlen – und das stufenlos. Beim WinDrive wird die variable Eingangsdrehzahl in eine konstante Ausgangsdrehzahl überführt.

Um die geforderte konstante Ausgangsdrehzahl zu erreichen, addiert das Überlagerungsgetriebe des WinDrive zwei variable Drehzahlen: Die des Rotors und eine vom hydrodynamischen Drehmomentwandler erzeugte Korrekturdrehzahl. Sie schnell und präzise zu ermitteln ist das Besondere dieses Antriebs. Reaktionszeiten von 20 Millisekunden sind möglich, aber nicht bei jeder Änderung der Windgeschwindigkeit (und damit Leistungsschwankung) erforderlich. Der Grund: Die Leistungscharakteristik des Rotors entspricht weitgehend der des von Öl durchfluteten und mit verstellbaren Leitschaufeln ausgestatteten Wandlers.

Prinzipbild

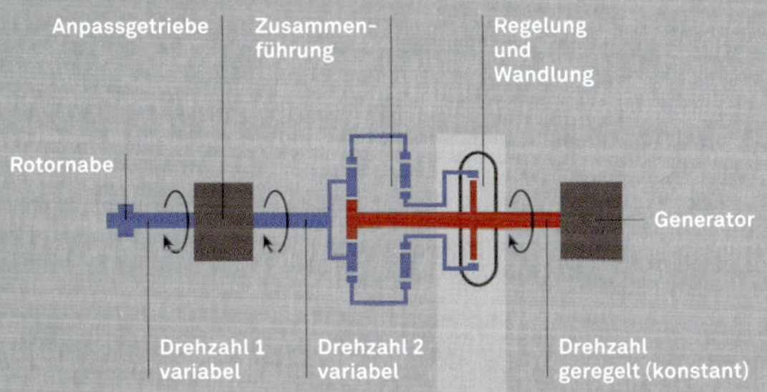

Leistungsfluss

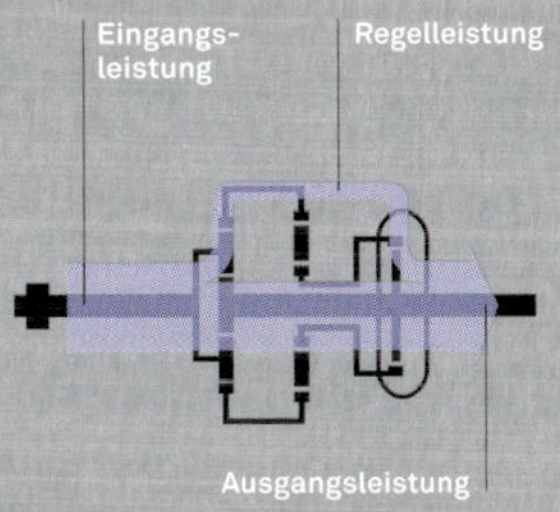

Hydrodynamischer Drehmomentwandler (Regelelement)

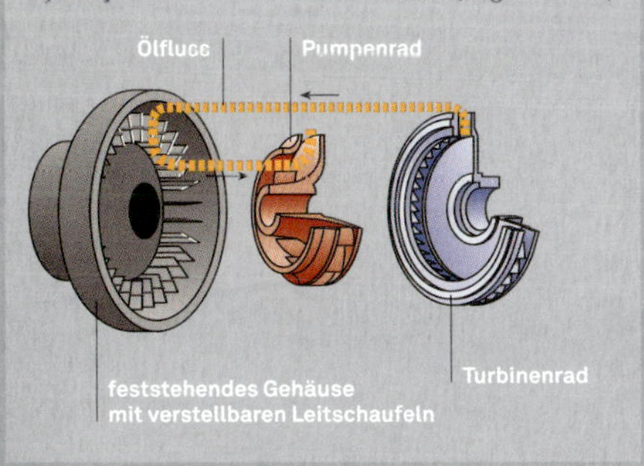

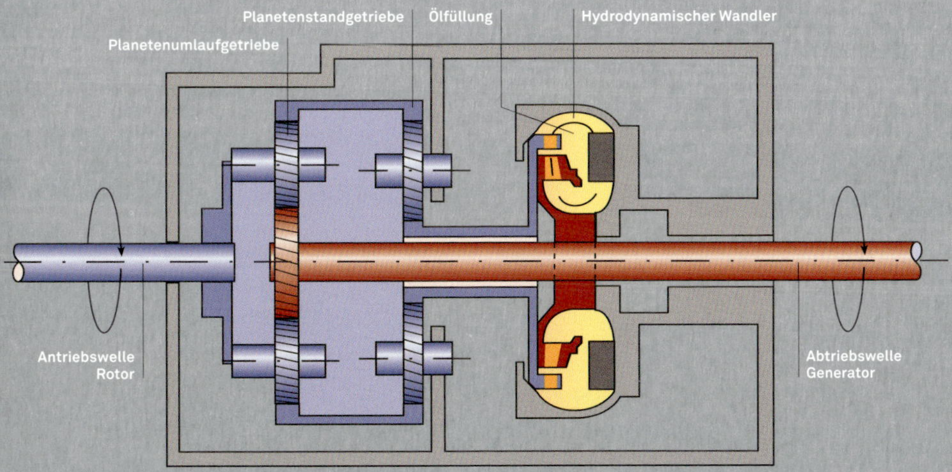

variable Drehzahl (Windrotor) konstante Drehzahl (Generator)

Verarbeitende Industrie

Die Weiterverarbeitung der Rohstoffe mithilfe der Antriebstechnik

Stählerne Unikate aus 12 000 Tonnen Druck

Im Gespräch mit Dieter Bokelmann, Technischer Geschäftsführer der Saarschmiede GmbH Freiformschmiede in Völklingen

Er ist der fotogene Prototyp der ganzen Handwerkszunft: der Hufschmied. Wo er, mit schwerer Lederschürze ausstaffiert, seinen Hammer kraftvoll auf den Amboss niedersausen lässt, dass die Funken stieben, drücken die Zuschauer begeistert auf die Auslöser ihrer Kameras. Ob Hufeisen oder Messerklingen – das ebenso traditionsreiche wie schweißtreibende Arbeiten des Schmieds mit Hammer, Blasebalg und Zange an der feuerspeienden Esse zieht das Publikum heute wie vor 100 Jahren in seinen Bann. Mittlerweile hat sich das Schmieden mit Muskelkraft in den Rang des Kunsthandwerks hochgehämmert. In den Auslagen gut sortierter Haushaltswarengeschäfte findet sich eine stattliche Auswahl hand-geschmiedeter Messer zu stolzen Preisen. Alles Einzelstücke und jedes für sich ein Artefakt.

Geschmiedete Unikate ganz besonderer Art produziert die Saarschmiede GmbH Freiformschmiede in Völklingen: Turbinen-, Generator- und Schiffswellen, Hochdruckbehälter und Schleuderguss-Kokillen. „In der modernen Industriegesellschaft ist die Umformtechnik des Schmiedens unverzichtbarer denn je", betont Dieter Bokelmann. Er steht dem Unternehmen – einer Tochtergesellschaft der Saarstahl AG mit ihren konzernweit 6700 Mitarbeitern und einem Umsatz von rund zwei Milliarden Euro – als Technischer Geschäftsführer vor. Kein Auto würde fahren und kein Generator sich drehen, wäre die Kunst des Schmiedens nicht zu ihrer heutigen Präzision entwickelt worden.

Die in Völklingen produzierten Schmiedeteile sind allesamt Hightech-Produkte, die höchsten Beanspruchungen sicher, zuverlässig und über eine lange Zeit hinweg widerstehen müssen. Denn sind sie erst einmal, wie etwa die Wellen der Dampf- und Gasturbinen, verbaut, finden sie nur noch zu den Wartungsintervallen zurück ans Tageslicht. In der Zwischenzeit wird ihnen viel abverlangt. Ununterbrochene Laufzeiten von mehreren Tausend Stunden sind keine Seltenheit für diese gigantisch großen Wellen mit ihren zehn Metern Länge und einem Durchmesser von mehr als zwei Meter. Mit 3000 Umdrehungen in der Minute rotieren sie um ihre eigene Achse. Bei einem Eigengewicht von bis zu 100 Tonnen ist das keine einfache Aufgabe. Zudem zerren enorme Fliehkräfte an den silbrig glänzenden Riesen – umgerechnet das Gewicht eines Einfamilienhauses, das im Kreis herumgeschleudert würde.

„Nur durch Schmieden lassen sich diese Werkstücke herstellen", erklärt der promovierte Maschinenbauingenieur Bokelmann. Schmieden sei das ideale Verfahren, die Form eines Metallstücks zu verändern. Keine andere Technik könne da mithalten. Dabei sei Schmieden mehr als nur ein rein formgebendes Verfahren. Beim Schmieden werde der Stahl vielmehr „innig durchmischt", homogenisiert, und sein Gefüge verdichtet: Fachleute sprechen daher auch vom „Dichtschmieden". Um das gewünschte, ideale Gefüge zu erreichen, ist nach jedem Vorformungsschritt eine Wärmebehandlung des Stahls erforderlich. Denn die durch das Schmieden aufgebrochenen „Körner" bilden sich durch gezieltes Aufheizen wieder neu. Zudem werden durch die Wärmebehandlung im Material eventuell entstandene Spannungszustände abgebaut – der Stahl wird reif für die letzte Stufe der Qualitätsverbesserung: das Härten und Anlassen.

Wie der Dorfschmied beim Hufeisen geht man auch beim industriellen Schmieden großer Wellen vor: Durch abruptes Abkühlen der aufgeheizten Werkstücke in Wasser oder Öl erreicht man eine Gefügeumwandlung, der Stahl wird härter. Heizt man ihn anschließend noch einmal moderat auf und lässt ihn anschließend langsam abkühlen, mildert das seine Härte, und seine Zähigkeit nimmt zu. Erst dieses stählerne Wechselbad der Temperaturen ermöglicht die Herstellung hochwertiger Wetzeisen, Feilen, Bohrer und Prägestempel.

Seit jeher gilt: Schmieden ist Erfahrungssache. Daran änderte sich auch nichts, als man es schaffte, zum Schmieden die Kraft des Wassers zu nutzen. Herzstück dieser frühen mechanischen Schmiedebetriebe waren Stielhämmer (sogenannte Bären), die von einem auf einer Antriebswelle sitzenden Nocken bewegt wurden. Diese Technik bewährte sich so sehr, dass man sie auch beibehielt, als die Dampfmaschine das Wasserrad längst abgelöst hatte. So baute Alfred Krupp 1852 einen Stielhammer mit einem Hammer- oder Bärgewicht von 7000 Kilogramm zum Schmieden großer Kurbelwellen für Schiffsantriebe. Damit

→ Schmieden ist mehr als eine „nur" formgebende Technik. Durch Schmieden wird auch das Gefüge des Stahls homogenisiert und damit seine Belastbarkeit gesteigert.

„In der modernen Industrie-gesellschaft ist die Umform-technik des Schmiedens unverzichtbarer denn je.“

Dieter Bokelmann

sich der Bär hob, hatte man unter den Hammerstiel einen Dampfzylinder gesetzt, in dem sich ein Kolben auf- und abbewegte.

Richtig Fahrt nahm das industrielle Schmieden mit der Erfindung des direkt angetriebenen Dampfhammers auf: 1840 baute der schottische Ingenieur James Nasmyth (1808 bis 1890) für seinen eigenen Betrieb in Bradley ein solches Gerät, das mit einem 1500 Kilogramm schweren Bären deutlich bessere Resultate erzielte als die Vorgängermodelle. In nur 4,5 Minuten schaffte er eine Umformarbeit, zu der ein Stielhammer zwölf Stunden benötigte. Kein Wunder, dass sich diese Technik rasch verbreitete und weiter entwickelte – was auch bedeutete, dass die Hämmer immer kräftiger wurden.

Wohl am bekanntesten wurde der 1861 bei Krupp aufgestellte 1000-Zentner-Hammer „Fritz“, der bis 1911 in Betrieb blieb. Sein Bär wurde mit „Unterdampf“ gehoben und fiel anschließend frei nach unten. Der Hub betrug 3,14 Meter, der Zylinder brachte es auf einen Durchmesser von 1,39 Meter. Schmiedestücke von bis zu 25 Tonnen konnten mit dem Fritz bearbeitet werden. Doch es ging noch größer: 1893 installierte man bei Bethlehem Steel Works in Amerika einen 120-Tonnen-Dampfhammer, der jedoch nach wenigen Jahren wieder abgebaut wurde. Mit ihm war man an Grenzen gestoßen, die nicht mehr zu beherrschen waren. Für noch größere Schmiedestücke musste man sich etwas Neues einfallen lassen: Heraus kam die hydraulische Presse.

→ Dieter Bokelmann, Technischer Geschäftsführer der Saarschmiede in Völklingen

↘ Zunder: Beim Kontakt mit dem Luftsauerstoff bildet sich auf dem rot glühenden Werkstück eine Oxidschicht – die entfernt wird.

Große Teile wie die Wellen von Turbinen und Generatoren werden in sogenannten Freiformschmieden, wie etwa in der Saarschmiede in Völklingen, hergestellt. Bei diesem Verfahren kann der Stahl, während man auf ihn drückt, zur Seite ausweichen. Damit unterscheidet sich das Verfahren von dem ebenfalls seit Jahrhunderten bekannten Gesenkschmieden, bei dem das Schmiedestück im geschlossenen Werkzeug, dem Gesenk, steckt, dessen „Gravur" die Form bestimmt. Typische Produkte des Gesenkschmiedens sind Münzen und Beschläge, aber auch Pleuel und Kurbelwellen von Personen- und Lastkraftwagen.

In Völklingen sind derzeit zwei hydraulische Freiformpressen im Einsatz, die eine Kraft von 35 bzw. 85 Meganewton (3500 und 8500 Tonnen) entwickeln können. Damit gehören sie zu den größten Freiformpressen der Welt. In einer neu gebauten Halle wird gerade eine weitere, noch kräftigere Presse im XXL-Format gebaut, berichtet Bokelmann. Ihre Maximalkraft wird 120 Meganewton (12 000 Tonnen) betragen. Erste Werkstücke sollen auf ihr im Mai 2010 geschmiedet werden.

Wer diese Giganten der Schmiedekunst bei der Arbeit beobachtet, der hört kein Schlagen oder Klopfen. Hydraulikpressen dieser Größe schließen sachte. Sie „recken" und „stauchen" den von einem archaisch anmutenden, stählernen Greifarm („Manipulator") festgehaltenen rot glühenden Stahl in peniblen kleinen Schritten, bis das Werkstück seine endgültige Form und Kontur erreicht hat.

Ihre ungeheure Kraft verdanken die Hydraulikpressen – nomen est omen – speziellen Presszylindern, die mit unter hohem Druck stehendem Hydrauliköl bewegt werden: Bei der 85-Meganewton-Presse in Völklingen kommen bis zu drei solcher Presszylinder gleichzeitig zum Einsatz. Dabei gilt die simple Formel der gemeinsamen Stärke: Je mehr Zylinder, desto größer die Kräfte. Für Feinarbeiten wie das sogenannte Schlichten, bei dem das Werkstück auf Maß geglättet wird, reicht zumeist ein Zylinder mit einer Presskraft von maximal 3200 Tonnen aus. Bei der 8500-Tonnen-Presse der Völklinger Saarschmiede sorgen acht Axialhydraulikpumpen für die Antriebstechnik. Sie setzen das Hydrauliköl in den Presszylindern unter Druck. Drei dieser Pumpen arbeiten mit konstanter Förderleistung. Die übrigen fünf Pumpen lassen sich variabel feinsteuern. Insgesamt vermag das Pumpen-Ensemble Öldrücke von bis zu 360 Bar zu erzeugen. Müssen

← Kraftvoll: Mit einer Presskraft von bis zu 8500 Tonnen ist die Großschmiede in Völklingen eine der größten der Welt.

↑ Das Schmieden größerer Teile ist ein langwieriger Prozess: Nur in kleinen Schritten kann man sich an die endgültige Kontur heranarbeiten.

sehr schwere Schmiedestücke aus „hartem“, warmfesten Stahl gestaucht werden, kann der Druck vorübergehend sogar auf 400 Bar erhöht werden.

Das Schmieden auf der Großpresse erfordert neben herkulischer Kraft aber auch ein gehöriges Maß an Fingerspitzengefühl: Mit Joysticks wie an einer Playstation dirigieren die Schmiedemeister im Steuerstand neben der Presse die Greifzange des Manipulators. Computerprogramme verraten ihnen dabei, in welcher Reihenfolge welche Stellen einer Welle „gedrückt“ werden müssen. Die Entwicklung dieser „Stahlbearbeitungssoftware“ war eine der ersten Aufgaben, mit denen sich Bokelmann befassen musste, als er vor zwölf Jahren ins Saarland kam. „Das Programm läuft heute noch“, berichtet er stolz.

Bis eine Turbinenwelle fix und fertig die Völklinger Produktionshallen verlässt, kann ein halbes Jahr vergehen. Das liegt aber nicht an der Pomadigkeit der saarländischen Stahlwerker, sondern an den Besonderheiten ihres Werkstoffs. Der nämlich mag es langsam und sorgfältig. Nach fast jedem Bearbeitungsschritt fordert er unnachgiebig Ruhepausen ein, um sich zu „erholen". Bräche man den Schmiedevorgang übers Knie, drohte der gesamte Fertigungsprozess zu scheitern, stellt Bokelmann klar.

Dieses Risiko will niemand eingehen. Denn dafür ist der gesamte Produktionsprozess zu komplex, mühselig und langwierig. Vor dem Schmieden steht zunächst das Einschmelzen und Gießen. Genau nach den Vorgaben der Kunden wird aus Stanzabfällen und Frässpänen eine Stahlmischung zusammengestellt, im Lichtbogenofen elektrisch erschmolzen und anschließend durch die Zugabe kleiner Mengen noch fehlender Legierungsanteile feinjustiert. Diese Ausgangsmixtur muss höchst sorgfältig komponiert werden, denn sie begründet die spätere Qualität des Werkstücks. Vor allem rein muss der Stahl sein. Nichtmetallische „Störstoffe", wie etwa Schlacken, haben im Schmelztiegel, aus dem dann der Stahl in eine mehrere Meter hohe Form, die Kokille, gefüllt wird, nichts verloren. In der Kokille erstarrt der Stahl. Auch dies ist ein höchst sensibler Vorgang, bei dem sichergestellt sein muss, dass sich die im Inneren der Schmelze durch ungleiches Abkühlen und Schrumpfen entstehenden Hohlräume durch flüssigen Stahl gefüllt werden und nicht als Lunker verbleiben. Dazu muss der Stahl lange fließfähig bleiben, wofür ein spezielles Gießpulver sorgt, das auf der Oberfläche des Stahls der Kokille abbrennt und wie ein Rührlöffel wirkt.

Ist diese Hürde genommen, wird die Form gezogen. Der Stahlblock plumpst aus der Kokille heraus – an seiner Oberfläche zwar noch glühend rot, im Inneren aber längst zu kalt, um direkt in die Presse zu können. Um auf Schmiedetemperatur zu kommen, landet der Klotz zum Aufheizen zunächst im Ofen. Dort wird er während des Schmiedevorgangs immer wieder hinein müssen. Ein gutes halbes Dutzend Mal durchläuft der Stahl während des Bearbeitungsprozesses den Zyklus von Aufheizen und Abkühlen. Fachleute sprechen vom Schmieden in mehreren Hitzen. Dieter Bokelmann kennt die Besonderheiten der Stahlproduktion und ist geduldig – denn er weiß: Das Schmieden großer Werkstücke ist keine Sache von Stunden, sondern von Tagen, Wochen und Monaten.

Aufgezeichnet von Georg Küffner

Bei Tempo 84 bis auf den Mikrometer genau

ThyssenKrupp Steel walzt in Duisburg-Beeckerwerth hauchdünne Feinbleche

Das Herz des Potts ist eine Stadt aus Stahl: Duisburg. Nach einer umfassenden Restrukturierung ist im Norden der 500 000-Einwohner-Metropole am Niederrhein einer der modernsten und größten Stahlstandorte Europas entstanden. Auf einem neun Quadratkilometer großen Werksgelände hat die ThyssenKrupp Steel AG – mit einem Jahresumsatz von rund 50 Milliarden Euro und mehr als 40 000 Mitarbeitern weltweit ein Dickschiff der Branche – ihre Stahlerzeugung in Deutschland konzentriert.

Die vier gigantischen Hochöfen von Hamborn und Schwelgern produzieren täglich bis zu 30 000 Tonnen Roheisen. Ende 2007 wurde der neue Hochofen 8 in Betrieb genommen und ersetzte den 1963 erbauten Hochofen 4. Der ThyssenKrupp-Konzern investierte hierfür 250 Millionen Euro, davon flossen allein 80 Millionen Euro in Umweltschutzmaßnahmen. Im Stahlwerk steht die Zeit nie still, und also ist auch Duisburg eine Stadt, die niemals schläft. Tag und Nacht spucken riesige Walzenstraßen schier endlose Stahlbänder aus, die dann, aus Europas größtem Binnenhafen verschifft, ihren Weg in alle Welt antreten. Ob das Stahlblech ursprünglich aus einem Warm- oder einem Gießwalzwerk kam, hängt von den Anforderungen an seine Festigkeit und der dafür benötigten Legierung ab. Eine der größten Kaltwalzanlagen steht im ThyssenKrupp-Werk Duisburg-Beeckerwerth und gehört, obwohl bereits 2001 für 150 Millionen Euro erbaut und in Betrieb gegangen, noch immer zu den innovativsten Anlagen dieser Art – von denen es weltweit lediglich rund zwei Dutzend gibt.

Insider sprechen von einer TAKO-Anlage. Hinter diesem Kürzel verbirgt sich die Koppelung (KO) zweier unterschiedlicher Walzprozesse – nämlich einer Kaltwalz-Tandemstraße (TA) mit der Vorstufe, einer Beize. Diese Kombination hat den großen Vorteil, dass ein endlos langes Stahlband in einem Rutsch durch die insgesamt rund 500 Meter lange Anlage geschleust werden kann. Dadurch muss das Stahlband nicht, wie bisher, nach der Beize zu sogenannten Coils aufgerollt werden, um auf die Weiterverarbeitung in der Kaltwalzstraße zu warten. Stattdessen läuft der Produktionsprozess kontinuierlich ab. Dies kommt der Qualität des fertigen Stahlbandes zugute, weil es seine Maßhaltigkeit erhöht. Und noch einen weiteren Vorzug hat die Kombination von Beize und Tandemstraße: Die Ausschussmengen liegen deutlich niedriger, mussten doch zuvor die Anfangs- und Endstücke der durch die Anlagen geschickten „Einzel-Bänder" abgetrennt und eingeschmolzen werden. In der TAKO-Anlage hingegen fallen solche Endstücke nur dann an, wenn die Anlage angefahren wird.

Wie funktioniert eine solche TAKO-Anlage? Zunächst wäscht ein Schwefelsäurebad die rötliche Oberflächenoxidation, die sogenannte Zunderschicht, von

← Feuerzauber: Um aus dem Roheisen störende „Beimengungen" zu entfernen, werden sie mit Sauerstoff herausoxidiert. Fachleute sprechen vom „Frischen".

↘ TAKO: Die Kaltwalzstraße von ThyssenKrupp in Duisburg-Beeckerwerth. Das Stahlband kann hier bis auf eine Stärke von 0,3 Millimeter heruntergewalzt werden.

SIEMENS

Kran G087
Baujahr 2000
CE
Tragfähigkeit
20 t

dem fünf Millimeter starken Stahlblech herunter. Anschließend fügt ein Schweißroboter im Übergangsbereich von der Beize zum Walzwerk das nunmehr silbrig glänzende Material zu einem endlosen Band zusammen, das wenig später vom Herz der TAKO-Anlage, einer fünfgerüstigen Tandemstraße, in die Mangel genommen wird.

Fünfgerüstig bedeutet, dass fünf Walzgerüste in einem Abstand von etwa vier Metern hintereinander angeordnet sind. Jedes der Gerüste besteht aus sechs Walzen: Drei – eine massige Stützwalze, eine Zwischenwalze sowie eine Arbeitswalze – pressen von oben auf das Stahlband, weitere drei gleichartige Walzen halten von unten dagegen und sorgen so für die akkurate Einhaltung des im Feinwalzen alles entscheidenden Walzspalts. In der Fachsprache heißen diese Gerüste „six-high“. Dies verrät zwar die Anzahl an Walzen, vermittelt aber keinen Eindruck davon, mit welch brachialer Gewalt die „Walzen-Drillinge“ das Stahlband bearbeiten. Mit einer Kraft von bis zu 3000 Tonnen presst die Duisburger Kaltwalzanlage das Stahlband zusammen und walzt es dadurch bis auf eine Stärke von 0,3 Millimeter herunter. Die Dickentoleranz liegt bei nur rund 0,5 Prozent, bezogen auf die Nenndicke – Mikrometerpräzision in der Schwerindustrie!

Mit der TAKO-Anlage in Duisburg-Beeckerwerdt schaffte man es auch erstmals, sogenannte Mehrphasenstähle in einer Breite von mehr als zwei Meter mit einer Oberflächengüte zu verarbeiten, wie sie von den Automobilherstellern Porsche und VW für deren Modelle Cayenne und Touareg gefordert werden. In diesen beiden Fahrzeugen werden alle aufprall- und festigkeitsrelevanten Teile aus diesem Mehrphasenstahl geformt. Denn beim Crash legt dieses Material an Härte zu, wenn er sich verformt.

Um die gewaltigen Presskräfte in den Walzenspalten zu erzeugen, bedarf es mächtiger Hydraulikzylinder. Hochleistungspumpen drücken das Öl mit bis zu 250 Bar in die Zylinder, die an den beiden außen sitzenden Lagern der Stützwalzen angreifen – und so die 1,4 Meter dicken und 65 Tonnen schweren Jumbowalzen nach unten drücken. Damit trotz des großen Drucks die Walzen nicht an den Rändern stärker, sondern über die gesamte Bandbreite gleichmäßig auf das

→ Unter Kontrolle: Ein selbstlernendes Informationssystem überwacht die relevanten Parameter. Im Steuerstand fließen alle Informationen zusammen.

↘ Mehrphasenstähle: Auf der TAKO-Anlage können Spezialstähle verarbeitet werden, die bei einer Verformung (etwa bei einem Autocrash) an Härte zunehmen.

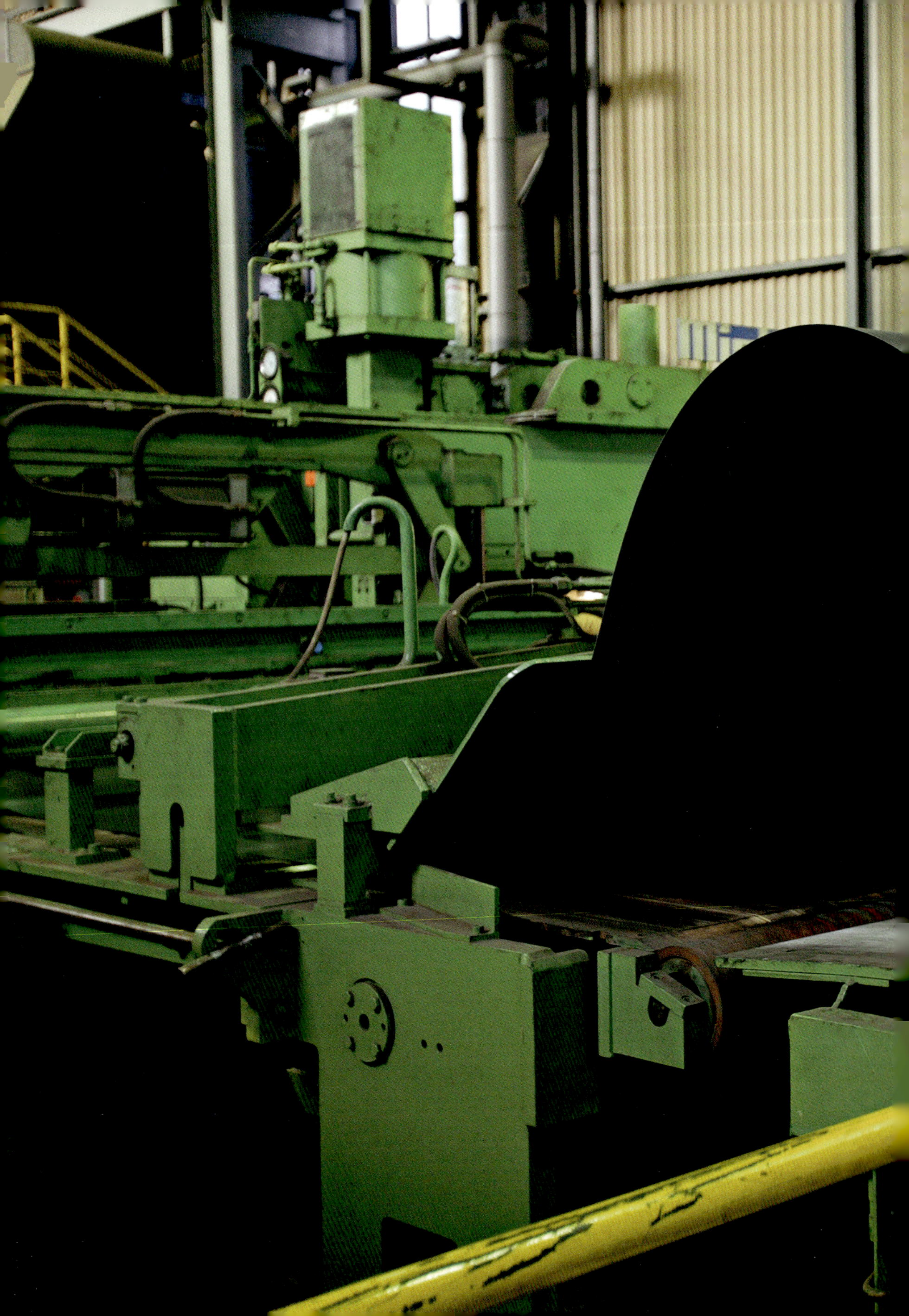

Stahlblech drücken, hat man früher der Durchbiegung entgegengearbeitet und die Walzen ballig ausgeführt – ihnen in der Mitte „Bäuche“ verpasst. Bessere Ergebnisse erzielt man mit der CVC-Technik. Bei diesem „Continuous Variable Crown“-Verfahren versieht man die Walzen mit konvexen Bauchungen und verleiht ihnen dadurch die, übertrieben gesagt, Form klassischer Coca-Cola-Flaschen. Der Clou: Durch das axiale Verschieben dieser Profilierungen lässt sich (weitgehend lastunabhängig) ein konstanter Walzenspalt über die gesamte Bahnbreite einstellen. Mit der Konsequenz, dass das Stahlband über die gesamte Breite gleichmäßig verformt wird.

Das Zusammenspiel der Walzen-Drillinge mit dem mit 84 Stundenkilometern durch die Anlage laufenden Stahlband ist komplex. Nur eine ausgetüftelte Computersteuerung ist in der Lage, die zahllosen, für ein mustergültiges Endprodukt auf Kurs zu haltenden Parameter zu steuern. In der TAKO-Anlage sammelt ein leistungsstarkes Automatisierungssystem kontinuierlich alle relevanten Daten, speichert sie und spuckt sie jederzeit auf Knopfdruck wieder aus. Dabei stützt sich die Prozessautomatisierung nicht allein auf mathematische Modelle. Vielmehr arbeitet man mit neuronalen Netzen, die aus der Biologie bekannte Strukturen nutzen und zu lernfähigen Systemen verknüpft werden können: Dadurch lassen sich auch alle bis dato nur schwer fassbaren Einflüsse, wie etwa die „Tagesform“ der Anlage, weitgehend analysieren und produktionsseitig nivellieren.

Fünf Drehstrom-Synchron-Maschinen (für jedes Gerüst eine) mit einer Anschlussleistung von jeweils 40 Megawatt bringen die insgesamt 30 Walzen der TAKO-Anlage auf Touren – und halten deren Geschwindigkeit. Modernste Umrichtertechnik übernimmt die Drehzahlregelung, während Heavy-Duty-Getriebe und Schwerlast-Gelenkwellen die Kraftübertragung von den Elektromotoren zu den Walzen übernehmen.

Maschinenbauern schlägt das Herz höher, wenn sie die hier installierte Präzisionstechnik sehen: So sorgen mannshohe Kammwalzgetriebe dafür, dass die von den Elektroantrieben erzeugten Drehmomente absolut paritätisch auf die beiden rund drei Meter langen und etwa einen halben Meter mächtigen Gelenk-

← Aufroller: Das auf Maß gewalzte Kaltband wird zu 30 Tonnen schweren Coils aufgerollt, die anschließend in der Verzinkerei weiterverarbeitet werden.

↘ In Reih und Glied: Nach (Stahl-)Legierung, Breite und Materialstärke sortiert, warten die Coils auf die Weiterverarbeitung.

5x
32
31
30
29
28
27
26

24
23
22
21
20
19

wellen übertragen werden, die zu den Arbeitswalzen führen. Erst diese permanent kraftschlüssigen Verbindungen ermöglichen den Gleichlauf der Arbeitswalzen und garantieren dafür, dass die Walzkräfte gleichmäßig von oben und unten auf das Stahlband wirken.

Ein technisch raffiniertes Detail in den Antriebssträngen sind die Überlastkupplungen. Sie müssen bei einer Störung in Bruchteilen von Sekunden die nur träge zu regelnden Elektromotoren von den Arbeitswalzen trennen. Ein „normaler Bandriss" lässt die Kupplungen in der Regel noch nicht in Aktion treten. Erst wenn die Kräfte deutlich größer sind, wie etwa beim Super-GAU eines sogenannten Walzen-Ausbruchs, lösen die Kupplungen aus. Denn wenn sich ein Teil aus dem Mantel einer Walze löst und vom Stahlband in den Walzenspalt gezogen wird, drohte die Maschine zu blockieren – unabsehbare Produktionsausfälle und enorme Reparaturkosten wären die Folge.

Herzstück einer solchen Kupplung – sie werden von Voith unter dem Namen Safeset angeboten – ist eine hydraulische Druckhülse. In ihrem Inneren lässt sich gezielt ein Öldruck aufbauen, der sie gegen die Wandung einer Hohlbuchse verspannt. Zwischen der Druckhülse und der auf der Welle sitzenden Buchse bewirkt dieser Öldruck eine genau definierte Pressung, die man so groß wie das maximal zu übertragende Drehmoment wählt.

Kommt es zur Störung und übersteigt das Betriebsmoment das durch den Öldruck definierte „Abschalt"-Limit, rutscht die Welle in der Druckhülse durch und schert den Kopf eines Öl-Ventils ab. Schlagartig tritt Öl aus. Der Druck in der Hülse bricht in Sekundenbruchteilen ein – und die „reibschlüssige" Verbindung wird gelöst. Diese im Prinzip ebenso simple wie wirkungsvolle Sicherungstechnik freut auch den pfennigfuchserischen Stahlmagnaten: Denn beim Auslösen der Kupplung geht (fast) nichts kaputt. Lediglich das Abscherventil muss getauscht werden.

Zurück zum Stahlband. Das hat nach dem Passieren des letzten Walzspalts die gewünschte Dicke und wird aufgerollt zu Coils. Rund 3000 Meter Feinblech passen auf eine solche Rolle. Die 30 Tonnen schweren Coils werden anschließend in die Verzinkerei gefahren, wo das Band in einer kontinuierlich arbeitenden Anlage mit einem Korrosionsschutz übergezogen wird: Dazu wird das Stahlband durch einen sogenannten Zink-Pott gezogen. Das ist ein mit bis zu 400 Tonnen Flüssigzink gefülltes Bassin, durch das man das unmittelbar zuvor spannungsarm geglühte und dadurch noch rund 600 Grad heiße Stahlband leitet. Am Boden des durch Induktion erwärmten Beckens (die Temperatur des flüssigen Zinks beträgt 500 Grad) sitzt eine Umlenkrolle. Sie leitet das Band in Richtung Beckenoberfläche zurück, wo es nach dem Tauchbad herausgezogen und wieder aufgewickelt wird.

Diese Technik ist heute Standard, hat aber den gravierenden Nachteil, dass bei Geschwindigkeiten von mehr als 180 Metern pro Minute das Zink auf dem Stahlband keine gleichmäßige Schicht bildet. Schuld daran ist vor allem die nicht aktiv angetriebene Umlenkrolle, die bei hohen Geschwindigkeiten den Kontakt zum darunter durchlaufenden Band verliert. Infolgedessen rutscht das Band unter der Rolle durch, und nur die der Umlenkrolle abgewandte Bandseite erhält eine perfekte Oberfläche.

Um diesen Nachteil zu vermeiden, haben sich die Stahlwalzspezialisten der SMS Demag AG – eines international tätigen Anlagen- und Maschinenbauunternehmens mit 8000 Mitarbeitern und einem Umsatz von rund drei Milliarden Euro – etwas Neues einfallen lassen. Das Ergebnis: das vertikale Schmelztauchverfahren namens CVGL (Continous Vertical Galvanizing Lines), das ohne störende Umlenkrolle auskommt. Dabei wird das heiße Stahlband von unten durch ein mit einem Fassungsvermögen von 15 Tonnen recht kleines Zinkbassin gezogen. Aus Düsen bläst man Luft gegen das Stahlband und reguliert so die Dicke des Auftrags. Damit der Zinknachschub im Tauchbad nicht verebbt, wird ständig frische Schmelze in der gewünschten Zusammensetzung und Temperatur nachgepumpt. Soll die Rezeptur des Auftrags verändert werden, muss lediglich auf einen anderen Vorratsbehälter umgestellt werden.

Ein besonderes technisches Schmankerl ist die Abdichtung des unten offenen Vorratsbehälters. Denn diese Aufgabe übernimmt eine Induktionsdichtung: Dabei erzeugen Induktoren, die links und rechts von dem aus Keramik gefertigten Einlasskanal sitzen, elektromagnetische Wanderfelder. Es entsteht ein durchlaufendes Magnetfeld, dessen Wirbelströme jene Auftriebskräfte erzeugen, die das flüssige Zink im nach unten offenen Einlasskanal halten. Damit das Magnetfeld nicht seinerseits das ferromagnetische Stahlband zum „Schlingern" bringt, wurden zusätzlich Korrekturspulen eingebaut, deren Gegenströmungen das Stahlband in der Mitte des Kanals fokussieren und stabil halten. Eine erste CVGL-Anlage hat SMS Demag bei dem österreichischen Oberflächenveredler Wuppermann Austria GmbH im steiermärkischen Judenburg installiert. Noch fehlen weitere Referenzanlagen, doch ist man bei SMS Demag davon überzeugt, mit diesem Verfahren die Bandverzinktechnik revolutionieren zu können. Bearbeitungsgeschwindigkeiten von bis zu 300 Meter pro Minute und deutlich bessere Verzinkungsqualitäten seien möglich, und das bei Bandbreiten von bis zu 2500 Millimetern.

Georg Küffner

Herausforderungen und Perspektiven

Was treibt den Menschen in Zukunft an? –
Die Antriebstechnik und ihre Umwelt

Trotz aller Schwächen: Im Inland siegt der LKW

Im Gespräch mit Martin Schmied, Öko-Institut Freiburg/Berlin

Einer breiteren Öffentlichkeit gilt das Öko-Institut als Hort der reinen Umweltlehre, als wissenschaftliche Speerspitze grünen Bewegtseins. In der Praxis aber gibt es sich viel pragmatischer. „Wir wollen den Unternehmen nicht Umweltschutz um jeden Preis verkaufen, sondern es geht uns darum, erst einmal die Maßnahmen umzusetzen, die sich rechnen“, sagt Martin Schmied, stellvertretender Leiter der Abteilung Infrastruktur und Unternehmen. In dieser Funktion bewegt er sich zwischen Forschungsprojekten, meist im Auftrag der Bundesregierung, und der handfesten Unternehmensberatung in Sachen Umwelt.

In den Kategorien wirtschaftlichen Handelns zu denken ist für Schmied selbstverständlich. Er kennt die Zwänge und Limitierungen, denen seine Klientel unterliegt. „Es ist auch uns klar: Die Unternehmen haben ein bestimmtes Budget, das sie für diesen Zweck einsetzen können. Und unser Ziel ist es mit diesem Budget möglichst viel Umweltschutz zu erreichen.“ Wenn sich die Maßnahmen für die Unternehmen dann noch unter dem Strich auszahlten, sei auch die Bereitschaft zu weiteren Schritten größer.

Als Paradebeispiel kann der Verkehrsexperte das Beratungsprojekt Deutsche Post ins Feld führen. Mehr als 700 Millionen Sendungen transportiert der Post-Paketdienst DHL jährlich innerhalb Deutschlands, den Expressdienst nicht gerechnet. Von der Abholung beim Kunden oder den Postfilialen über den Umschlag in den 33 Paketzentren bis zur Zustellung verursacht das System dabei Treibhausgas-Emissionen von 450 000 Tonnen. Schon in der Vergangenheit hatte DHL erfolgreich an diesem Problem gearbeitet. „Wir haben da ein relativ optimiertes Netz vorgefunden“, bescheinigt Schmied seinem Kunden. „Und die Aussage der Deutschen Post war, man kenne seine Strecken und da sei nichts mehr optimierbar.“

Doch gemeinsam mit dem Logistik-Lehrstuhl der TU Dortmund fanden die Umweltexperten noch einiges an Redundanz. Am Ende stehen Zahlen, die zumindest auf den zweiten Blick beeindrucken. Die Zahl der transportierten Wechselbrücken (austauschbare Ladungsträger, die sich vom Fahrzeug trennen lassen und deren Transport auch mit der Bahn möglich ist) ist um fünf Prozent gesunken, die Fahrleistung um drei Prozent, die Klimabelastung um 4400 Tonnen Treibhausgase, also etwa ein Prozent. DHL benötigt für die Transporte innerhalb Deutschlands drei Prozent weniger LKW und hat die Kosten insgesamt um fünf bis sechs Millionen Euro pro Jahr gesenkt. Wichtigster Hebel war das Umdenken in einem Punkt: „Wir mussten weg von der Beladung nach Gewicht hin zum Volumen-Denken", erläutert Schmied. „Das heißt: Es musste einfach intelligenter gepackt werden." Darauf wurden die DHL-Mitarbeiter speziell geschult.

Inzwischen haben die Wissenschaftler weitere Schritte für die nächsten Jahre vorgeschlagen. Dazu gehören der Einsatz von Volumen-Wechselbrücken, mit denen die Zahl der Pakete pro Fahrt weiter erhöht werden kann, und Tourenoptimierungs-Programme, die vor allem Neulingen in der Paketzustellung zu höherer Produktivität verhelfen sollen. Verbesserungen versprechen auch fahrzeugtechnische Veränderungen wie alternative Antriebe und Kraftstoffe. Nach Einschätzung von Schmied haben Hybrid-LKW in der Zukunft gute Chancen im Güterverkehr. Etwas skeptischer steht der Diplomingenieur den Biokraftstoffen der zweiten Generation (aus organischen Abfällen wie Stroh, Holzresten, Abfallprodukten aus der Agrarwirtschaft, Altholz, Sägerestholz und minderwertigem Waldholz) gegenüber, vor allem aus Gründen der Verfügbarkeit.

Im zweiten Teil des Projekts „Maßnahmen zur Minderung der Treibhausgas-Emissionen stationärer und mobiler Prozesse in Logistikunternehmen", das vom Bundesministerium für Forschung und Bildung gefördert wird, geht es um den Energieverbrauch der Paketzentren. Die Analyse ergab, dass 50 bis 60 Prozent des Stromverbrauchs auf die Fördertechnik entfallen, also auf die Antriebe der Paketbänder und anderer Teile der internen Transportsysteme. Effizientere Elektromotoren könnten rund 20 Prozent davon einsparen, haben die Experten errechnet. Dazu wird es allerdings erst im Zuge von Modernisierungsmaßnahmen oder Neubauten kommen – der kurzfristige Austausch würde sich nicht rechnen. Eine andere Maßnahme ließ sich aber unmittelbar umsetzen: Am Pilotstandort, dem

→ Am laufenden Band: Prozessoptimierungen dienen wesentlich auch dem Schutz der Umwelt.

„Wenn der LKW derzeit 70 Prozent Anteil an der Transportleistung hat, dann ist klar, dass er auch in Zukunft der dominierende Verkehrsträger im Güterverkehr sein wird."

Martin Schmied

Paketzentrum Krefeld, wurden bereits rund 2000 Neonröhren auf energieeffiziente Beleuchtungstechnik umgestellt. Der Aufwand für alle 33 Paketzentren von 1,5 Millionen Euro wird sich in zweieinhalb Jahren amortisieren. Zusätzlich werden dadurch jährlich etwa 3300 Tonnen Treibhausgase vermieden.

Hinter dem Forschungsprojekt und seiner staatlichen Förderung stehen übergeordnete Interessen – die Ergebnisse sollen allen Transportunternehmen zur Verfügung stehen. Denn das sind mit großer Mehrheit mittelständische Firmen, für die die Teilnahme an Forschungsprojekten und Förderprogrammen schon deswegen nicht infrage kommt, weil die Prozeduren zu kompliziert und aufwendig sind. 97 Prozent der deutschen Güterkraftverkehrs-Unternehmen beschäftigen weniger als 50 Mitarbeiter.

→ Der pragmatische Ansatz: Es gilt erst die Maßnahmen umzusetzen, die sich rechnen.

Doch die Forschung soll weitergetragen werden. Denn erklärtes Ziel der Bundesregierung ist es, den Ausstoß von Kohlendioxid (CO_2) bis 2020 um 40 Prozent oder 270 Millionen Tonnen zu reduzieren. Dazu sollte die Logistikbranche mit ihren 205 Milliarden Euro Umsatz und 2,7 Millionen Beschäftigten einen wichtigen Beitrag leisten. Aber die Entwicklung des Güterverkehrs in Deutschland läuft diesem Bestreben entgegen. Seine CO_2-Emission nahm in den letzten 15 Jahren um 33 Prozent zu. Gleichzeitig ist seine Verkehrsleistung (gemessen in Tonnenkilometern) um 40 Prozent gestiegen und die Kurve zeigt weiter aufwärts. Im Straßengüterverkehr nahm die Leistung sogar um 60 Prozent zu – sein „Marktanteil" am gesamten Güterverkehr stieg von 62 auf 70 Prozent.

Am CO_2-Ausstoß ist der Straßentransport überproportional beteiligt. Zu den 56 Millionen Tonnen CO_2-Emissionen, die der Güterverkehr insgesamt verursacht, trägt er allein 91 Prozent bei. Im Schnitt rechnen die Experten beim LKW mit 100 Gramm CO_2 je Tonnenkilometer, bei großen LKW immer noch mit 80 Gramm. Im Vergleich dazu fahren die Bahn und das Binnenschiff mit jeweils 30 Gramm einigermaßen umweltfreundlich. Indessen führt der schnelle Schluss, den modalen Mix in relativ kurzer Zeit zugunsten von Bahn und Schiff zu verändern, nach Schmieds Einschätzung in die Irre.

„Wenn der LKW derzeit 70 Prozent Anteil an der Transportleistung hat, dann ist klar, dass er auch in Zukunft der dominierende Verkehrsträger im Güterverkehr sein wird. Das zeigt nur, dass man genau in diesem Bereich die Umwelt-Effizienz steigern muss", meint der Umweltingenieur. Diese Position entspricht den Erkenntnissen der EU-Kommission. Sie hat ebenfalls das harte Ziel eines „Modal Shift", einer Verlagerung des Verkehrs von der Straße auf die umweltfreundlicheren Verkehrsmittel, zugunsten einer „Co-Modality" relativiert, einer gleichgewichtigen Verbesserung aller Verkehrsmittel.

Auf längere Sicht erkennt Schmied indessen Möglichkeiten, den Beitrag der Bahn auszuweiten: „Dafür müsste man die Kapazitäten erhöhen und Engpässe beseitigen. Aber selbst dann wäre es eine Illusion, dass man plötzlich 50 Prozent des Aufkommens auf der Schiene transportieren könnte. Das Ziel muss einfach sein, Bahn und Schiff überproportional am künftigen Wachstum partizipieren zu lassen." Das Problem der Bahn: „Sie hat ihre eigenen, teils systembedingten, Limitierungen. Dazu gehören zum Beispiel zeitliche Beschränkungen. Wenn die Post fordert, dass ein Container das Paketzentrum um 20 Uhr verlassen muss, um ein anderes Paketzentrum um 3 Uhr am nächsten Morgen zu erreichen, dann schafft die Bahn das einfach nicht. Denn nachts ist das Schienennetz dicht, und da sind kaum mehr Transportkapazitäten vorhanden", stellt Schmied fest.

Ein Netzausbau, der die Entkopplung des Güter- vom Personenverkehr und einen getakteten Systemverkehr (exakt fahrplanmäßigen Verkehr mit festen Anschlussstellen) ermöglichen würde, könne erheblich zur Kapazitätserweiterung beitragen, sei aber derzeit nicht in Sichtweite. Schneller zu realisieren sei eine Internet-Serviceplattform für die Kunden, die alle wichtigen Informationen über den Transport bereitstellt. Dass solche Informationen zurzeit noch nicht verfügbar sind, sei ein erhebliches Hindernis für die Verlader, die Bahn zu nutzen.

Eine Ursache der Kapazitätsprobleme der Bahn liege allerdings auch darin, dass sie schon heute die Werte erreicht habe, die in den Bundesverkehrswegeplan-Prognosen erst für 2015 angesetzt waren. Aber: „Das hat nichts damit zu tun, dass die Bahn mehr Stückgut und kleinteilige Sendungen transportiert. In jüngerer Zeit wird die Güterverkehrsentwicklung vor allem durch die Containerverkehre aus dem Ausland getrieben, die im Seehafenhinterlandverkehr abtransportiert werden müssen“, erläutert der Umweltingenieur.

Die Seeverkehre sind in den vergangenen zehn Jahren geradezu explodiert. „Im Containerverkehr hatten wir jährliche Wachstumsraten von etwa zehn Prozent. Das heißt, es kommt immer mehr Container-Tonnage an den Nordseehäfen – nicht nur in Deutschland, sondern auch in Antwerpen, Rotterdam und Amsterdam – an oder geht von dort ab. Für den Container-Transport ist die Bahn hervorragend geeignet, sodass sie an dieser Entwicklung voll partizipiert.“ Ein Blick auf die Statistik des Hamburger Hafens zeigt indessen, dass die Bahn selbst hier den Kürzeren zieht: Von den 4,7 Millionen Standardcontainern (20-Fuß-Container), die hier mit Ziel Hinterland im Jahre 2005 ankamen, reisten 3,17 Millionen per LKW weiter, 1,42 Millionen wurden auf die Bahn und nur 0,1 Millionen auf Binnenschiffe umgeladen.

So bleibe es die Hauptaufgabe, den „LKW selbst effizienter, also umweltfreundlicher, zu machen und unnötige Verkehre mehr als bisher zu vermeiden“. Dazu könnten einerseits neue Antriebskonzepte wie der Hybridantrieb oder im innerörtlichen Verteil- und Zustellverkehr der Elektroantrieb ebenso wie neue Kraftstoffe beitragen. Andererseits gehe es aber darum, mit organisatorisch-logistischen Maßnahmen – wie bei der Post gesehen – die verfügbaren Kapazitäten besser zu nutzen. Die potenziellen Beiträge dieser beiden Handlungspfade schätzt Schmied auf Dauer etwa gleich hoch ein. Allerdings: „Kurzfristige Erfolge werden wir eher auf der organisatorischen Schiene erzielen.“

Doch auch da ist der Weg mit Hindernissen gepflastert. Vor allem die wachsenden Ansprüche ihrer Kundschaft machen den Transportunternehmen zu schaffen. Die Erwartung, im Inland jede Sendung am Tag E (für Einlieferung)

DHL
605301
DHL
603893
Express & Logistics.
511
512
513

507
506
505
504
DHL
603223
DHL
603223
Express & Logistics.
www.dhl.com

OBI
High Tech
techno
Zinc Carbon
Mono D - 2pcs Blis
Quantity: 120 car
Carton No.

plus eins zu erhalten, verhindert vielfach, dass LKW voll beladen auf die Strecke gehen können. Und manche Forderung der Verlader, also der Auftraggeber, hat den gleichen Effekt. „Sie wollen zum Beispiel, dass ihre Waren schon so verpackt sind, dass der Handel sie direkt in den Verkaufsraum stellen kann. Das führt dann dazu, dass der Spediteur jede Menge Luft zu transportieren hat. Wenn der Verlader auch noch darauf besteht, dass keine weiteren Lasten auf seine Ladung gestellt werden dürfen, weil sonst beispielsweise das schöne Verkaufsdisplay Schaden nehmen könnte, dann führt das zu Fahrten mit halb leeren LKW." Für Schmied heißt das: „Viele Potenziale lassen sich künftig nur in der Zusammenarbeit des Transporteurs mit seinen Auftraggebern erschließen."

Die Transportunternehmen werden auf jeden Fall beide Wege beschreiten müssen, den technischen wie den organisatorischen. Denn: „Es wird der Branche ohnehin schwer genug fallen, den Zielen der Bundesregierung auch nur ansatzweise zu folgen. Dafür bräuchten wir Effizienzsteigerungen von einem bis zwei Prozent pro Jahr. Wenn aber das Transportaufkommen, wie prognostiziert, weiter steigt, wird es schon schwierig, nur den Status quo aufrechtzuerhalten." Als Druckmittel wird immer wieder die Internalisierung externer Kosten diskutiert, also den Verbrauch von Straße und Umwelt in die Kostenrechnung der Verursacher mit einzubeziehen. Sie liegen im LKW-Verkehr bei acht bis neun Cent, bei der Bahn bei zwei Cent pro Tonnenkilometer. Doch Schmied erkennt derzeit „wenig Aussichten, das in die Praxis umzusetzen", und er würde auch nur einen „begrenzten Effekt" erwarten.

Aufgezeichnet von Georg Küffner

↖ Nachteinsatz: Mehr als 700 Millionen Sendungen transportiert der Post-Paketdienstleiter DHL jährlich innerhalb Deutschlands.

← Rutschpartie: Automatische Sortierstraßen sind Stand der Technik.

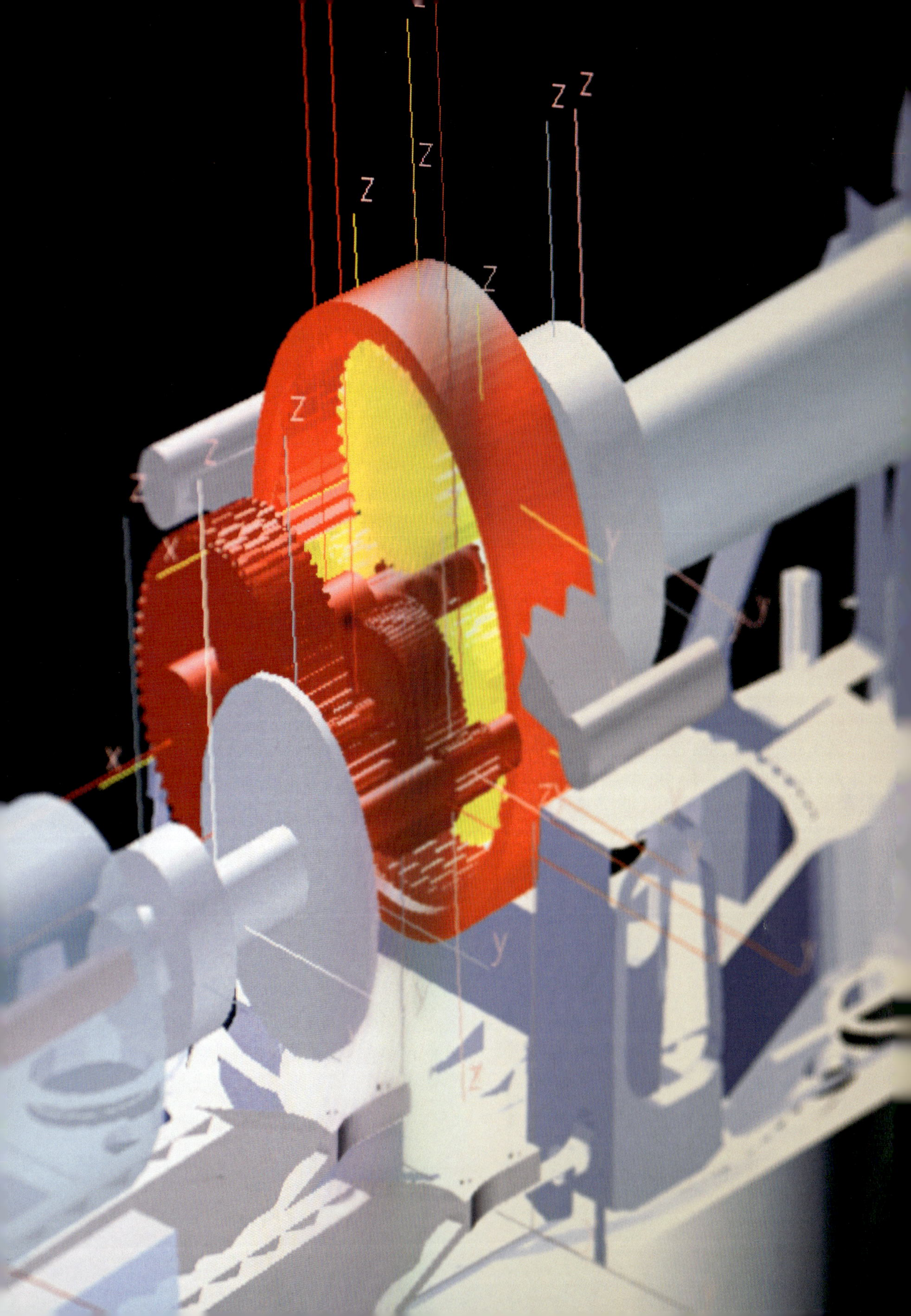

Forschung und Entwicklung

Arbeiten an den Zukunftsfragen der Antriebstechnik

Antriebstechnik, das heißt die Verbindung zwischen einer Kraft- und einer Arbeitsmaschine, bestimmt unseren Alltag. Und das nicht nur im Bereich Mobilität. Seit jeher nimmt die Antriebstechnik Bezug auf die lebensweltlichen Anforderungen des Menschen. So ist die Geschichte der Antriebstechnik seit der Erfindung des Hebels oder Rades eine Geschichte gelöster Probleme. Über die Jahrhunderte gelang es den Forschern und Entwicklern bis heute immer wieder, mit Lösungen auf drängende Bedürfnisse der Zeit nach Bewegung zu antworten. Für die Antriebe von morgen kommt der Forschung und Entwicklung eine zentrale Bedeutung zu.

55.4

Forschung und Entwicklung sind die Basis für neue Produkte. Beide werden bei Technikunternehmen oft in einem Atemzug genannt, mit der entsprechenden Abkürzung „F&E“. Dabei werden die Begriffe Forschung und Entwicklung mitunter durcheinandergeworfen, nach dem Motto: Hauptsache, es kommt am Ende etwas heraus. Unter dem Strich mag das stimmen. Doch eine deutliche Unterscheidung dient letztendlich der Klarheit des Prozesses. Und die Trennlinie ist sogar sehr klar zu ziehen. Peter W. Gold, Professor am Institut für Maschinenelemente und Maschinengestaltung der renommierten Rheinisch-Westfälisch Technischen Hochschule (RWTH) Aachen und dort auf dem Gebiet der Antriebstechnik tätig, beschreibt das wie folgt: Die Forschung beschäftigt sich damit, neue Verfahren und Methoden bereitzustellen, die es den Entwicklungsabteilungen wiederum ermöglichen, bessere Produkte zu bauen. „Die Forscher erarbeiten neue Erkenntnisse und Grundlagen, die Entwickler lösen damit konkrete Probleme“, sagt der Wissenschaftler. In diesem Zusammenspiel bauen beide Disziplinen aufeinander auf und verschieben so Grenzen des menschlichen Wissens und der technischen Anwendungen.

Ein konkretes Beispiel, was Forschung leistet: Zahnradgetriebe sind in den siebziger Jahren mitunter durch ein stark jaulendes Arbeitsgeräusch aufgefallen. Die vorherrschende Meinung der Fachleute war, dass man diesem störenden Phänomen mit exakter hergestellten Zahnrädern mit besseren Zahnflankenoberflächen abhelfen und die Getriebe so leiser machen könne. Als Folge wurden die Zahnräder mit großem Aufwand geschliffen. Obgleich leichte Verbesserungen eintraten, blieb ein deutlicher Erfolg jedoch aus. Erst ein groß angelegtes Forschungsprojekt verschiedener deutscher Institute löste das Problem. Unter Zuhilfenahme modernster Berechnungsmethoden und neuester Messtechnik stellte man fest: Je mehr Zähne ineinandergreifen, desto geringer die Geräuschemission. Der Überlappungs- und der Überdeckungsgrad der Zähne ist in erster Linie ausschlaggebend für die Geräuschentwicklung eines Getriebes. Diese grundlegende Entdeckung der Forschung machte es den Entwicklungsabteilungen erst möglich, sehr leise arbeitende Getriebe zu bauen. Dieses Beispiel zeigt, wie die Forschung mit neuen Theorien und deren grundlegender Analyse in Verbindung mit moderner Messtechnik der Produktentwicklung neue Horizonte eröffnet. Dabei ist entscheidend, dass Forscher und Entwickler eng zusammenarbeiten.

← Prüfeinrichtungen zur Ermittlung der Lebensdauer von Wälzlagern.

Dreh- und Angelpunkt in den Ingenieurwissenschaften sind heute neue und bessere Rechenverfahren, die in Form von Software zum Beispiel als Simulationsprogramm zur Verfügung stehen. Sie sind das zentrale Handwerkszeug des Konstruktionsingenieurs. Die Entwicklung der Computertechnik hat hier einen Sprung nach vorne ermöglicht. Ein Mehr an Rechenleistung, die sich in den vergangenen Jahrzehnten vervielfacht hat, wird sowohl von Forschern wie auch von Entwicklern dankbar angenommen. Freilich ist es damit allein nicht getan. Es kommt darauf an, was und wie man dem Computer etwas vorgibt, damit er in Richtung der relevanten Fragestellung arbeiten kann. Hier gilt die grundlegende Erkenntnis: „Jede Rechnung ist nur so gut wie die Qualität der Dateneingabe."

Stand der computergestützten Verfahren heute ist es, das Verhalten einzelner Bauteile, ganzer Baugruppen und Maschinen oder zum Beispiel eines kompletten Autos unter all ihren Belastungen wie Bewegungen, Schwingungen, Stößen, Temperaturen usw. im Rechner zu simulieren, und das in einer Realitätsnähe, die noch vor einigen Jahren als unvorstellbar galt. Zur weiteren Erprobung werden die Produkte dann im Alltagsbetrieb eingesetzt, um zu verifizieren, ob sie tatsächlich richtig berechnet und dimensioniert wurden. Andere landen zum gleichen Zweck auf dem Prüfstand – etwa Getriebe für Windkraftanlagen. In diesem speziellen Fall enthält der Prüfstand viel Know-how, muss er doch in der Lage sein, reale Bedingungen nachzuzeichnen, mit verschiedenen Windlasten, jähen Böen, aber auch Leerlaufphasen, die ebenso schädigend sein können. Am Ende steht in jedem Fall nicht nur der Beweis, dass die Technik im Alltag unter realen Bedingungen funktioniert, sondern auch ein Prüfzeugnis für den Kunden über die Güte und Zuverlässigkeit des Produkts.

Ein starker Treiber für Innovationen in der Antriebstechnik ist derzeit die Vorgabe, Energie noch effizienter zu übertragen und vor allem weniger davon zu verbrauchen. Ein achtsamer Umgang mit den natürlichen Ressourcen ist hier das Stichwort. Als Folge werden beispielsweise Komponenten der Antriebstechnik aus neuen Werkstoffen mit einem geringeren spezifischen Gewicht als bisher gefertigt, damit möglichst viel der eingesetzten Energie bei der Arbeitsmaschine ankommt. Der Einsatz von leichteren Metallen, aber auch von Kunststoffen und

→ Simulation der dynamischen Belastbarkeit von Gleitlagern auf einem servohydraulischen Prüfstand.

Zylinder A

Verbundmaterialien etwa aus Kohlefasern oder die durchdachtere Konstruktion der Maschinenelemente im Hinblick auf geringe Reibungsverluste spielen dabei eine Rolle. Und neuartige Schmierstoffe setzen die Reibung herab, in der sich sonst Verlustleistung auf Nimmerwiedersehen verabschiedet. Die Optimierungsmöglichkeiten sind vielfältig, zugleich sind sie damit wichtige Arbeitsfelder für die Forschung und die Entwicklung. Der Fortschritt bleibt nicht stehen. Wobei mancher Fachmann bedauert, dass die Antriebstechnik derzeit zwar nach wie vor viele Innovationen hervorbringt, die als Puzzlestücke im umfassenden Geschehen auch ihre Bedeutung haben und das Bestehende verfeinern, dass sich aber große, vollkommen neue Ideen, die Horizonte eröffnen, zurzeit nicht abzeichnen. Also eine Stagnation auf hohem Niveau? Man kann es so sehen.

Woher kommt dieser Eindruck? Ein Blick in die Vergangenheit zeigt, dass es in der Antriebstechnik immer dann zu Quantensprüngen kam, wenn neue Energiequellen verfügbar wurden, mit denen bestehende Bedürfnisse besser gedeckt oder neue erst entstehen konnten. Dafür gibt es vielfältige Beispiele. Ob Dampfmaschine, Elektromotor oder Verbrennungsmotor, jede neue Energiequelle brachte unzählige Anwendungen mit sich – die Lokomotive beispielsweise, den breit gestreuten Einsatz der Arbeitsmaschinen, unabhängig vom Ort der Energieerzeugung, oder das Automobil. Die Anwendung der derzeit verfügbaren Energiequellen ist mit den Möglichkeiten der Antriebstechnik zu einem guten Teil ausgereizt. Forscher und Entwickler warten gespannt auf neue, nachhaltig verfügbare, preiswerte und leistungsfähige Quellen. Doch man darf auch nicht vergessen: Jeder Forscher und Entwickler zu jedem Zeitpunkt in der Vergangenheit bewegte sich immer am Rand des vorhandenen Wissens, das es zu erweitern galt – mancher mag das Gefühl gehabt haben, nicht recht voranzukommen. Und doch ergeben sich immer wieder Wege. Neue Erkenntnisse öffnen Felder, deren Zugang vorher verschlossen war. In der Folge entstehen neue oder bessere Produkte, die man sich so bisher nicht vorstellen konnte.

Ein verlockendes Denkspiel für eine Revolution in der Antriebstechnik wäre sicherlich das Folgende: Was wäre, wenn man Energie erheblich besser, als derzeit möglich, speichern und auch deutlich verlustfreier übertragen könnte? Auf einen Schlag wären alle Antriebstechniken effizienter. Wenn beispielsweise der Wirkungsgrad – die Kenngröße, welche die Effizienz von Energieübertragung und -wandlung beschreibt – einer Windkraftanlage zweimal so hoch wäre wie heute üblich, würde sie mit der gleichen Windmenge wie bisher die doppelte Energiemenge produzieren. Oder, bei einem analogen Gedankenspiel, der Treibstoffverbrauch

↑ Präzision ist gefragt: Messung der Betriebstemperatur an einem Wälzlagerprüfstand.

eines Autos würde sich halbieren. Wissenschaftler und Ingenieure können sich an dieser Idee berauschen. Wer weiß, eines Tages wird sie vielleicht Realität. Dann gäbe es viel zu tun für Forscher und Entwickler.

Einen großen Schub gäbe es auch über den Großserieneinsatz neuer Technologien, die sich bisher noch im Forschungsstadium befinden. Wenn sich beispielsweise die Brennstoffzelle als Energiequelle im Straßenfahrzeug durchsetzen würde, müsste die gesamte Antriebstechnik dort überdacht werden. Man hätte ein Elektroauto mit einem eigenen Kraftwerk an Bord. Wie nutzt man dann die Energie der Brennstoffzelle am effektivsten? Welche Motoren bieten den besten Wirkungsgrad? Welche Energiespeicher kommen zum Einsatz? Wie steht es mit der Energierückgewinnung beim Bremsen? Schon jetzt widmen sich weltweit Forscher diesen und anderen Fragen, stellen Prototypen auf die Räder und arbeiten somit ständig an einer Mobilitätsvision für den Verkehr von morgen. Trotz vielversprechender Ergebnisse ist eine Serienreife des Brennstoffzellenfahrzeugs noch nicht in Sicht. Aber eines Tages werden Forscher und Entwickler so weit sein, damit das Auto der Zukunft zu gestalten. Ähnlich geschehen ist es ja schon im Bereich der Hybridfahrzeuge – erst vor wenigen Jahren fuhren sie aus der Zukunft in die Realität, dort werden sie bald noch größere Verbreitung finden.

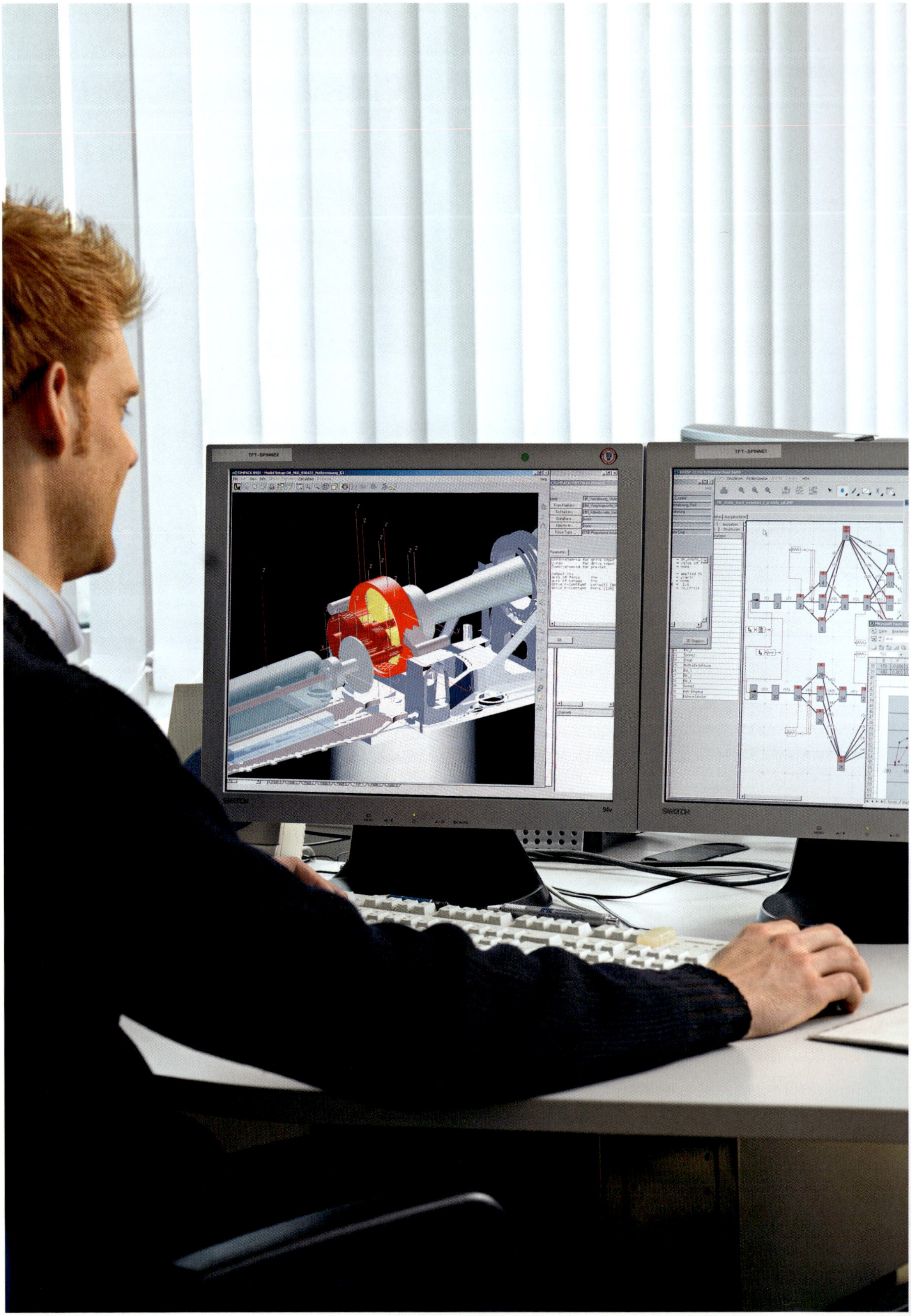
TFT-SPINNE2
TFT-SPINNE1

In Bewegung hält die Branche derzeit auch die Frage, wie sich mechanische, hydraulische und elektrische Antriebe miteinander verbinden lassen, um die jeweiligen Vorteile zu kombinieren. Oder ob sie sich gegeneinander austauschen lassen, um unter dem Strich ein besseres Produkt zu erzielen. Hier geht es nicht nur darum, Grenzen zu verschieben; es geht manchmal auch darum, erst einmal vermeintliche Abgrenzungen zwischen den Fachgebieten einzureißen, damit Synergieeffekte entstehen können. Das gemeinsame Ziel treibt Forscher und Entwickler dabei an. Und konkrete Resultate gibt es natürlich auch: Früher waren Kunststoff-Spritzgussmaschinen rein hydraulisch betrieben, heute sind es fast ausschließlich elektrische Antriebe. Oder eine Werkzeugmaschine zur Zahnradherstellung: Bis vor einigen Jahren enthielt sie selbst mehrere Dutzend Zahnräder, um die exakte Kinematik zwischen Werkzeug- und Werkstück-Drehbewegung zu erzeugen, damit ein präzises Zahnrad entstand. Mittlerweile kommt sie mit ganz wenigen Zahnrädern aus – hat gleichwohl aber eine größere Anzahl von Elektromotoren, die sehr exakt angesteuert werden können und damit für Bewegungen und Werkstücke höchster Präzision sorgen.

Das beschreibt zugleich einen weiteren Trend: Heute sorgen oftmals Einzelantriebe für einen sehr gezielten Krafteinsatz, während man früher eine zentrale Antriebsmaschine hatte, deren Kraft nach Bedarf an verschiedene Stellen verteilt wurde. Bei einer Dampflok zum Beispiel wird die Kraft aus dem Dampfkessel zunächst über ein Zylinder-/Kolbensystem in Linearbewegung und anschließend über ein Pleuel-/Kurbelsystem über meist sichtbare Gestänge als Drehbewegung an mehrere Antriebsräder der Lok verteilt. Ein moderner ICE hat in diesem Sinn schon gar keine Lok mehr: Mehrere Elektromotoren sitzen über den gesamten Zug verteilt an diversen Achsen und werden aus dem Steuerstand gezielt mit Strom versorgt und gesteuert. Die Folge sind etwa sehr weich ablaufende Beschleunigungsvorgänge.

Eines haben die Ingenieure inzwischen auch gelernt: Technischer Fortschritt muss sich nicht immer nur in ökonomisch effizienteren Produkten oder Herstellungsverfahren ausdrücken. Durch die zunehmende Akzeptanz der Dringlichkeit,

---

← Arbeitsplatz: Computersimulation des Schwingungsverhaltens einer Windenergieanlage bestehend aus Rotor, Rotorwelle, Getriebe, Bremse, Kupplung und Generator.

↘ Testen des Betriebsverhaltens von Elastomerwerkstoffen für den Einsatz in hochelastischen Kupplungen.

SKF

der Ökologie einen höheren Stellenwert einzuräumen, erhalten die Forscher und Entwickler mit dieser Zielsetzung neue Aufgaben. Zu vermeiden, dass das eine oft nur zu Lasten des anderen möglich wird, ist besonderer Ansporn.

In manchen Fällen dauert es Jahre oder Jahrzehnte, bis ein Produkt die Serienreife erlangt – Forscher und Entwickler brauchen einen langen Atem. Noch einmal zurück zum Brennstoffzellenauto: Das erste Forschungsfahrzeug fuhr 1994, nach einer langen Zeit der Entwicklung. Heute, rund 15 Jahre weiter, sind zwar erhebliche Fortschritte in Richtung einer Alltagstauglichkeit erzielt worden, doch die Serienfertigung ist schlichtweg noch nicht in Sicht. Zu lösen sind nach wir vor wichtige technologische Fragen, aber auch die nach einer Infrastruktur für den Wasserstoff, der ja im Brennstoffzellenfahrzeug der Energieträger ist. Und eine kostengünstige Fertigung muss auch möglich sein, um das Produkt, wenn es eines Tages aus dem Forschungsstadium heraus sein sollte, einer Vielzahl von Menschen zugänglich zu machen. Doch die Vision der zukünftigen umweltfreundlichen Mobilität inspiriert die Wissenschaftler und Ingenieure.

Forschung und Entwicklung bedeuten immer auch, dass man in die Zukunft schaut. Verlässliche Aussagen sind natürlich schwierig, doch näherungsweise sind sie notwendig, um mögliche Richtungen zu kennen. Die Anforderungen an die Antriebstechnik wandeln sich mit den Bedürfnissen der Menschen, letztendlich sind sie die Treiber hinter allen aktuellen und kommenden Anstrengungen in den Bereichen Forschung und Entwicklung. Sicher ist: Angesichts der unzähligen Gebiete, in denen Antriebstechnik heute zum Einsatz kommt, wird sie auch auf absehbare Zeit ein unverzichtbares Bindeglied zwischen Energiequelle und Arbeitsmaschine darstellen.

Rüdiger Abele

← Messung an einem Planetengetriebe-Verspannungsprüfstand: Ermittlung des infolge Abtrieb entstehenden Partikelgehalts im Getriebeöl.

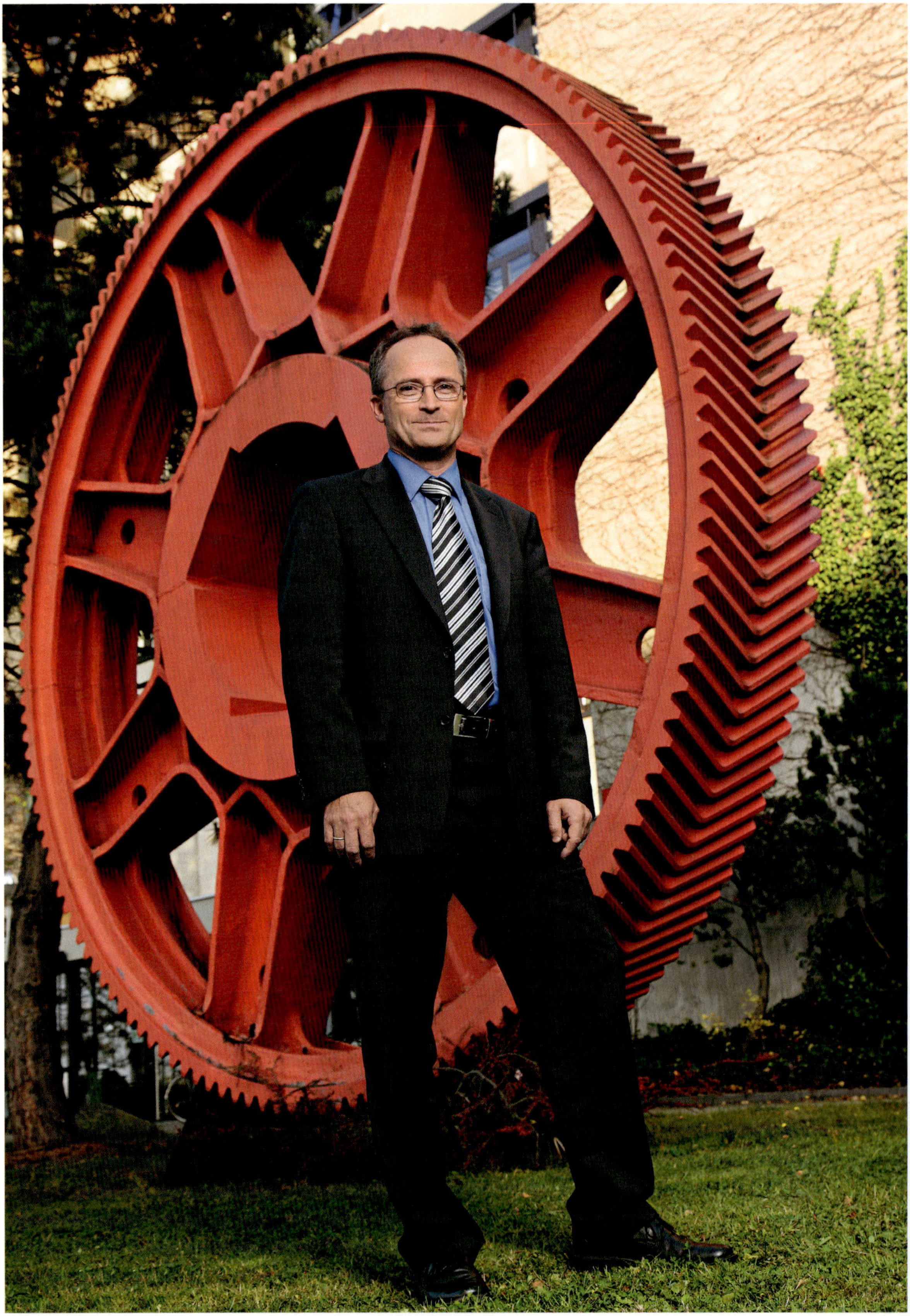

Kampf dem Kollaps

Im Gespräch mit Prof. Dr.-Ing. Manfred Boltze, Leiter des Fachgebiets Verkehrsplanung und Verkehrstechnik der TU Darmstadt

40 Kilometer südlich von Frankfurt am Main, am Eingang zum Odenwald, liegt die „Wissenschaftsstadt Darmstadt" mit ihren rund 140 000 Einwohnern. An ihrer renommierten Technischen Universität forscht und lehrt Prof. Dr.-Ing. Manfred Boltze. Als Leiter des Fachgebiets Verkehrsplanung und Verkehrstechnik, als Sprecher des interdisziplinären Forschungsschwerpunkts Integrierte Verkehrssysteme und nicht zuletzt als wissenschaftlicher Leiter der universitätsnahen Beratungsgesellschaft „Zentrum für integrierte Verkehrssysteme" hat er sich nationale und internationale Reputation erworben. Die Verkehrsströme, ihre Beobachtung, Analyse und schließlich sinnvolle Steuerung sind seine Welt.

Die Situation ist für ihn ganz klar: Die Verkehrsinfrastruktur stößt in Deutschland – wie in anderen entwickelten und dicht besiedelten Ländern – an die Grenzen ihrer Ausbaumöglichkeit. Knappe Flächen, Umweltaspekte wie Lärm, Luftverschmutzung und Bodenversiegelung und nicht zuletzt beschränkte Investitionsmittel limitieren die Erweiterung. Gleichzeitig nimmt das Verkehrsaufkommen sowohl im Individualverkehr als auch in der Güterlogistik stetig zu.

Der Großteil des Verkehrswachstums der kommenden 20 Jahre wird sich auf der Straße abspielen, auch deswegen, weil die Bahn einigen – insbesondere den zeitlichen – Anforderungen der Verlader nicht nachkommen kann. Wegen der vor allem nachts bereits sehr hohen Güterzugdichte auf dem Schienennetz ist zum Beispiel der innerhalb Deutschlands beliebte „Nachtsprung" per Bahn nicht darzustellen. Das Schienennetz sendet deutliche Signale der Überlastung.

Dessen ungeachtet nimmt die Nachfrage nach Transportleistungen auf der Schiene zu. Dieses Wachstum ergibt sich vor allem aus den immer umfangreicheren internationalen Güterströmen. Die größeren Entfernungen in einem wachsenden Europa kommen dem Bahntransport ebenso zugute wie der anschwellende Schiffstransport in standardisierten Seecontainern. Zum einen ist das technische Vehikel Container für den Bahntransport bestens geeignet, zum

„Wir haben noch zu wenig Intelligenz in der Nutzung der Straßen und der Infrastruktur."

Prof. Dr.-Ing. Manfred Boltze

anderen ist die Schiene der ideale, weil im Vergleich zum LKW kostengünstigere und umweltfreundlichere Weg von den großen Häfen ins immer fernere Hinterland.

Ebenfalls aufwärts zeigen die Umsatz- und Tonnagekurven im Luftfrachtgeschäft. Allerdings geht es hier weniger als beim LKW- und Bahntransport um Volumen und Gewicht, sondern vor allem um Werte. Denn sieht man einmal von Flug-Mangos, -Ananas oder -Blumen ab, konzentriert sich der Lufttransport überwiegend auf hochwertige Güter mit geringerem Stückvolumen oder -gewicht. Gemessen am Wert macht das Luftfrachtgeschäft bereits 30 bis 40 Prozent des weltweiten Warenhandels aus – am Warenvolumen ist es mit gerade mal einem Prozent beteiligt. Doch auch der Flugverkehr stößt an Grenzen. Die meisten europäischen Großflughäfen nähern sich der Vollauslastung, und ihr weiterer Ausbau, insbesondere in stadtnahen Lagen, stößt auf wachsenden Widerstand.

Um den absehbaren Kollaps der Systeme abzuwenden, bedarf es neuer, flexiblerer Konzepte der Verkehrssteuerung und -organisation. Die technischen Mittel dafür stehen größtenteils schon bereit. „Wir müssen sie nur intelligent einsetzen", meint Boltze. Ihn stört vor allem der Mangel an Flexibilität in den gegenwärtigen Verkehrssystemen. Wenn zum Beispiel eine Region einen Teil ihrer Landstraßen für den LKW-Verkehr sperrt, um den „Mautausweichverkehren" beizukommen, also jenen Lastzügen, die die Autobahn verlassen, um Straßengebühren zu sparen, dann hat Boltze zwar ein gewisses Verständnis dafür. Aber: „Mir sind alle diese Regelungen viel zu starr, zu wenig situationsabhängig. Wenn es regnet und der Wind gerade so steht, dass er den Lärm voll auf eine Siedlung zutreibt, dann müssen Restriktionen greifen. Wenn die Straße trocken ist und der Wind in die andere Richtung weht, kann der Verkehr dort fließen", beschreibt er seine Vision von Flexibilität.

↑ Bedarfsgerecht: Mittels sogenannter Wechselschilder können die Verkehrsteilnehmer auf Auswegstrecken umgelenkt werden.

Ganz am Rande auch ein kritischer Blick auf das Maut-Konzept: „Im Grunde machen wir da ganz unsinnige Sachen. Mir kann niemand erklären, warum die Autobahnen für LKW teurer sind als die Landstraßen. Eigentlich müsste es umgekehrt sein. Denn wir haben die Probleme auf den Landstraßen und auf dem untergeordneten Netz. Dort stören die LKW, dort produzieren sie Lärm und belästigen Leute. Wir wollen sie doch eigentlich auf der Autobahn haben. Wir haben noch zu wenig Intelligenz in der Nutzung der Straßen und der Infrastruktur. Die erforderlichen Restriktionen müssen wir belastungs- und situationsabhängig machen“, fordert der Verkehrsprofessor.

Dafür bedürfte es allerdings technischer Hilfen – auch auf den Landstraßen. Nötig werden Investitionen in lokale Messapparaturen wie die Videoerfassung, die Kurzbereichs-Kommunikation, die Ortung von mobilen Geräten und neue kostengünstige Geräte und Sensoren zur Ermittlung von Umweltdaten wie Lärm, Feinstaub, Stickoxide, Wind, Nebel, Temperatur oder Feuchtigkeit. Computernetze, die diese Daten aus den unterschiedlichen Quellen flächendeckend und über Stadt- und Landesgrenzen hinaus sammeln, abstimmen, verarbeiten und in Empfehlungen zur Verkehrslenkung umsetzen, werden als Rückgrat der Steuerungssysteme fungieren. Selbstverständlich ist für die Verkehrsplaner, dass in alle ihre Rechenmodelle auch ökologische Parameter einfließen.

Die Berechnung von Verkehrsempfehlungen ist freilich nur die eine Hälfte der Arbeit. Denn: „Wenn ich flexibel agieren will, stellt das neue Anforderungen auch an die Kommunikation: Ich muss dem Fahrer die Änderungen der Fahrtmöglichkeiten mitteilen, damit er planen und sich darauf einstellen kann." Diese Technik gibt es ebenfalls: Flexibel beschriftete Schilderbrücken, Autoradios oder Navigationsgeräte als Schnittstellen zum Fahrer eröffnen noch viele neue Möglichkeiten.

Das Potenzial der verbesserten Verkehrslenkung schätzt Boltze vorsichtig ein: „Vielleicht können wir noch zehn bis maximal 15 oder 20 Prozent an Leistungsfähigkeit aus dem System herausholen – dann ist es aber zu, und wir kommen um die Nachfrage regelnde Maßnahmen nicht herum." Verkehrsmanagement bedeute, Angebot und Nachfrage in eine vernünftige Balance zu bringen. „Vernünftig heißt in diesem Zusammenhang auch: orientiert an Umweltkriterien, an Leistungsfähigkeitskriterien und so weiter." Allerdings fehle es häufig noch an der grundsätzlichen Bereitschaft, flexible Lösungen umzusetzen: „Da stellt dann zum Beispiel ein Güterkraftverkehrsverband die Forderung, seine Mitglieder müssten jeden Tag dieselbe Route planen können."

Eine wirksame Möglichkeit, die Verkehrsnachfrage und das Fahrverhalten zu beeinflussen, sieht der Darmstädter Professor im „Mobility Pricing", in flexiblen Preisen für die genutzte Infrastruktur wie Straßen unterschiedlicher Klassen, Autobahnen oder Parkhäuser. Je nachdem, wie stark sie aktuell (oder absehbar) beansprucht werden, sollen die Nutzer niedrigere oder höhere Preise dafür zahlen, wie es auf den ICE-Strecken oder im Flugverkehr schon teilweise Usus ist.

„Preise im Verkehr werden künftig nicht nur als Finanzierungsinstrumente dienen, sondern verstärkt als Maßnahmen zur Beeinflussung des Verkehrssystems. Die orts-, zeit- und umweltabhängige Bepreisung wird es nicht nur bei Bus und Bahn, sondern auch im individuellen Straßenverkehr ermöglichen, die Nachfrage zu lenken. Elektronische Mautsysteme, Bonusregelungen, gute Informationen, hohe Transparenz der Preisstrategien und die Zweckbindung der Einnahmen werden die Akzeptanz sicherstellen", blickt Boltze in die Zukunft.

Im Zentrum der Bemühungen um effizientere Verkehrsströme wird die Integration auf verschiedenen Ebenen stehen. Denkbar ist die Integration unterschiedlicher Verkehrswege (Autobahn, Fernstraßen, Stadtstraßen) und damit Verkehrsbürokratien (Straßenverwaltungen, kommunale Verkehrsdezernate) unter einem gemeinsamen Schirm überregionaler Koordinationsinstrumente und unterschiedlicher Transportmittel (Bahn, LKW, PKW, Flugzeug, Schiff) zu reibungslos funktionierenden multimodalen Verkehrssystemen. „Die Verkehrsverbünde in deutschen Ballungsräumen zeigen, dass dies ein sehr erfolgreicher Ansatz sein kann", weist Boltze auf Beispiele der gebündelten Trägerschaft hin.

Auf der Schiene geht es weniger darum, divergierende Interessen unter einen Hut zu bekommen. Hier lautet die Frage ganz einfach: „Wie können wir das bestehende und nur noch bedingt zu erweiternde Netz intensiver nutzen?" Zu beantworten ist sie vor allem mit technischen Maßnahmen. Das gilt zum einen für das rollende Material: Mehr Hochgeschwindigkeitszüge im Personenverkehr und längere, schwerere und schnellere Güterzüge sollen künftig zu einer besseren Auslastung der Infrastruktur beitragen. Aber auch die Kapazität der Schiene selbst soll mit technischer Hilfe erhöht werden.

Computersimulationen der Bewegungen und Ausweichmöglichkeiten von unterschiedlich schnellen und langen Zügen versprechen engere Zugabstände und damit einen höheren Durchsatz. Selbst Störungen wie die Verspätung einzelner Züge sollen Eingang in solche Rechenmodelle finden und zu flexiblen Fahrplanänderungen in den betroffenen Teilen des Systems führen. Um den Bahnverkehr auf diese Weise in Fluss zu halten, bedarf es allerdings noch eines modernisierten und zumindest europäisch einheitlichen Zugsicherungssystems, das derzeit unter dem Akronym ETCS (European Train Control System) entwickelt wird.

ETCS ist eine Komponente des einheitlichen europäischen Eisenbahnverkehrsleitsystems ERTMS (European Rail Traffic Management System). Noch stehen die 18 verschiedenen Leit- und Sicherungssysteme der EU-Eisenbahnen der freien Fahrt der Züge innerhalb der Gemeinschaft ebenso im Wege wie die gleichermaßen unterschiedlichen Stromsysteme, von Sicherheitsvorschriften und der nur nationalen Gültigkeit von Lok-Führerscheinen einmal ganz abgesehen.

Über den Wolken ist die Freiheit ebenfalls nicht so grenzenlos, wie es scheint. Der Luftraum über Europa und speziell über den großen Flughäfen wird immer enger, die Flugdichte stößt an ihre Grenzen. Sowohl in den USA als auch in der EU laufen Forschungsprojekte, die die Verkehrskapazität im Luftraum etwa verdreifachen sollen. Eingesetzt werden in beiden Ansätzen hochpräzise Navigationsverfahren, autonome Abstandssicherungs-Verfahren sowie die Umstellung vom Luftsektor-basierten Flugplan auf vierdimensionale Modelle mit der Zeit als vier-

ter Dimension. Auch diese intelligente Lösung wird enorme Rechnerkapazitäten erfordern. Nicht gelöst ist damit das Problem des wachsenden Gedränges am Boden.

Die Darmstädter Verkehrsforscher sind überzeugt, dass die Kapazitätsprobleme auf allen Transportwegen künftig zu einer Umkehr der Verhältnisse führen werden. Noch gilt mehr oder weniger, dass die Produktionsprozesse die Logistik bestimmen – man denke an die taktgenaue Anlieferung an die Montagebänder der Autoindustrie oder an die „Lagerhaltung auf der Straße", nämlich im rollenden LKW. In Zukunft werden die Engpässe im Verkehrssystem aber mit sich bringen, dass das Versorgungsrisiko in langen Transportketten steigt und dass deswegen höhere (und teurere) Sicherheitsbestände vonnöten sein werden. Auf längere Sicht wird damit die logistische Limitierung der Treiber für die Gestaltung der Produktionsprozesse. Das wird nach Einschätzung der Wissenschaftler zu Veränderungen der Produktionsnetzwerke und zu neuen Produktionsformen führen. Auch hier werden die Optimierungsmodelle immer umfassender.

Die Logistik und das Verkehrsmanagement der gar nicht mehr so fernen Zukunft werden sich also verstärkt auf technische Intelligenz stützen. Ob es um die Lenkung von Verkehrsströmen geht oder um die Optimierung von Transportketten – Informationstechnik, Sensorik und neue Kommunikationstechnik werden eine immer wichtigere Rolle spielen. Um die Leistungsfähigkeit und Transparenz der Systeme zu steigern, wird es nötig sein, ein Vielfaches der heutigen Datenmengen zu erfassen, zu verarbeiten, sinnvoll zusammenzuführen und intelligent zu interpretieren. An der Forschung und Entwicklung soll es dabei nicht mangeln: „Die Forschung hat einen ganz gehörigen Vorsprung gegenüber dem, was draußen realisiert werden kann", meint Professor Boltze.

Aufgezeichnet von Georg Küffner

← Der Verkehrsexperte ist sich sicher: Um den absehbaren Kollaps der Systeme abzuwenden, bedarf es neuer, flexibler Verkehrskonzepte.

Was Mensch und Umwelt bewegt

Antriebstechnik und Umwelt

Seit der Erfindung von Rad und Segel verändert Antriebstechnik die Lebenswelt und Umwelt des Menschen. Neuen Herausforderungen und Problemen in diesem Verhältnis begegnen Ingenieure mit innovativen Lösungen. Der Faktor Energieeffizienz ist dabei genauso wichtig wie der Blick für die Zusammenhänge lokaler und globaler Kulturbeziehungen.

MAPPIN & WEBB

Stau, Schmutz, schlechte Luft – Schuld daran trägt vor allem der Massenverkehr, unter dem die Großstadt alltäglich leidet. Die Szene klingt nach einer aktuellen Situation. Es ist aber der Zustand in Metropolen wie London und New York im späten 19. Jahrhundert. Tausende Pferde ziehen damals Kutschen, Wagen, Karren durch die Straßen, das Pflaster starrt vor Dreck und der Mist zersetzt sich zu beißendem Staub, der in der Luft hängt. Das Nutztier als Antrieb urbaner Mobilität ist – abgesehen von der Eisenbahn – noch ohne Konkurrenz. Doch der negative Einfluss der archaischen Kraftquelle auf Lebensqualität und Umwelt der Großstädte ruft immer stärkere Kritik hervor – die Zeit vor mehr als einem Jahrhundert ist reif für den Wandel der Antriebstechnik im Straßenverkehr.

Binnen weniger Jahre ändert sich dieses Straßenbild tatsächlich, als Fahrzeuge mit Elektromotor und Verbrennungsantrieb aufkommen und die Mobilität in der Stadt grundlegend verändern. Dampfautomobile sind eine weitere Variante des maschinell angetriebenen Straßenfahrzeugs, aber sie erweisen sich – abgesehen von wenigen Spezialanwendungen wie dem Schwertransport – als technische Sackgasse. Im Wettbewerb der Antriebstechniken setzt sich zunächst das Elektroauto durch. Den Individualverkehr prägt das Fahrzeug mit Batterien, die ihre Energie entweder an einen zentralen Elektromotor abgeben oder Nabenmotoren an den einzelnen Rädern antreiben. Lösungen mit elektrischen Oberleitungen gibt es dagegen im Linienverkehr mit Omnibussen. Während sich diese O-Busse jedoch erst um 1920 durchsetzen, ist die große erste Epoche des Automobils mit Elektromotor bereits um 1900 vorbei: Das Automobil mit Verbrennungsmotor setzt sich nach der Jahrhundertwende immer stärker durch. Dabei verläuft der Wandel nicht ohne Friktionen, vielmehr sind die Widerstände gegen die neue Technik groß, die als gefährlich, laut und schwer beherrschbar gilt. Dennoch erweist sich das 20. Jahrhundert im Rückblick als Epoche des Automobils. Zur Jahrtausendwende nimmt allerdings die Kritik am herkömmlichen Auto mit Verbrennungsmotor zu – verbesserte oder ganz neue Antriebstechniken sind nun gefordert.

Innovationen, die das Verhältnis von Antrieben zur Welt und Umwelt des Menschen neu definieren, sind ein Leitmotiv der Technikgeschichte. In den jüngeren Jahren zeichnet sich erneut ein Paradigmenwechsel in den Lösungen zur Kraft-

← Stop and go mit Pferdestärken: Zur Wende vom 19. ins 20. Jahrhundert dominierten Fuhrwerke den Verkehr der Großstädte wie hier in London 1898.

POST

erzeugung für die individuelle und kollektive Mobilität ab. Die damit verbundene Diskussion um Hybridantriebe, der Einsatz der Brennstoffzelle und die Renaissance des Elektroautos spiegeln sich auf der Seite der Energieerzeugung in den Bestrebungen, regenerative Ressourcen verlässlich und effizient zu nutzen. Ohne moderne Antriebe sind beide Ziele nicht denkbar. Und so stehen die jüngsten Innovationen – selbst wenn sie mit bisher vorherrschenden technischen Lösungen brechen – letztlich in einer kultur- und technikhistorischen Kontinuität.

Antriebstechniken und ihre Entwicklung beeinflussen den Menschen und seine Umwelt spätestens seit der Erfindung von Rad und Segel. Wer dieses Verhältnis betrachtet, sollte den Umweltbegriff weiter fassen, als es die zeitgenössische Diskussion zumeist leistet: Denn jeder Mensch begreift seine Umwelt zunächst vor allem über individuelle und kollektive Vorstellungen und Wahrnehmungen, einschließlich medialer Vermittlung. Umwelt ist also mehr als die Abbildung regionaler und globaler ökologischer Systeme durch einen in Physik, Chemie, Biologie, Meteorologie und verwandten Wissenschaften fußenden Datensatz. Deshalb wirken sich Antriebe auch nicht nur durch Emissionen und Ressourcenverbrauch auf die Umwelt aus, sondern sie beeinflussen auch höchst dynamisch jenes aus vielerlei Zeichen, Eindrücken und Vorstellungen bestehende Bild, das der Mensch seine Umwelt nennt.

Schärfen wir unseren Fokus auf die Perspektive der ökologischen Umweltbeeinflussung durch Antriebe, zeigt sich ein ambivalentes Verhältnis der öffentlichen Diskussion zur vorhandenen Technik: In Zeiten der Kritik am Kohlendioxid produzierenden Automobil mit Verbrennungsmotor scheint die bewährte und verbreitete Antriebstechnik viel von ihrer Leuchtkraft eingebüßt zu haben. Doch es wäre grundfalsch, heutige Antriebslösungen pauschal und unreflektiert als negative Umweltfaktoren zu begreifen. Sicherlich tragen Maschinen auch zur Belastung der Umwelt durch die Emission von Stoffen, Lärm und Abwärme bei. Aber innovative Antriebe, die solche Effekte mindern und damit Umweltprobleme lösen können, werden nicht im geschichtsfreien Raum entwickelt, sondern bauen auf Techniktradition, ingenieurwissenschaftlicher Erfahrung und bestehenden Antriebsverfahren auf.

← Schlagadern der individuellen Mobilität: Stadtautobahnen wie hier in Tokio bringen automobilen Massenverkehr mit hoher Geschwindigkeit in den urbanen Raum.

Auf ihre Weise haben auch Wassermühle und Segelschiff, Postkutsche und Fahrrad, frühe Werkzeugmaschinen und Haushaltsgeräte die Umwelt geprägt. Sie alle arbeiten mit seit Jahrhunderten bekannten Antriebstechniken und haben in der Zeit ihrer Nutzung immer wieder konstruktive Verbesserungen und Veränderungen erfahren. Das Tempo dieser Innovationen – und zugleich ihr Potenzial zur Veränderung von ökologischer und sozialer Umwelt – ist allerdings mit Verfahren wie Dampfmaschine, Verbrennungsmotor und elektrischem Antrieb deutlich gewachsen. Sie prägen gerade das heutige Verständnis von Antriebstechnik, weil sie untrennbar mit den Umwälzungen der industriellen Revolution verbunden sind. Insbesondere die Dampfmaschine als älteste der drei Formen gilt im übertragenen wie im wörtlichen Sinne als erster moderner Motor des Fortschritts.

ANTRIEBE VERÄNDERN UNSERE SICHT AUF DIE WELT

Wenn wir mit Antrieben im Alltag umgehen, laden wir ihre Wahrnehmung allerdings selten so stark technikphilosophisch auf, wie es in dieser Betrachtung geschieht. Dafür sind Antriebe in der menschlichen Umwelt viel zu häufig und zu selbstverständlich geworden. Sie befriedigen die Bedürfnisse des Menschen unter anderem nach Transport, Infrastruktur, Produktions-, Büro-, Unterhaltungs- und Haustechnik sowie nach anderen Leistungen, die allesamt auch im digitalen Zeitalter kaum ohne Antriebsmaschinen zu denken sind. Antriebe helfen dabei, die eigene Umwelt ganz körperlich (zum Beispiel durch Baumaßnahmen) zu verändern. Antriebe in Haushalts-, Arbeits- und Freizeitgeräten prägen das Bild von privater und beruflicher Umwelt. Antriebe sind das Herzstück der modernen Infrastruktur – von der Energieversorgung bis zur Entsorgung von Abfällen und Abwasser. Insbesondere haben aber Antriebe als Grundbedingung individueller Mobilität durch Fahrzeuge wie Fahrrad, Eisenbahn, Motorschiff, Automobil und Flugzeug das Bild des Menschen von seiner eigenen Umwelt räumlich erweitert und die Wahrnehmung von Umwelt beschleunigt. Massenmotorisierung, ermöglicht durch neue Antriebsmaschinen, hat zugleich die Schwerpunkte der sozialen Umwelt verschoben: Die Straße ist zum Verkehrsraum geworden, während neue Fernverkehrsnetze bisher nur schwer erreichbare Räume für Freizeit, Erholung und Beruf erschlossen haben.

Dieses eng verzahnte Netzwerk von Mensch und Technik macht deutlich, dass monokausale, radikale Forderungen nach dem simplen Verzicht auf bestehende Antriebstechnik zur Lösung von Umweltproblemen ins Leere laufen werden.

Zur Erinnerung: Auch die vom Massenverkehr mit Zugtieren im 19. Jahrhundert verursachten Probleme hätten sich durch ein bloßes Verbot von Kutschen nicht lösen lassen, ohne die Großstadt als soziales und ökonomisches System schwerwiegend zu schädigen. Ingenieure müssen sich stattdessen immer wieder der Herausforderung stellen, produktive Lösungen für die spezifischen Probleme ihrer Zeit zu finden. Dieser Prozess trägt ganz entscheidend zum Wechselspiel zwischen Antrieb, Mensch und Umwelt bei. Das gilt heute zum Beispiel, wenn es darum geht, die Belastung der Umwelt durch Stoffe wie Kohlendioxid zu vermindern und endliche Ressourcen wie Erdöl zu schonen.

Antriebe werden durch gezielte Weiterentwicklung erneut leistungsfähiger, kompakter und langlebiger – insgesamt also effizienter, indem unter anderem Ressourcen besser genutzt werden. Solche effizienten Antriebe sind heute eine zentrale Forderung für die Entwicklung neuer Lösungen. Aber dem gleichen Ziel folgten Ingenieure und Konstrukteure schon in vergangenen Epochen: Ein überzeugendes Beispiel dafür ist bereits die zum Schluss ihrer Zeit hoch entwickelte Wissenschaft der Mühlradtechnik für Wassermühlen. Mit verschiedenen Funktionsprinzipien und konstruktiven Detaillösungen bis hin zur Gestaltung der Schaufeln am Wasserrad passten die Mühlenbauer ihren Antrieb auf Faktoren wie Strömung, Wassermenge und die angetriebenen Maschinen an. Für die Umwelt der optimierten Mühlen war diese Technik entscheidend, bot sie doch die bessere Ausnutzung vorhandener Wasserläufe, erschloss neue Standorte und erlaubte so kürzere Wege, machte schließlich die Ausdifferenzierung der Mühlentechnik mit mehr Maschinen durch den leistungsfähigeren Antrieb möglich. Heute folgen Ingenieure ähnlichen Zielen, wenn sie zum Beispiel die Effizienz von Fahrzeugantrieben verbessern, indem sie die Arbeitsprinzipien von bestehenden Antriebsmaschinen miteinander kombinieren.

Fast jede Innovation fußt auf technischer Tradition und Entwicklung. Bei der Suche nach Inspiration und Vorbildern für neue Antriebe gehen Ingenieure deshalb auch manchmal zurück bis an die Basis der technischen Kultur, zu Feuer, Wasser, Luft und Erde. Auch die heutige Nutzung der Sonnenstrahlung, der Strömungsenergie von Flüssen und Meeren, der Windkraft sowie der durch Fotosynthese in Biomasse gespeicherten Energie erinnert an die antike Lehre der vier Elemente. Diese Quellen für Bewegungsenergie (Wasser, Wind), thermische Energie (Solarwärme, Biomassekraftwerk) und Elektrizität (Fotovoltaik) werden als regenerative Energien zusammengefasst. Sie haben das Potenzial einer nicht endlichen und zugleich umweltfreundlichen Energiequelle. Allerdings machen sie – anders als fossile Brennstoffe und Kernenergie – wieder stärker abhängig von Faktoren wie Sonnenzeit, Windstärke, Gezeiten und Vegetationsperioden. Das rückt die Umwelt als Rahmenbedingung von Antriebstechnik stärker in den Fokus der Entwickler.

Intelligente Technik kann dazu beitragen, die durch diese Variabilität entstehenden Herausforderungen zu bewältigen – zum Beispiel bei Windkraftanlagen. Das mechanische Grundprinzip dieser Technik ist dasselbe, das schon die frühneuzeitliche Bockwindmühle ausgenutzt hat. Nur werden von der Rotation des Propellers heute keine Mahlgänge angetrieben, sondern ein Generator, der Bewegung in elektrische Energie umwandelt. Um Strom in Kraftwerksqualität zu liefern, sollte solch ein Generator am besten mit gleichbleibender Drehzahl laufen, sonst müssen ihm komplizierte Komponenten – zum Beispiel Frequenzumrichter – nachgeschaltet werden. Neu entwickelte Antriebe sorgen für genau diesen kontinuierlichen Lauf der Abtriebswelle. So lassen sich im Vergleich zu bestehenden Geräten leichtere und effizientere Windkraftanlagen mit höherer Lebensdauer und geringerer Wartungsintensität bauen – eine in die Zukunft weisende Lösung für die zuverlässige Nutzung von Windenergie in größerem Maßstab.

Die Synchrongeneratoren in den mit dieser Innovation ausgestatteten Multi-Megawatt-Windkraftanlagen sind ein Beispiel für moderne elektrische oder mechatronische Antriebe. Noch größer fallen zum Beispiel die ähnlich aufgebauten 20-Megawatt-Motoren für Schiffe aus. Für Synchronmaschinen spricht, dass sie einen besseren Wirkungsgrad als die vorherrschenden Asynchronmotoren haben und mit einer gleichmäßigen, zur Frequenz der Wechselspannung synchronen Drehzahl arbeiten. Sie besitzen einen konstant magnetisierten Anker (Rotor) und einen äußeren Stator, in dem bei Betrieb als Motor ein magnetisches Drehfeld entsteht, das den Anker bewegt. Asynchronmaschinen arbeiten mit einem sogenannten Käfig- oder Kurzschlussläufer, der ebenfalls vom Drehfeld des Stators bewegt wird, sich aber nicht synchron zur Frequenz verhält, sondern um den Faktor des Schlupfs langsamer als das magnetische Drehfeld läuft. Das Potenzial zur Verbesserung der Effizienz elektrischer Antriebe ist allein wegen ihrer weiten Verbreitung groß: In Deutschland verbrauchen elektrische Antriebe mehr als 50 Prozent der elektrischen Energie.

→ Historische Windkraftanlage: Bockwindmühlen haben die regenerative Energie der atmosphärischen Luftbewegung schon in vorindustrieller Zeit genutzt.

Maschinen wie Schiffsantriebe gehören zu den größten Elektromotoren. Am anderen Ende der Größenskala, wo zum Beispiel in der Medizintechnik erhebliche Fortschritte gemacht werden, stehen zum Beispiel Mikroantriebe für implantierbare Blutpumpen. Und die elektrische Antriebstechnik wird künftig noch kleinere Dimensionen erreichen. Das zeigen Entwicklungen wie der weniger als ein Tausendstel Millimeter große Elektromotor, den Forscher aus Kalifornien 2005 vorgestellt haben. Der Antrieb besteht aus einem Kohlenstoffröhrchen, an dem Metalltropfen haften. Wird Strom an das Carbonröhrchen angelegt, wandern Atome in einem zyklischen Ablauf zwischen den Tropfen hin und her und erzeugen eine pulsierende Bewegung, die künftig als Motor auf Computerchips genutzt werden könnte. Wie solche nanoskaligen Antriebe sich in der Zukunft durch neue Fähigkeiten von Computern auf die Umwelt des Menschen auswirken, werden wir wohl nur durch das dabei erzielte Ergebnis wahrnehmen. Denn mit dem bloßen Auge kann der Mensch diese Kleinstmotoren nicht sehen.

Aber schon heute gilt der etablierten Antriebstechnik oft nur wenig Aufmerksamkeit, obwohl die entsprechenden Geräte in der alltäglichen Umwelt präsent sind. So sind zum Beispiel die omnipräsenten elektrischen und elektronischen Hausgeräte für einen Großteil der privaten Energienutzung verantwortlich – und in vielen dieser Geräte arbeiten Antriebe, über die ihre Nutzer selten nachdenken. Der Verband der Elektrotechnik, Elektronik und Informationstechnik e.V. (VDE) geht von einem Wirkungsgrad der meisten Haushaltsgeräte mit elektrischen Kleinmotoren zwischen 40 und 75 Prozent aus. Möglich wären jedoch bei entsprechender Optimierung der Antriebe Wirkungsgrade bis zu 85 Prozent. Solche energieeffizienten Geräte verbrauchen dank verbesserter Antriebe weniger Energie und bringen gleichzeitig dieselbe oder sogar eine höhere Leistung als ein ähnliches Gerät, dessen Antrieb einen deutlich schlechteren Wirkungsgrad hat. Das reduziert die ökologische Belastung der Umwelt und verbessert gleichzeitig den Komfort der alltäglichen Lebensumwelt.

Energieeffizienz ist das Schlüsselwort, wenn das Verhältnis zwischen Verbrauch und Nutzung betrachtet wird. Verbesserungen in diesem Bereich schlagen sich bei Hausgeräten genauso nieder wie bei industriellen Großanlagen. Die Deutsche

← Wenn Windräder Elektrizität ernten: Große Windparks wie diese moderne Offshoreanlage sind eine Chance für die Energieversorgung der Zukunft.

BAUMANN
BAUMANN
02222
83 03-0
BAUMANN
SU PT 110

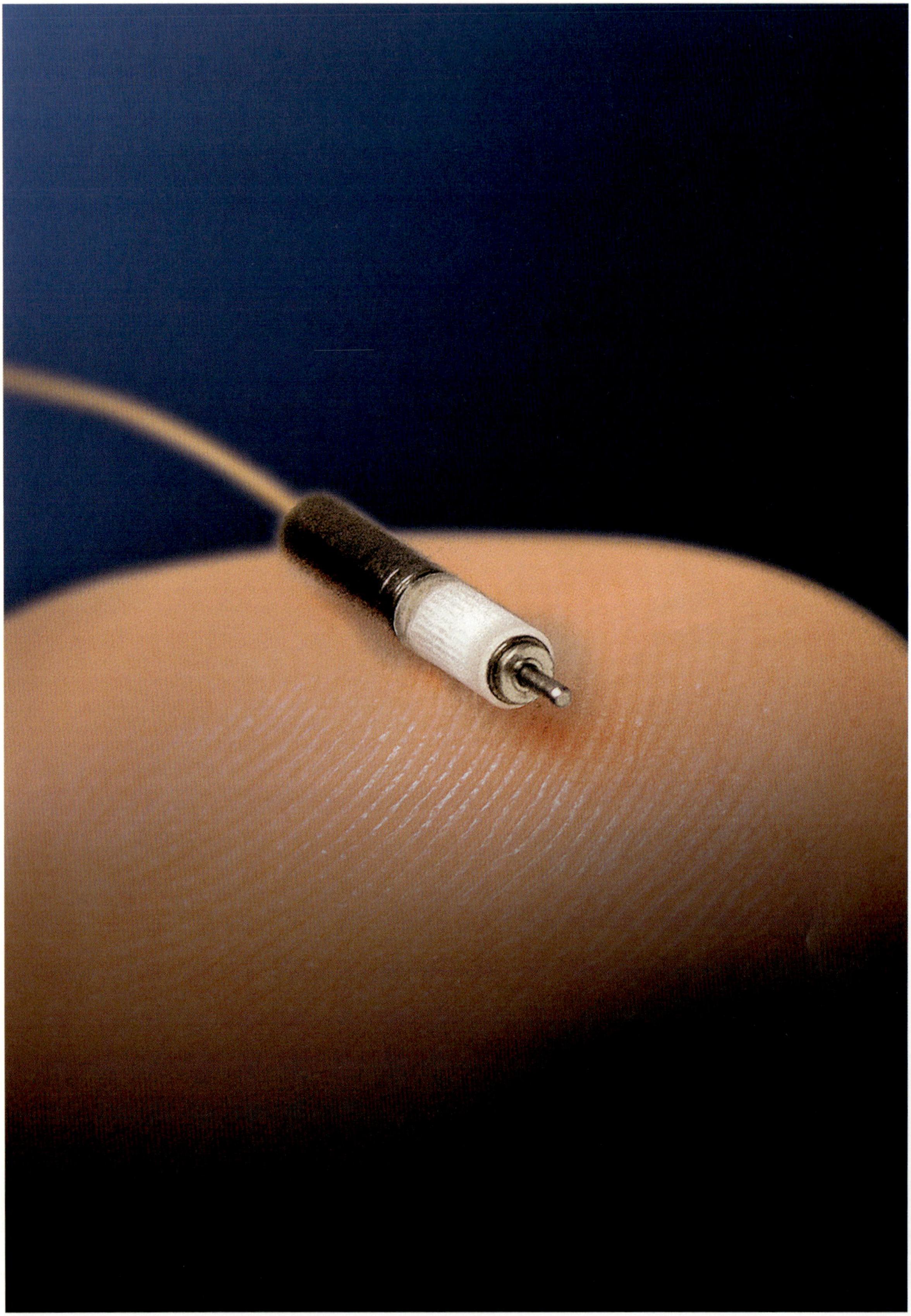

Energie-Agentur GmbH (dena) rechnet vor, dass konsequente Maßnahmen zur Steigerung der Energieeffizienz in kleinen und mittleren Unternehmen die entsprechenden Kosten um 20 Prozent und mehr senken können. Steigende Preise für Energie und Treibstoffe dürften dieses Potenzial weiter wachsen lassen. Effizienter Umgang mit Energie verlangt Antriebe mit einem hohen Wirkungsgrad, die Energie möglichst bedarfsgerecht zur Verfügung stellen und wirksam in nutzbare Leistung umsetzen. Am besten erfüllen Systemlösungen mit hoher Funktionsintegration und in kompakter Bauweise diese Anforderung. Klassische Beispiele für solche Entwicklungen sind Maschinen, die verschiedene Arbeitsgänge in sich vereinen und Synergien nutzen.

So hat zum Beispiel der selbst fahrende Mähdrescher, der seit den fünfziger Jahren eingesetzt wird, nicht nur solche verschiedenen Geräte wie Mähbinder und Dreschmaschine in sich vereint und damit abgelöst, sondern die jüngsten Generationen dieser landwirtschaftlichen Erntemaschinen bieten zudem durch stetige Weiterentwicklung immer größere Arbeitsbreiten, gestiegene Ernteleistung je Zeit, präzisere Navigation und zugleich eine bessere Energieausnutzung durch verbesserte Antriebe. Mit dem effizienten Mähdrescher hat die Welt des ländlichen Raums aber auch das kollektive sommerliche Erlebnis der Getreideernte verloren. Höchstens als nostalgische Inszenierung werden heute noch alte Maschinen angeworfen und erlauben einen Blick in die Arbeitswelt des vergangenen Jahrhunderts, als der legendäre Ackerschlepper Lanz Bulldog mit seinem Schwungrad über einen Transmissionsriemen die Dreschmaschine antrieb und vom Dreschplatz eine goldene Staubwolke über dem Dorf aufstieg.

Weniger auffällig als die Erntegiganten auf dem Feld sind moderne Antriebslösungen für Schienenfahrzeuge, die als Einheit verschiedener Techniken besonders effektiv arbeiten. Solch eine integrierte Lösung verbindet beispielsweise nicht nur Motor, Getriebe und die gesamte Antriebsperipherie, sondern nutzt auch die Bremsenergie des Zuges, indem sie sie hydrostatisch umwandelt und speichert. So lassen sich durch die Rekuperation sekundäre Antriebe betreiben, sogar anfahren

↖ Ganz groß: Dieser Schiffsmotor wiegt 650 Tonnen und hat ein Volumen von 660 Kubikmeter.

← Ganz klein: Gerade noch sechs Millimeter dick ist dieser Motor einer intrakardialen Blutpumpe.

kann der Zug im Bahnhof mit dieser Reserve – nahezu emissionsfrei und deutlich verbrauchsgünstiger. Dazu kommen Elemente wie die kontinuierliche Nutzung von Abwärme, mit der Dampf erzeugt wird, der wiederum als Energiequelle eines Antriebs dient. Und weil die Umwelt auch akustisch durch einen Fahrzeugantrieb beeinflusst wird, beinhaltet das Antriebspaket neu entwickelte Schallschutzschürzen und geräuscharme Lüfter für die Kühlung.

Innovation in der Antriebstechnik ist nie eine Einbahnstraße gewesen und darf es auch nicht werden. Intelligente Lösungen für die Zukunft müssen deshalb auf verschiedene Techniken setzen, um je nach Art der Anwendung mit ihren spezifischen Rahmenbedingungen eine optimale Balance zwischen Energieeffizienz, Wartungsfreundlichkeit, Zuverlässigkeit im Betrieb und langer Lebensdauer zu erreichen. Neben dem effizienten Betrieb ist deshalb die Nachhaltigkeit ein weiterer Kernwert, an dem das Verhältnis moderner Antriebstechnik zur Umwelt gemessen wird. Hier spielen vor allem Faktoren wie die Länge der Lebens- und Einsatzdauer, der Energieaufwand für Produktion und Betrieb, die Wahl der Materialien und ihre Auswirkung auf die Umwelt eine Rolle. Um einen Vergleichswert zu erhalten, lassen sich verschiedene Antriebe über die zu erwartende Lebensdauer von der Produktion oder Installation bis zum Ende der Nutzung miteinander vergleichen (Life-Cycle-Vergleich). Hydrodynamische Antriebe punkten gerade unter dieser Perspektive durch ihre robuste Konstruktion, geringen Verschleiß und lange Lebensdauer.

Bei anderen Anwendungen schneiden elektromechanische Lösungen zunehmend besser ab als hydraulische und pneumatische Antriebe. Das gilt für Rotationsantriebe ebenso für Lösungen, die auf einem elektrischen Linearmotor basieren. Die höheren Anschaffungskosten relativieren sich – ähnlich wie bei der Hydrodynamik – durch niedrigeren Energieverbrauch und einfachere Wartung. Ein hoch aktuelles Beispiel für diesen Trend sind Großraumflugzeuge, in denen Elektrik und Elektronik die Hydraulik ergänzen oder ablösen. Bei den sogenannten Fly-by-Wire-Steuerungen etwa kommen elektromechanische Systeme ins Spiel, die sehr energieeffizient arbeiten. Im Airbus A 380, dem größten Passagierflugzeug der Welt, sind bereits zwei der insgesamt vier Flugsteuerungssysteme mit elektrohydrostatischen Antrieben versehen. So rückt die Vision des „All Electrical Aircraft" ohne pneumatische und hydraulische Energieversorgung näher. Der Mensch und seine Umwelt profitieren davon durch die Verringerung von Gewicht und Verbrauch.

Weil die Steuerung nicht die einzige Stellschraube ist, an der Ingenieure bei der Entwicklung neuer Flugzeuge drehen, kommen zugleich neue Triebwerke auf. Auch bei ihnen gilt die höhere Energieeffizienz als oberstes Ziel. So hat das aktuelle Jumbo-Modell Boeing 747-8 Triebwerke von General Electric erhalten, deren säbelförmige Turbinenschaufeln neue Erkenntnisse der Strömungsmechanik umsetzen – für mehr Leistung bei gleichem Verbrauch. Gleichzeitig reduziert die gezahnte Hinterkante der Triebwerke den Lärm, der entsteht, wenn sich der heiße Abgasstrom mit der kalten Umgebungsluft mischt. Lärm ist aber zugleich ein Grund dafür, dass die Entwicklung vollkommen neuer Antriebskonzepte langsamer vorankommt. Denn die Zukunft der Flugzeugantriebe könnte zum Beispiel Open-Rotor-Triebwerken gehören, die Eigenschaften von Propeller- und Düsenantrieben miteinander verbinden. Noch sind solche Triebwerke aber viel zu laut, als dass sie der Umwelt zugemutet werden können.

Die Beziehung industrieller Entwicklung und Produktion zur Umwelt war, ist und bleibt ein facettenreiches Geflecht. Das spiegelt sich in der kreativen Herausforderung, die jedes einzelne Projekt für jeden einzelnen Ingenieur bedeutet: Die Weiter- und Neuentwicklung von Antriebstechnik wirkt sich immer auf die Umwelt des Menschen aus. Wird dieser Prozess von seinen Akteuren kritisch reflektiert, dann bietet er große Chancen und Potenziale für eine Zukunft mit guten, notwendigen, intelligenten Lösungen. Zu den spezifischen Zielen gehören neben der Energieeffizienz und dem sparsamen Umgang mit Rohstoffen auch die Vermeidung und Verwertung von Abfällen bei Produktion und Betrieb sowie die Minimierung aller anderen schädlichen Umweltauswirkungen. Das sind die Eckpfeiler von zugleich innovativem und verantwortlichem Handeln für die Zukunft der Antriebstechnik. Sich dieser Dynamik jedoch einfach durch Verweigerung entziehen zu wollen hieße dagegen, die selbstbestimmte Weiterentwicklung der Umwelt des Menschen aus der Hand zu geben.

Peter Thomas

Glossar

Achse
Das Maschinenelement trägt und lagert drehbare Bauteile (z. B. Räder, Rollen). Im Gegensatz zur Welle überträgt die Achse kein Drehmoment sondern hat eine reine Trag- oder Lagerfunktion. Man unterscheidet feststehende, umlaufende und Hohlachsen.

Asynchrongenerator
Asynchrongeneratoren werden vorwiegend als Zusatz-/Hilfsgeneratoren in Kleinkraftwerken mit Leistungen bis 10 000 Kilowatt eingesetzt. Für den Generatorbetrieb benötigt die Asynchronmaschine entweder ein frequenzstabiles Netz oder eine zusätzliche Erregereinheit.

Brennstoffzelle
Die galvanische Zelle wandelt Energie aus einer elektrochemischen Oxidation mittels Brennstoff und Oxidationsmittel in elektrische Energie. In der klassischen Brennstoffzelle wird Wasserstoff mit Sauerstoff oxidiert.

Dieselelektrik
Beim dieselelektrischen Antrieb wandelt ein Generator mechanische Energie eines Dieselmotors in elektrische Energie um. Diese Energie treibt einen Elektromotor als Primärantrieb eines Fahrzeugs (z. B. Lokomotiven, Schiffe, U-Boote) oder einer Maschine an.

Dieselmechanik
Beim dieselmechanischen Antrieb wirkt die Kraft des Dieselmotors direkt oder über ein Getriebe auf den Abtrieb (z. B. Räder).

Differenzialwandler
Hydrodynamischer Wandler mit äußerer Leistungsverzweigung, die den Leistungsfluss auf einen mechanischen und einen hydrodynamischen Zweig verteilt.

Drehmoment
Als Maß für die Drehwirkung, die eine Kraft auf einen drehbaren Körper ausübt, wird das Drehmoment zur Berechnung und als Kenngröße von Antriebselementen verwendet. Gemessen wird das Drehmoment in Newtonmeter, denn die physikalische Dimension ist das Produkt aus Kraft und Weg.

Drehmomentwandler
Bei der Leistungsübertragung vom Motor zur Arbeitsmaschine können hydrodynamische Getriebe (Drehmomentwandler) die Leistungsfaktoren Drehmoment und Drehzahl stufenlos wandeln. Dies geschieht nach einem indirekten Wirkprinzip mit zwei rotierenden Schaufelrädern (Pumpe und Turbine), die einen umlaufenden Flüssigkeitsstrom umlenken. Ein zwischengeschaltetes Leitrad bewirkt die Momentwandlung.

Drehzahl
Auch als Umdrehungsfrequenz bezeichnet, ist diese physikalische Größe der Quotient aus der Anzahl der Umdrehungen (Zähler) eines gleichförmig rotierenden Systems und der dafür benötigten Zeitspanne (Nenner). Gemessen wird die Drehzahl in Hertz bzw. technisch in Umdrehungen pro Minute (U/min).

Elektrolyse
Die Aufspaltung einer chemischen Verbindung unter Einwirkung elektrischen Stroms. Die Moleküle zerfallen durch die Umwandlung der chemischen in elektrische Energie in elektrisch geladene Teilchen. Industrielle Anwendungen sind zum Beispiel die Aluminiumherstellung, die Gewinnung von Natronlauge und Chlor oder die Veredelung von Metallen.

Erregerfrequenz
Schwingungsfähige Körper, die periodisch zum Schwingen angeregt werden, führen, angeregt durch die Erregerfrequenz, erzwungene Schwingungen aus. Das Gegenteil ist die Eigenfrequenz eines frei schwingenden Körpers.

Flettner-Rotor
Nach Anton Flettner benannter aerodynamischer Antrieb, bestehend aus einem (mast-) hohen rotierenden Zylinder mit veränderlicher Geschwindigkeit. Der Rotor ist der Windströmung ausgesetzt und erzeugt aus Sog und Saugdruck eine Kraft quer zur Strömung (Magnus-Effekt). Kommt als Zusatzantrieb in der kommerziellen Schifffahrt zum Einsatz.

Frequenzumrichter
Wandelt einen ein- oder mehrphasigen Wechselstrom (Drehstrom) in einen Strom anderer Frequenz und Amplitude, um direkten Energieaustausch zwischen Wechselstromnetzen verschiedener Frequenz und Phase zu ermöglichen.

Gelenkwelle
Element zur Drehmomentübertragung zwischen Antrieb und Abtrieb bei versetzten oder sich gegeneinander bewegenden Wellen. Haben bewegliche Gelenke an einem oder beiden Enden und werden meist bei großen Leistungen eingesetzt, u. a. in Walzwerken, Schienenfahrzeugen, Baumaschinen, Schiffsantrieben. Zu den Gelenkwellen zählen Kardan-, Gleichlauf- und Kurvengelenkwellen.

Gleichstrom
Elektrischer Strom, dessen Stärke und Richtung sich im Gegensatz zum Wechselstrom (Drehstrom) nicht ändert. Beispiele sind Batterien und Akkus. Er wird mit Generatoren erzeugt. Elektronische Geräte wie Laptops benötigen Gleichstrom, sie lassen sich mit Akkus betreiben. Der Wechselstrom aus der Steckdose muss für diese Anwendungen vom Netzteil in Gleichstrom umgewandelt werden. Englisch: DC (direct current).

Hybridantriebe
Hybridfahrzeuge sind mit mindestens zwei verschiedenen Energieumwandlern und Energiespeichersystemen ausgestattet. Die Hybridantriebe basieren überwiegend auf der Kombination zwischen Verbrennungs- und Elektromotor und arbeiten so als unterschiedliche Antriebe für eine Antriebsaufgabe. Dabei wirken die Antriebe parallel, seriell oder einzeln.

Kesselspeisepumpe
Pumpe, die bei der Dampferzeugung (z. B. für Kraftwerke, Schiffe) einen Dampfkessel oder ähnlichen Apparat mit Wasser oder einer anderen Flüssigkeit versorgt.

Kurbelwelle
Als Teil des Kurbeltriebs leitet die Kurbelwelle die vom Kolben auf die Pleuelstange übertragene Kraft als Drehmoment an ein Schwungrad oder eine Kupplung weiter. Die Kurbelwelle ist im Kurbelgehäuse gelagert, zu ihr gehören Haupt- und Pleuellager mit Kurbelwangen und Ausgleichsgewichten.

Netzfrequenz
Frequenz des im öffentlichen Stromnetz verwendeten Wechselstroms und damit Frequenz eines Energieversorgungssystems. Die Netzfrequenz wird in Hertz (Hz) angegeben, sie beträgt z. B. in Mitteleuropa, China und Indien 50 Hz. In den USA und Brasilien sind es dagegen 60 Hz.

Planetengetriebe
Spezielles Zahnradgetriebe mit mindestens drei Zahnrädern, das aus einem „Planetensatz" (Sonnen-, Hohl- und Planetenrad) besteht und über drei oder mehr meist koaxial angeordnete Wellen verfügt. Beim Antrieb einer Welle lässt sich die Leistung auf zwei oder mehr Abtriebe verzweigen. Durch die Leistungsverzweigung reduziert sich das Bauvolumen (Gewicht) um etwa die Hälfte. Bei zwei angetriebenen Wellen können die Leistungen summiert werden. Extrem hohe oder niedrige Übersetzungsverhältnisse in einer oder wenigen Getriebestufen sind möglich.

Pleuelstange/Schubstange
Die Stange wandelt mechanisch eine Dreh- in eine Längsbewegung um oder umgekehrt. Sie überträgt Schubkräfte zwischen rotierenden und hin- und hergehenden Maschinenteilen und wird deshalb auch Schubstange genannt. Kommt in Kurbelgetrieben zum Einsatz.

Primärenergie
Die Energie, die aus natürlichen Energiequellen gewonnen wird, beispielsweise fossilen Brennstoffen wie Kohle, Öl, Gas bzw. aus regenerativen Energiequellen wie Wasser, Wind, Sonnenstrahlung oder aus Kernenergie. Primäre Energieträger werden durch einen Umwandlungsprozess zu sekundären Energieträgern (z. B. Strom, Benzin), aus der Sekundärenergie gewonnen wird.

Rotor
Laufende bzw. rotierende Maschinenbauteile wie der Läufer bei elektrischen Strömungsmaschinen. Verwendung häufig in Windkraftanlagen und Fluggeräten. Gegensatz zum Stator.

Scheibenbremse
Die Bremsscheibe ist direkt an der Drehachse angebracht. Sie wird von einem Bremssattel umspannt, der beim Betätigen des Bremspedals von beiden Seiten Bremsbeläge an die Scheibe drückt. Beim Bremsen wird die kinetische Energie durch die Gleitreibung der Scheibenbremse Wärme und Abrieb (Staub) umgewandelt. Einsatz in Autos, Motorrädern, Eisenbahnen, Flugzeugen, Maschinen und Anlagen.

Schneckenrad
Teil eines Getriebes. Eine schraubenförmige Welle (Schnecke) dreht ein in sie kämmendes Zahnrad (Schneckenrad). Die Achse des Schneckenrads ist um 90 Grad zur Schnecke versetzt. Schneckengetriebe zählen zu den Schraubwälzgetrieben.

Sekundärbremse
Fahrzeugbremse, die dem Schaltgetriebe antriebstechnisch nachgeordnet ist. Sie unterstützt und entlastet die Primärbremse. Sie bietet Sicherheit, weil sie auch dann bremst, wenn die primärseitige Bremse unwirksam ist.

Stator
Der nicht bewegliche Teil einer Maschine ist oftmals zugleich das Gehäuse – beispielsweise bei einem Elektromotor, Generator oder einer Pumpe. Gegensatz zum Rotor.

Strömungsbremse
Hydrodynamischer Retarder. Verschleißfreies, hydrodynamisches Bremssystem für LKW und Omnibusse, das mit zwei Schaufelrädern, einem beweglichen Rotor und einem feststehenden Stator arbeitet. Im Bremsbetrieb befindet sich ein Betriebsmedium, zumeist Öl, zwischen den beiden Schaufelrädern. Die vom Rotor bewirkte Bremsleistung wird mit Hilfe des Stators in Wärme umgewandelt. Dadurch wird auch der Rotor verzögert und das Fahrzeug bremst ab.

Synchrongenerator
Synchrongeneratoren bis 1 700 000 kW sind die größten elektrischen Maschinen und werden zur Versorgung öffentlicher und industri-

eller Stromnetze. Sie liefern im Vergleich zum Asynchrongenerator eine konstantere Frequenz und Spannung. Die erzeugte Spannung ist drehzahlunabhängig.

Transformator (Trafo)
Bauteil der Elektrotechnik, mit dem elektrische Energie (Wechselspannungen) hinauf- oder nach unten gespannt, also erhöht oder reduziert wird. Der Trafo ermöglicht u. a. den verlustarmen Energietransport über Hochspannungsleitungen. Die Hochspannung wird dann mithilfe von Transformatoren auf niedrigere Verbrauchsspannungen abgespannt.

Trommelbremse
Basiert wie die Scheibenbremse auf dem Prinzip der mechanischen Reibung. Trommelbremsen sind Radialbremsen, bei denen die Bremsbacken von außen oder innen hydraulisch gegen eine mit dem Rad umlaufende zylindrische Fläche gepresst werden. In Kraftfahrzeugen kommen vor allem Innenbackenbremsen zum Einsatz, im Maschinenbau sind auch Außenbackenbremsen üblich. Trommelbremsen bieten wegen ihres geschlossenen Gehäuses hervorragenden Schutz vor Schmutz und Korrosion.

Turbokupplung
Leistungsübertragung mit zwei die Strömung umlenkenden Schaufelrädern (Pumpe und Turbine). Die Drehmomente sind gleich groß. Turbokupplungen sind besonders als Anfahrkupplung geeignet.

TurboSplit-Getriebe
Turbogetriebe mit hydrodynamischer Leistungsteilung für getrennten Antrieb der beiden Drehgestelle einer Diesellokomotive.

Wärmetauscher
Technischer Apparat, der Wärme bzw. höhere thermische Energie eines fluiden Mediums auf ein anderes niedrigerer Eintrittstemperatur überträgt. Dient der Kühlung.

Wechselbrücke
Austauschbarer, mobiler LKW-Aufbau, auch Wechselaufbau genannt. Für den kombinierten Verkehr können Wechselbrücken Greifkanten haben, mit denen sie sich auf LKW und Schienenfahrzeugen befestigen lassen.

Wechselstrom/Drehstrom
Im Gegensatz zu Gleichstrom ändert dieser elektrische Strom periodisch (sinusförmig) Richtung und Betrag. Zur Energieversorgung wird Wechselstrom in Generatoren erzeugt. Dieser Strom ist dann mit einer Netzfrequenz von 50 oder 60 Hertz (je nach Land) aus der Steckdose verfügbar. Englisch: AC (alternating current).

Wedgelock-Kupplung
Typ einer automatischen Kupplung für Schienenfahrzeuge. Beim mechanischen Kuppeln rasten die Verschlüsse automatisch ein und werden mittels pneumatischer Betätigung verriegelt. Gleichzeitig mit dem mechanischen Kuppeln wird die Verbindung der Luft- und der elektrischen Leitung hergestellt.

Welle
In der Mechanik im Allgemeinen ein stabförmiges Maschinenelement, das Drehbewegungen und -momente überträgt. Wellen dienen auch zur Lagerung rotierender Elemente.

Wirkungsgrad
Verhältnis von abgegebener und zugeführter Leistung v. a. bei Kraft- und Arbeitsmaschinen. Maß zur Beschreibung der Effizienz von Energiewandlungen und -übertragungen; stets kleiner als eins. Ausgedrückt wird der Wirkungsgrad in Prozent. Bei einer Glühbirne beispielsweise liegt der Wirkungsgrad aufgrund der hohen Wärme-Verlustleistung lediglich bei fünf Prozent.

Register

Die Autoren

Rüdiger Abele
studierte Textil- und Bekleidungstechnik. War Mitglied der Redaktion Technik und Motor der „Frankfurter Allgemeinen Zeitung“ (FAZ). Betreibt in Böblingen ein Redaktionsbüro.

Klaus Jacob
ist studierter Bauingenieur. Nach Jahren bei der FAZ arbeitet er als freier Wissenschaftsjournalist mit den Schwerpunkten Technik und Geowissenschaften. Er lebt in Stuttgart.

Georg Küffner
hat in Mannheim und Darmstadt Volkswirtschaftslehre und Maschinenbau studiert. Er ist Mitglied der Redaktion Technik und Motor der FAZ und schreibt vorwiegend über Themen der Umwelt-, Energie- und Bautechnik. Er lebt in Zwingenberg/Bergstraße.

Christiane Müller
arbeitete nach ihrem Studium der Publizistik, Germanistik und Anglistik als Redakteurin für die „Lübecker Nachrichten“ und die FAZ. Sie lebt in Hamburg und ist freie Journalistin.

Ute Müller
hat Linguistik und Europarecht in Heidelberg studiert. Seit 1995 schreibt sie für die Welt-Gruppe aus Madrid und berichtet inzwischen auch für die „Financial Times Deutschland“.

Sten Nadolny
ist ein vielfach ausgezeichneter deutscher Schriftsteller. Zu seinen bekanntesten Werken zählen „Die Entdeckung der Langsamkeit“ und „Netzkarte“. Er studierte in München, Göttingen, Tübingen und Berlin Geschichte und Politikwissenschaft. Er lebt in Berlin.

Christian Preiser
studierte Geschichte, Archäologie und Staatsrecht. Zuletzt Redakteur der Wirtschaftsredaktion der FAZ. Kommunikationsleiter der „Societät für Unternehmensplanung“ in Frankfurt. Arbeitet als Headhunter für Medien.

Horst Rademacher
hat in Köln und Bonn Geophysik und Astronomie studiert und berichtet heute als Wissenschaftskorrespondent der FAZ aus Nordamerika. Er wohnt in San Francisco, USA.

Markus Rahner
studierte Germanistik, Journalistik und Betriebswirtschaft. Er ist für ecomBETZ PR tätig und Lehrbeauftragter an der Universität Bamberg. Lebt in Schwäbisch Gmünd.

Nils Schiffhauer
Bäckereihilfsarbeiter, Banklehre, Studium der Geschichte und Germanistik. Freier Journalist für Wissenschaft, Technik und Gesellschaft, u. a. für die FAZ. Lebt in Burgdorf/Hannover.

Peter Thomas
studierte Kulturanthropologie, Komparatistik, Buchwissenschaft und Journalistik. Freier Autor für Technik, Technik- und Kulturgeschichte. Schreibt u. a. für die FAZ. Lebt in Rüsselsheim.

Bildnachweis

Susanne Schleyer/Autorenarchiv
Berlin
10

Mit freundlicher Genehmigung der
Viktor Baumann GmbH & Co. KG
Bornheim-Hersel
480/481

Ulrich Baumgarten/vario images
Bonn
423–425

Ralf Bißdorf
Heidenheim
252/253, 275

Peer Brecht
Stuttgart
198–200, 208/209, 211–213, 215–217

Mit freundlicher Genehmigung der
DB Schenker
Berlin
222, 225, 227–229, 231–234

Deutsches Museum
München
28, 30, 32, 34–36, 40/41, 43, 44, 47, 49, 51, 52

Mit freundlicher Genehmigung der
DeWind Inc.
Lübeck, Germany
396/397

Thomas Eibenberger
Hamburg
56/57, 62/63

Jaime Estay
Santiago de Chile, Chile
303

Mit freundlicher Genehmigung der
Dr. Fritz Faulhaber GmbH & Co. KG
Schönaich
482

Christopher Furlong/Getty Images
478

Mickey Ginn
Farmington, NM, USA
324–326

Mike Harrington/Getty Images
382

David Hobcote
Hobcote, Großbritannien
82/83, 92/93

Eckhardt Kaiser
Frankfurt am Main
117, 167, 221, 279, 361, 401

Georg Küffner
Zwingenberg
369

London Stereoscopic Company/ Hulton Archive/Getty Images
470

Rüdiger Nehmzow
Düsseldorf
150–152, 154/155

Andrea Mailänder
Crailsheim
164

Ulli Neutzling
Hamburg
80/81, 88, 91, 94

Hans-Guenther Oed/vario images
Bonn
418

Pete Pacifica/Getty Images
468/469

picture alliance
Hamburg
39, 53

Mit freundlicher Genehmigung der
Saarschmiede
Völklingen
414

Walter Schiesswohl
Hamburg
64/65, 69, 70, 73

Jerome Sessini/Corbis
286, 288/289

Wolfgang Steche
Heidelberg
388–391, 393, 394, 398

Mit freundlicher Genehmigung der
ThyssenKrupp AG
Duisburg/Essen
416/417, 420/421, 426

Mit freundlicher Genehmigung von
Total
Paris, Frankreich
290–292

Ullstein Bild
Berlin
472, 477

Rainer Unkel/vario images
Bonn
428/429

Mit freundlicher Genehmigung der
Voith AG
Heidenheim
60, 145, 276

Susanne Wegner
Stuttgart
380/381, 386/387

Wesser & Bogenschütz
Heidenheim
Titel, 26/27, 66, 78, 87, 95–98, 100/101, 103, 104, 107–110, 112–114, 118, 121–123, 125, 126/127, 129–132, 134, 137, 139–142, 146–148, 156/157, 159, 160, 163, 168, 171–177, 179–181, 184, 187–189, 191, 194–196, 205–206, 236, 239–241, 243–245, 247, 248, 254–259, 261–264, 267–271, 273, 280, 283, 285, 294–296, 299, 300, 304–308, 310/311, 313, 314, 316, 318–321, 323, 328/329, 331–333, 335–338, 340–344 , 347–351, 353, 355–358, 362, 364/365, 367, 370, 372/373, 375–378, 404, 407, 409–412, 434, 437, 439, 442–444, 446–448, 451, 453, 454, 456–458, 460, 463, 466

Impressum

Mix
Produktgruppe aus vorbildlich bewirtschafteten Wäldern und anderen kontrollierten Herkünften
FSC www.fsc.org Zert.-Nr. SGS-COC-003461
© 1996 Forest Stewardship Council

Verlagsgruppe Random House FSC-DEU-0100
Das für dieses Buch verwendete FSC-zertifizierte Papier PhoeniXmotion Xenon, hergestellt von Scheufelen, liefert Römerturm Feinstpapier.

Projektleitung Ralf Bißdorf, Markus Woehl
Redaktion Dr. Günter Armbruster, Ralf Bißdorf, Friedrich-Karl Finck, Marion Jooss, Georg Küffner, Claudia Strixner, Markus Woehl
Konzeption und Gestaltung ulli neutzling designbuero, Hamburg
Reproduktion Einsatz Creative Production, Hamburg
Druck und Bindung Aumüller Druck, Regensburg

Printed in Germany
ISBN 978-3-421-04407-5

www.dva.de